全国普通高等院校食品专业系列规划教材

食品进出口包装与标签设计

主　编　汪遵瑛　宋彦安　杨晓峰
副主编　朱　昊　金缀桥　陈仙丽

湘潭大学出版社
XIANGTAN UNIVERSITY PRESS

图书在版编目（CIP）数据

食品进出口包装与标签设计 / 汪遵瑛，宋彦安，杨晓峰主编．-- 湘潭 ：湘潭大学出版社，2023.7
ISBN 978-7-5687-1253-8

Ⅰ．①食… Ⅱ．①汪… ②宋… ③杨… Ⅲ．①食品包装－包装设计②食品包装－标签－设计 Ⅳ．① TS206.2

中国国家版本馆 CIP 数据核字（2023）第 181207 号

食品进出口包装与标签设计

SHIPIN JINCHUKOU BAOZHUANG YU BIAOQIAN SHEJI

汪遵瑛 宋彦安 杨晓峰 主编

责任编辑：丁立松
封面设计：李跃平
出版发行：湘潭大学出版社
社　　址：湖南省湘潭大学工程训练大楼
电　　话：0731-58298960 0731-58298966（传真）
邮　　编：411105
网　　址：http://press.xtu.edu.cn/
印　　刷：长沙印通印刷有限公司
经　　销：湖南省新华书店
开　　本：787 mm×1092 mm 1/16
印　　张：19
字　　数：428 千字
版　　次：2023 年 7 月第 1 版
印　　次：2023 年 7 月第 1 次印刷
书　　号：ISBN 978-7-5687-1253-8
定　　价：59.00 元

前言

食品进出口标签与食品进口密切相关。目前，中国已经成为国际最大的进口食品市场之一，食品来自世界 143 个国家和地区，进口食品种类有 5 万 ~6 万种，品牌超过 15 000 个。中国生鲜食品消费与人均 GDP 增长呈正比，居民对生鲜食品的需求，尤其是对进口水果、海鲜、牛肉等的需求，持续高速增长。根据我国相关管理规定，进口食品必须贴上中文标签之后才能出售，而且还要具备出入境检验检疫部门给出的检验合格证书，如果市场中的进口食品没有中文标签，一定要立刻停止销售并加以处罚。然而，随着进口食品品种和产地的多样化，进口食品中文标签不规范问题也随之发生，其主要表现为漏贴中文标签，标签基本要素标注不全，标签中存在虚假、夸大、使消费者误解的文字或图形，生产日期、保质期标示不规范等。

《中华人民共和国食品安全法》第六章第六十六条规定：进口的预包装食品应当有中文标签、中文说明书。标签、说明书应当符合本法以及我国其他有关法律、行政法规的规定和食品安全国家标准的要求，载明食品的原产地以及境内代理商的名称、地址、联系方式。预包装食品没有中文标签、中文说明书，或者标签、说明书不符合本条规定的，不得进口。由此可见，在食品的进出口中，食品标签具有非常重要的作用。中文标签作为进口食品的身份证明，是向消费者说明有关食品特征、成分和功能的主要载体，也是依法保护消费者合法权益的重要途径，是消费者在日常消费时了解所购食品的重要信息来源。

为此，培养熟知国际贸易惯例，通晓食品进出口的法律法规、熟悉各国食品进出口标准，掌握制作进口食品标签的技能，具有较强分析解决实际问题能力的国际贸易专业人才，是满足我国食品进出口行业对复合型、应用型国际贸易专业人才的需求。

《食品进出口包装与标签设计》是针对食品进出口行业人才需求编写的教材。上海杉达学院提出了“1+M+N”的应用型人才培养模式，其中“1”为主修专业，主要是通识课程与专业核心能力；“M”为辅修，是指跨专业拓展，通过辅修专业、辅修模块、选修课程实现；“N”为毕业证（学位证）+ 职业资格证、技能证书、学校颁发的组织能力证书、社会服务证书。

本教材针对国际贸易专业应用型人才培养要求，以相关理论知识为支撑，将实际案例贯穿全书，按“理论 + 实践 + 实训”的思路编写，探索在完成国际经济与贸易主修专业的同时，开设食品进出口特色课程的“1+M+N”的应用型人才培养模式。具有注重基础理论、强调实务性、突出实践性的特点。

1. 注重基础理论与相关规则

本教材主要介绍食品包装与标签设计的基础知识，使学生认识进出口贸易业务中食品进出口包装与标签的国家标准及规则，熟悉我国进出口食品包装与标签管理的主要内容，了解各国对进口食品包装和标签的审核标准，初步具备食品进出口包装与标签的设计及审核能力，为从事食品进出口相关的商贸流通和管理等工作奠定理论基础。

2. 强调实务性

本教材以学生为本，从提升学生能力出发，教材的编写尽力起到帮助学生更好理解、掌握和运用专业理论知识的作用。本教材强调实务性，设计了“拓展阅读”“案例分析”“练习与思考”等栏目，体现“理论知识与拓展阅读”“专业知识与案例分析”“课堂导学与练习思考”的相互融合，教材在每一章设计“学习目标”“基本概念”等栏目，明确了对知识了解、熟悉、掌握的具体要求，指导学生有效学习。

3. 突出实践性

本教材通过设计“实践指导”，开展实际训练，帮助学生熟悉我国进出口食品包装与标签管理的主要内容，了解各国对进口食品包装和标签的审核标准，初步具备进出口贸易业务中食品包装与标签的设计及审核能力。

本教材由汪遵瑛、宋彦安、杨晓峰担任主编，由朱昊、金缀桥、陈仙丽担任副主编。在教材编写过程中，感谢上海元初国际物流有限公司标签设计师沈海羽、王怡雯提供的诸多帮助。同时，编者参阅了大量的相关论著，在此不能一一列举，这里谨向这些论著的作者表示深深的敬意和由衷的感谢！

目录

第一章 进口食品包装及规定

第二章 进口食品标签及规定

第三章 国外对食品标签的规定

第四章 我国进出口预包装食品标签的规定

第五章 食品进出口包装与标签设计的要素

第六章 食品进口标签审核流程与操作

第七章 进口食品中文标签实训实践指导

附　录

第一章

进口食品包装及规定

学习目标

1. 了解食品包装的目的和重要性；
2. 掌握食品包装的相关规定；
3. 理解食品包装的主要分类；
4. 认识食品包装的主要材料。

基本概念

商品包装　包装功能　包装分类

第一节　常见食品包装材料

商品包装是商品生产环节的继续。除了少数难以包装，不值得包装或根本没有必要包装而采取裸装或散装的商品外，绝大多数商品都需要适当包装后才能进入流通领域和消费领域。在国际贸易中，包装条件往往是买卖合同的条款之一，做好包装工作是履行合同的一项重要内容。根据有些国家法律规定，如果卖方所交货物未按约定条件包装，或货物包装与行业习惯不符，买方有权拒收货物。此外，实用美观的包装可以增加商品的附加值，在一定程度上体现出口国家的科技和文化水平，达到宣传美化商品、吸引顾客、扩大销路的目的。因此，无论从哪个角度看，在国际贸易中都不能对商品的包装掉以轻心。

一、包装的起源和发展

包装的起源和发展大致可分为原始包装的萌芽、古代包装、近代包装和现代包装四个基本阶段。

现代食品包装材料的发展趋势：包装材料是现代商品包装发展的物质基础，纸、塑料、金属和玻璃已成为现代商品包装材料的四大支柱，占整个商品包装材料的 90%以上。

包装材料的绿色化、环保化也是大势所趋，新型绿色包装材料的研制与开发也在积极进行中。

二、包装的定义

中华人民共和国国家标准《包装通用术语》（GB 4122—83）中包装（packaging）的定义：在流通过程中保护产品、方便贮运、促进销售，按一定的技术方法而采用的容器、材料及辅助物品的总称；也指为了达到上述目的而采用容器、材料和辅助物的过程中施加一定技术方法等的操作活动。

三、包装的功能

包装的功能主要有两方面：一是自然功能，即对商品起保护作用；二是社会功能，即对商品起媒介作用，也就是把商品介绍给消费者，把消费者吸引过来，从而达到扩大销售、占领市场的目的。

这两种功能相辅相成。自然功能保护商品处于完好状态，为社会功能的实现提供可能；社会功能把商品尽快地推到消费者手中，使自然功能有效实现。而对于一种商品来说，包装的自然功能和社会功能如何，直接影响到该商品在市场中的竞争力。

（一）商品包装

商品包装的功能，大致又可细分为以下几个方面：保护与盛载功能、储运与促销功能、美化商品与传达信息的功能、卫生与环保的功能、循环与再生利用的功能、成组化与防盗功能等。

1. 保护与盛载

保护与盛载被包装物是包装制品的最基本功能。被包装物品的复杂性决定了它们具有各样质地和形态，有固体的、液体的、粉末的或膏状的等。这些物品一旦形成商品后，就要经过多次搬运、贮存、装卸等过程，最后才能流到消费者手中。在以上流通过程中，都要经历冲撞、挤压、受潮、腐蚀等不同程度的损毁。如何使商品保持完好状态，使各类损失降到最低点，这是包装制品生产制造之前首先考虑的问题，同时也是选材设计乃至结构设计的理论依据。具体表现在以下几个方面：

（1）防止震动、挤压或撞击：商品在运输过程中要经历多次装卸、搬运，期间如震荡、撞击、挤压及偶然因素，极易使一些商品变形、变质。因此，在包装选材上应该选取那些具有稳定保护性的材料，设计结构合理的盛装制品才能充分发挥包装的功能。

（2）防干湿变化：过于干燥、过分潮湿都会影响某些被包装物品的品质，在这一类物品的包装选材上，就应选取那些通透性良好的材料。

（3）防冷热变化：温度、湿度的高低会影响某些商品的性质。适宜的温度、湿度有利于保质保鲜，不适宜的温度、湿度往往造成商品干裂、污损或霉化变质；因此，包装在选材上要考虑温度、湿度变化对包装适应性的影响。

（4）防止外界对物品的污染：包装能有效地阻隔外界环境与内装物品之间的联系，形成一个小范围的相对“真空”地带，这样，可以阻断不清洁环境产生的微生物对内装物品的侵害，防止污物接触物品而使其发生质变。

（5）防止光照或辐射：有些商品不适于紫外线、红外线或其他光照直射。如化妆品、药品等，光照后容易产生质变，使其降低功效或失去物质的本色。

（6）防止酸碱的侵蚀：一些商品本身具有一定的酸碱度，如果在空气中与某些碱性或酸性及具有挥发性的物质接触时，就会发生潮解等化学反应，影响被包装物质品质。如油脂类，如果用塑料制品包裹时间过长，就会产生化学反应而影响产品的品质。

（7）防止挥发或渗漏：液态商品的流动性，极易使其在储运过程中受损，如碳酸饮料中溶解的二氧化碳膨胀流失，某些芳香制剂和调味品挥发失效等，而包装物的选择恰恰能避免其特性的改变。

2. 储运与促销

由于包装与被包装物都属于商品，商品在流通领域中就存在着运输储存等客观因素。各类商品大小形态不一，这样会给运输或储存带来许多不便，而包装恰恰能够解决这一问题，它可以统一商品的大小规格，以方便贮运或流通过程中的搬运或数量的清点。同时，包装物还可以印以各类图形、文字，利用鲜明的色彩，提醒消费者使用或注意，以达到促进消费的最终目的，同时使消费者受到教育，如香烟包装上的“吸烟有害健康”的字样，提醒人们在购买这类商品时应引起注意，在食品包装中，关于注意卫生或有关其他方面的教育也屡见不鲜。

3. 美化商品与传达信息

视觉效果的传达是包装中的精华，是包装最具商业性的特质。包装通过设计，不仅使消费者熟悉商品，还能增强消费者对商品品牌的记忆与好感，贮存对生产商品企业的信任度。包装物还可以通过造型给人以美感，体现浓郁的文化特色。包装物品以明亮鲜艳的色调，使之在强烈的传统文化节律中表达或渗透着现代的艺术风韵和时代气息。这就使包装的商品具有了生命活力和美妙的诗意。当然商品的自身价值也会提升。有的包装制品甚至可以当作艺术品供人欣赏珍藏。这样一来，就能将消费环节的诸多因素调动起来，在消费环节中进行全方位的渗透，以达到促进消费的最佳实效。

4. 卫生与环保

包装就是将各类物品盛装在特定的容器中，在盛装之前包装物都要经过清洗、干燥、消毒、除尘等几道工序的处理。盛装物品后，使物品与外界细菌或有毒物质隔离，在一定程度上保持了物品加工流通过程中的稳定性。包装的这个功能恰恰减少了物品的二次污染，充分体现了现代文明社会中产品卫生的首要准则。包装制品除了美观大方、便于使用外，而且更要无毒无污染。特别是近几年刚刚兴起的包装行业中的绿色革命，在人们心目中形成了环保消费的观念。提倡消费者使用那些可以循环再生利用的或是不会造成环境污染的包装制品。如常见的啤酒瓶、可降解的一次性快餐盒等，已广为人知，并备受广大消费者的青睐。而那些污染性强的包装物，一方面已被限制或禁止使用，另一方面也没有市场前景，最终要被社会所淘汰。

5. 循环与再生利用

包装制品有许多是可以多次循环使用的，有的可以通过回收处理后反复使用，有的通过有效的方式进行再加工处理，也可制成包装制品。包装制品的这种循环与再生利用功能，一方面可降低包装制品的成本，另一方面又可充分利用和节省资源，更符合可持续发展的要求。

6. 成组化与防盗功能

成组化是指将同一种商品或同一类商品或不同类商品，以包装为单位，通过中包、大包的形式将其组合包装在一起，使包装后商品的功能更加完备，从而达到一个新的商品价值和使用效果的过程。

防盗功能是保护功能的延伸，是为防止被包装的商品遗失而设计的一种特殊功效。如药品罐包装的铅封一旦被打开，就会留下明显的开启痕迹，从而起到报警作用。

（二）食品包装

在生活中，食品包装的数量最多、内容最广，大多数食品都是通过包装后才送到消费者手中的。越是发达的国家，商品的包装率越高。在商品经济国际化的今天，食品包装与商品已融为一体，它作为实现商品价值和使用价值的手段，在生产、流通、销售和消费领域，正日益发挥着重要的作用。

1. 食品包装定义

《食品工业基本术语》（GB/T 15091—94）中给出了食品包装的定义，是指为在流通过程中保护食品产品，方便储运，促进销售，按一定技术方法而采用的容器、材料及辅助物的总体名称。也指为了达到上述目的而采用容器、材料和辅助物的过程中施加技术措施的操作。

2. 食品包装的特点

食品消费是人们的第一需要，因此，食品包装是整个包装业中最为重要的窗口，也最能反映出一个国家包装业发展的水平，它不但要求卫生、健康、安全，而且随着生活水平的不断提高，人们对食品的要求已不仅仅是停留在以充饥为目的，而是更加注重食品的精致、美味、营养、保健等功能。食品包装已成为人们用以表达情感、关怀、友谊、尊敬的一种方式，食品包装除了要注重它的实用性、便利性、安全性以外，更加注重它的质量、品位和档次。

有些企业为了建立良好的品牌形象，无论是在食品包装的容器、材料、结构上，还是在包装的视觉形象设计上，都有新的突破，给消费者留下了深刻的印象。有的食品包装能很好地运用中国传统文化艺术的精华，并融入现代设计理念，设计的包装既弘扬了中国传统文化，又使消费者体会到了现代科技带来的便利。食品是最讲究卫生和质量的，所以为了防止食品变质，食品包装材料、技术、工艺的运用方式越来越多，越来越新，不断推动了食品包装业的发展和进步。

3. 食品包装的功能

（1）运输功能：使食品能被迅速、安全地送到储藏地或销售地和消费者手中。

（2）防护功能：保护食品，避免食品潮湿、受雨淋、被曝晒、腐蚀、破损、变质，以及防菌、防污染、防氧化、防挥发、防渗漏、防震等，从而延长食品的寿命。如真空、无菌包装等。

（3）集散功能：把零散的食品用包装物集中起来，按不同数量、体积、重量构成一个整体单位（即中包装或大包装）。如一条烟、一箱酒等。

（4）方便功能：为了方便生产、销售和方便消费的一些包装形式。如有些饮料盒上有可扭开的盖子，方便随时开启饮用。

（5）美化功能：能增加产品外观美感，对流通环节起着启示作用，使消费者通过装潢设计了解产品的有关信息，能增加商品的附加值，还能起到对消费者潜移默化的审美教育与欣赏趣味培养的作用。

（6）促销功能：包装无论大小、内外都应有利于销售，起到降低成本、节省流通费用的功能。

四、常见的食品包装材料

1. 用于食品的包装材料和容器

《中华人民共和国食品安全法》规定，用于食品的包装材料和容器，是指包装、盛放食品或者食品添加剂用的纸、竹、木、金属、搪瓷、陶瓷、塑料、橡胶、天然纤维、化学纤维、玻璃等制品和直接接触食品或者食品添加剂的涂料。

2. 食品包装材料和食品包装容器

《食品包装容器及材料 术语》（GB/T 23508—2009）中对食品包装材料的定义是：食品包装材料是指直接用于食品包装或制造食品包装容器的制品，如塑料膜、纸板、玻璃、金属等。食品包装容器是指包装、盛放食品或食品添加剂用的制品，如塑料袋、玻璃瓶、金属罐、纸盒、瓷器等。

此外，有关具体包装材料的术语定义在相关标准中有所规定，比如《食品包装用纸、纸板及纸制品 术语》（GB/T 28119—2011）中规定了食品包装用纸、纸板及纸制品的相关术语。

（一）纸类包装

由于国家发布的限塑令，以及人们对健康环保呼声的日益高涨，绿色环保的纸包装再次在人们日常生活中广泛使用。例如食品级的纸包装应用，食品包装袋应用非常广泛，小到小吃摊的防油纸袋、小吃袋，大到如麦当劳肯德基的食品包装、纸垫、外卖袋等。而且也从以前颜色单一的传统样式到现在的样式多样、印刷精美。那么，在食品市场使用到的食品纸包装都是用什么材质的纸定制而成的呢？

纸类包装材料分类：纸主要用作包装商品、制作纸袋、印刷装潢商标等；纸板主要用于生产纸箱、纸盒、纸桶等包装容器。

食品包装用纸主要有以下几种：

1. 牛皮纸

牛皮纸自封袋又称牛皮纸拉链袋、牛皮纸骨链袋，其无毒、无味、无污染，符合国家环保标准，具有高强度、高环保特点，是国际上最流行的环保包装材料之一。用牛皮纸制作牛皮纸自封袋得到越来越广泛的应用，在超市、商场、食品店、保健品店等场所，一般都会有牛皮纸自封袋包装的产品供应，牛皮纸自封袋是一种环保的包装袋，其用途非常广泛。主要用于包装干果、休闲食品、肉干制品、五谷杂粮、保健品、茶叶等食品。有些医院为了避免交叉感染，科室巧用一次性自封袋制作记录保护袋，效果良好。

2. 羊皮纸

《食品包装用羊皮纸》（GB/T 24696—2009）在原轻工业行业标准《食品羊皮纸》

（QB/T 1710—1993）的基础上制定，由中国轻工业联合会提出，由全国造纸工业标准化技术委员会归口。本标准规定了食品包装用羊皮纸（以下简称食品羊皮纸）的分类、要求、试验方法、检验规则及标志、包装、运输、贮存。本标准适用于供食品、药品、消毒材料的内包装用纸，也适用于其他具有不透油性和耐水性的包装用纸。

3. 鸡皮纸

鸡皮纸（machine glazed wrapping paper）是一种单面光的平板薄型包装纸，定量为40 g/m^2，不如牛皮纸强韧，故称“鸡皮纸”。鸡皮纸纸质坚韧，有较高的耐破度、耐折度和耐水性，有良好的光泽。可用于包装食品、日用百货等，也可用于印刷商标。

4. 半透明纸

半透明纸是一种透明度较高的纸，因制造加工工艺复杂（以漂白化学木浆为原料，经高黏状打浆、重施胶，在薄页型造纸机上抄造，并经超级压光而制成），含有较多的纤维，填充量很少，因此在价格上较贵。半透明纸不同于一般的纸，其印刷效果奇特，它能使印刷图文更清新，半透明纸易烘干，并具有防潮透气之功效。主要用于服装、玩具、鞋子、五金、工艺品、瓜果、蔬菜、纸花、坐便纸、孔明灯、酒类、食品及其他贵重商品等的包装和装潢。

5. 玻璃纸

玻璃纸是一种以棉浆、木浆等天然纤维为原料，用胶黏法制成的薄膜状制品。它透明、无毒无味。因为空气、油、细菌和水都不易透过玻璃纸，使得其可作为食品包装使用。在普通玻璃纸的一面或两面涂上防潮涂层，再经干燥调湿后制成防潮玻璃纸。

6. 食品包装纸

食品包装纸是以纸浆及纸板为主要原料的包装制品，需要满足无毒、抗油、防水、防潮、密封等要求，且符合食品包装安全要求可用于包装食品的纸。食品包装纸因其与食品直接接触，且其包装物大部分都是直接入口的食品，所以食品包装纸最基本的要求是必须符合食品卫生的要求，其次根据食品包装纸使用要求的不同，还必须达到相关的技术标准。

7. 茶叶袋滤纸

茶叶袋滤纸是一种低定量专用包装纸，用于袋泡茶的包装，要求纤维组织均匀，无折痕皱纹、无异味。

8. 白卡纸

白卡纸是指完全用漂白化学制浆制造并充分施胶的单层或多层结合的纸。白卡纸表面平滑、质地坚挺，目前国内市场进口白卡纸占较大的份额。白卡纸主要用于制作高档精美的手提袋、包装袋、礼品包装盒、名片等。

9. 复合纸

用黏合剂将纸、纸板与其他塑料、铝箔、布等层合起来，可得到复合加工纸（简称复合纸）。复合加工纸不仅能改善纸和纸板的外观性能和强度，主要的是具有提高防水、防潮、耐油、气密保香等性能，同时还会获得热封性、阻光性、耐热性等。目前，食品行业应用的纸筒包装主要以全纸纸筒和复合纸筒包装为主。

（二）塑料包装

塑料作为食品包装材料已有几十年历史，因其具有优异的包装性能而得到广泛应用，但塑料本身所具有的特性和缺陷，用于食品包装时会带来诸如卫生安全等方面的问题。因此，在选用塑料包装材料时，除考虑食品包装基本要求外，还必须注意卫生安全性问题。

塑料包装材料主要有：

1. 聚乙烯（PE）和聚丙烯（PP）

聚乙烯（PE）主要组成成分是聚乙烯树脂，加少量的润滑剂、抗老化剂等添加剂。聚乙烯是无臭、无毒、外观呈乳白色的蜡状固体；聚丙烯（PP）主要成分是聚丙烯树脂，密度为 0.90~0.91 g/cm^3。

2. 聚苯乙烯（PS）和 K– 树脂

聚苯乙烯（PS）由苯乙烯单体加聚合成的；K- 树脂是一种具有良好抗冲击性能的聚苯乙烯类透明树脂，由丁二烯和苯乙烯共聚而成。具有高透明和冲击性，用于制造各种包装容器，如盒、杯、罐等。K- 树脂无毒卫生，可直接与食品接触，尤其是辐照食品包装，应用前景看好。

3. 聚氯乙烯（PVC）和聚偏二氯乙烯（PVDC）

聚氯乙烯塑料由聚氯乙烯树脂和少量增塑剂、稳定剂等添加剂组成；聚偏二氯乙烯塑料由聚偏二氯乙烯和少量增塑剂、稳定剂等添加剂组成，商品名为赛纶。商品包装业常用泡壳包装材料，如聚氯乙烯（PVC）。由于这种材料燃烧后产生氯化物，不仅对人体有害，也会对地球臭氧层造成破坏，现已被许多国家列为禁用，因而泡壳包装材料宜使用聚对苯二甲酸乙二醇酯（PET）等无害且易回收的替代品。

另外，还有聚酰胺（PA）、聚乙烯醇（PVA）、聚酯（PET）、聚碳酸酯（PC）、乙烯 - 醋酸乙烯共聚物（EVA）、环境可降解塑料等。

4. 塑料

软塑料包装材料是由塑料制成挠性包装塑料。主要为单一类塑料制成的薄膜材料，主要分为两种，一种为吹塑薄膜，另一种为注塑薄膜，是由不同种类塑料复合而成的薄膜材料；以塑料为主体，与其他挠性材料（包含纸、玻璃纸或铝箔等）复合而成的复合薄膜材料。常用食品单种塑料包装薄膜有：普通塑料薄膜，定向拉伸塑料薄膜，热收缩塑料薄膜，弹性（拉伸）薄膜。

塑料包装容器：主要是指塑料中空容器、热成型容器、塑料箱、钙塑瓦楞箱、塑料包装袋等。塑料包装容器成型加工方法常用的有：注射成型、中空吹塑成型、片材热成型等。塑料瓶是液体食品包装容器。

（三）金属包装

金属包装材料历史悠久，现代金属包装技术是以英国人 1814 年发明马口铁罐为标志。金属材料广泛应用于工业产品包装、运输包装和销售包装等领域，已成为制作各种包装容器的四大主要包装材料之一。

在包装材料中，金属所占的比重各国不尽相同。美国约为 28%，仅次于纸和纸板；日本约为 15%，仅次于纸、纸板和塑料而占据第三位；德国约为 20%；法国约为 14.2%；英国约为 20.7%；我国占 20%左右。

金属包装材料的优点：优良的力学性能，机械强度优于其他包装材料，如抗拉、抗压、抗弯、韧性及硬度；综合保护性能好，极好的阻隔性能，阻隔气、水、油、光的透过；外表美观，具有自己独特的金属光泽；耐高低温适应食品的冷热加工、高温杀菌及杀菌后的急冷处理；加工性能好，且工艺较成熟，适于连续自动化生产；资源丰富，作为主要金属包装材料的铁和铝，蕴藏量极为丰富；废弃物处理性好，金属包装容器一般可以回炉再生，循环使用，减少环境污染。

金属包装材料的不足之处：金属及焊料中的铅、砷等易渗入食品中，污染食品；另外，金属离子还会影响食品的风味；当金属容器采用酚醛树脂作为内壁涂料时，若加工工艺不当，会影响食品的质量；金属的化学稳定性差，易受腐蚀而生锈、损坏；与纸、塑料相比，其价格、加工成本、运输成本方面均不占优势。

食品包装常用金属材料主要分两类：钢基包装材料（以铁为基材板）、镀锡钢板（马口铁）、镀铬薄钢板、涂料板、镀锌板、不锈钢板；铝质包装材料（以铝箔为主）、铝合金薄板、铝箔、铝丝等。

（四）玻璃及陶瓷包装

玻璃是一种非晶态刚体物质，它没有明显的软化点。当温度升高时，玻璃就逐渐从接近固体的状态变成接近液体的状态，表现出流动性；冷却时相反。这种随温度变化的过程反映了其易于加工成型的特点。

瓶罐玻璃的包装特点：玻璃是一种非晶态刚体物质，它没有明显的软化点。当温度升高时，玻璃就逐渐从接近固体的状态变成接近液体的状态，表现出流动性；冷却时相反。

这种随温度变化的过程反映了其易于加工成型的特点。

玻璃容器的结构：瓶口，包括封面封口突起、瓶口环、瓶口合缝线和瓶口与瓶身接缝线几部分；瓶身，包括瓶颈、瓶肩、侧壁、瓶根部、瓶身合缝等部分；瓶底，包括瓶底座和瓶底瓶身合缝。

陶瓷包装材料：陶瓷容器具有耐火、耐热、隔热性好、可反复使用、原材料丰富、废弃物不污染环境等优点。

（五）开发以植物为包装材料的技术

由于植物基本上可以延续不息地重产繁殖，而且大量使用植物一般不会对环境、生态平衡和资源的维护造成危害，因此，目前许多发达国家都在积极开发以植物为包装材料的技术。例如美国以玉米、蜀葵、黍子等植物或作物为原料，采用生物分解或光分解技术制成塑胶作为包装物，或由谷类制成植物性包装材料，此外还有些国家将植物性淀粉质材料与瓦楞纸板混合制成可溶性包装材料，回收后不需将两种材料分离，可直接再生为纸制品，这是目前国际上食品类商品包装的一大趋势。

第二节　主要食品的包装分类

食品的常见类型主要有：休闲食品——糖果、巧克力、糕点饼干曲奇、干果蜜饯、肉脯干货、膨化食品；冲调饮品——果蔬汁、纯净 / 矿物质水、碳酸饮料、养生冲饮茶 / 茶饮、咖啡；粮油 / 调味品——橄榄油、速食 / 面类、罐头、调味品、意大利面 / 面酱等；水果类——水果；母婴用品——奶粉、辅食、营养品等。不同的食品其包装的要求是不同的，食品包装是食品商品的组成部分。食品包装和食品包装盒保护食品，使食品在离开工厂到消费者手中的流通过程中，防止生物的、化学的、物理的外来因素的损害，它还有保持食品本身稳定质量的功能，方便食品的食用，又有表现食品外观、吸引消费的形象，具有物质成本以外的价值。

一、果蔬类食品包装

果蔬属易腐产品，为克服季节性生产和均衡供应的矛盾，储藏保鲜很有必要。过去的研究多集中在冷藏和气调等方面，近 20 年来随着研究的不断深入，包装所具有的良好保鲜作用已引起人们的重视，无论是保鲜包装还是保鲜包装技术与方法，都取得了很大的进展，并已成功应用于生产实践。

二、畜禽肉类食品包装

畜禽肉类食品是人们获取动物性蛋白质的主要来源。目前我国肉类制品产品结构体系主要有：生鲜肉和各类加工熟肉制品。生鲜肉的消费模式主要是工业化生产的冷却肉，加工熟肉制品由采用软塑复合包装材料为主体的西式低温肉制品和地方特色浓郁的高温肉制品构成。

（1）生鲜肉制品包装，热鲜肉：刚宰杀不经冷却排酸过程而直接销售的。热鲜肉出售时的肌肉正处于僵直期，持水性差、嫩度口感较差，且多为裸肉摊卖，微生物极易生长繁殖而腐败变质。冷却肉：指对严格执行检疫制度屠宰后的动物胴体迅速进行冷却处理，在 24 h 内降低到 0~4 ℃，并在低温下加工、流通和零售的生鲜肉。

（2）加工熟肉类食品包装，加工熟肉类食品目的是为了延长保质期，主要有中式肉制品、西式肉制品、灌肠类制品。

三、水产品包装

水产品包括鱼类、甲壳类（虾蟹等）、软体动物类（贝类）、腔肠动物类（海蜇等）、棘皮动物类（海胆等）和藻类等淡水或海产品。

（1）生鲜水产品包装，对于活鲜水产品的包装，根据其不同的技术要求可以采用不同的包装材料。通常在超级市场买到的新鲜鱼贝类食品，许多是装在盘中后用氯乙烯塑料、聚乙烯、聚苯乙烯、聚丁二烯的弹力拉伸薄膜包装的；高级虾、干贝类食品，是放在泡沫 PS 容器中，用高聚物 / EVA 的薄膜密封包装的；沙丁鱼和鳅刀鱼之类的鲜鱼则是放在盘中，用氯乙烯塑料的弹力拉伸薄膜包装的。

（2）加工水产品的包装，包装材料必须是由国家批准可用于食品的材料。所用材料必须保持清洁卫生，在干燥通风的专用库内存放，内外包装材料要分开存放。直接接触水产食品的包装、标签必须符合食品卫生要求，应不易褪色，不得含有有毒有害物质，不能对内容物造成直接或间接的污染。

四、蛋、奶及饮料类食品包装

蛋类食品包装主要有鲜蛋包装、蛋制品包装；奶类食品包装主要有鲜奶、奶粉、炼乳、酸奶、奶油等。其主要卫生问题是微生物污染，另外，氧化及光辐射对牛奶的营养成分及味道有影响。

此外，还有粮谷类食品包装、豆制品包装、糖果和巧克力包装、油脂类食品和调味品包装等。

第三节 世界各国对食品包装及材料的规定

食品包装技术规范与质量保证，技术规范是产品和工艺过程的技术规定及说明；在食品包装技术中，涉及食品、包装材料和包装工艺，包括 5 种技术规范，即食品技术规范、包装材料规范、包装工艺规范、包装成品规范及质量保证（Quality Assurance，简称 QA）规范。

一、与食品包装标准有关的国际组织

最早的国际标准化机构——国际电工委员会（IEC）1906 年成立，1946 年 10 月 14—26 日，中、英、美、法、苏等 25 个国家于伦敦表决通过建立国际标准化组织，1947 年 2 月 23 日，国际标准化组织正式成立，总部在日内瓦，每年 10 月 14 日为国际标准日。

国际性标准化组织的食品包装标准：国际标准化组织（ISO）是世界上最大、最权威的标准化机构，属于非政府性组成，是各国标准化团体。其宗旨是在全球范围内促进标准化工作的开展，以利于国际资源的交流和合理配置，扩大各国科技和经济领域的合作。主要活动是制定国际标准。

国际食品法典委员会（Codex Alimentarius Commission，简称 CAC），名称源自拉丁文，其中 Codex 意为“表册、簿籍、案卷、法典等”；Alimentarius 意为“卫生者、可供食料者”。CAC 是联合国粮食及农业组织（FAO）和世界卫生组织（WHO）于 1963 年联合设立的政府间国际组织，专门负责协调政府间的食品标准，建立一套完整的食品国际标准体系。CAC 目前有 180 个成员国，覆盖全球 98% 的人口。CAC 下设秘书处、执行委员会、6 个地区协调委员会、21 个专业委员会和 1 个政府间特别工作组。所有国际食品法典标准都主要在其各下属委员会中讨论和制定，然后经 CAC 大会审议后通过。

CAC 已成为全球消费者、食品生产和加工者、各国食品管理机构和国际食品贸易重要的基本参照标准。法典对食品生产、加工者的观念以及消费者的意识已产生了巨大影响，并对保护公众健康和维护公平食品贸易做出了不可估量的贡献。

CAC 对保护消费者健康的重要作用已在 1985 年联合国第 39/248 号决议中得到强调，为此，CAC 指南采纳并加强了消费者保护政策的应用。该指南提醒各国政府应充分考虑所有消费者对食品安全的需要，并尽可能地支持和采纳 CAC 的标准。

国际食品法典委员会与国际食品贸易关系密切，针对业已增长的全球市场，特别是作为保护消费者而普遍采用的统一食品标准，国际食品法典委员会具有明显的优势。因此，《实施卫生与植物检疫措施协定》（SPS 协定）和《技术性贸易壁垒协议》（TBT 协议）均鼓励采用协调一致的国际食品标准。作为乌拉圭回合多边贸易谈判的产物，SPS 协定引用了法典标准、指南及推荐技术标准，以此作为促进国际食品贸易的措施。因此，法典标准已成为在乌拉圭回合协议法律框架内衡量一个国家食品措施和法规是否一致的基准。

中国于 1984 年正式加入国际食品法典委员会，1986 年成立了中国食品法典委员会，由与食品安全相关的多个部门组成。国家卫生和计划生育委员会作为委员会的主任单位，负责国内食品法典的协调工作。委员会秘书处设在国家食品安全风险评估中心，秘书处的工作职责包括：组织参与国际食品法典委员会及下属分委员会开展的各项食品法典活动、组织审议国际食品法典标准草案及其他会议议题、承办委员会工作会议、食品法典的信息交流等。经过了二十几年的工作实践，我国已全面参与了国际法典工作的相关事务，在多项标准的修订工作中突显了我国的作用，逐渐得到了国际社会的认可。2006 年成功申请成为国际食品添加剂法典委员会主持国政府，2011 年成为代表亚洲区域的执委会成员，2013 年再次连任，任期至 2015 年。

二、世界上一些国家和地区对进出口商品包装的规定

世界上许多国家没有可简称为“包装法”的单独法令，但其他法规对包装均有影响，有关商品的销售、贸易运输、度量衡、食品和药品环境必需的法规与包装密切相关。

进出口商品的包装材料只有符合进口规定，才能被准许输入进口国，否则进口国海关将不放行。许多国家以法规形式对进口商品的包装材料进行限制或进行强制性监督和管理。例如：美国规定进口商品包装不得用稻草，否则将被强行烧毁，新西兰农渔部规定进口商品的包装不得为干草、稻草、竹席等。美国食品药物局规定，所有医疗健身及美容药品都要具备能防止掺假、掺毒等防污能力的包装。美国环境保护局规定，为了防止儿童误服药品、化工品，凡属于防毒包装条例和消费者安全委员会管辖的产品，必须使用保护儿童安全盖。美国加利福尼亚、弗吉尼亚等 11 个州以及欧洲共同体负责环境和消费部门规定，可拉离的拉环式易拉罐，也不能在市场上销售，目前已趋于研制不能拉离的掀扭式、胶带式易拉罐。欧洲共同体规定，接触食物的氯乙烯容器及材料，其氯乙烯单位的最大容器规定为 1 mg/kg 成品含量，转移到食品中的最大值是 0.01 mg/kg。根据美国药物调查局调查，在人体吸收的全部铅中，有 14% 来自马口铁罐焊锡料，因此，要求今后 5 年内焊缝含铅量减少 50%。我国香港卫生条例规定，固体食物的最高铅含量不得超过 0.000 6%，液体食物含铅量不得超过 0.000 1%。加拿大政府规定进口商品必须英法文对照。销往中国香港的食品标签，必须用中文，但食品名称及成分，须同时用英

文注明。希腊政府正式公布，凡出口到希腊的产品包装上必须要用希腊文字写明公司名称、代理商名称，以及产品质量、数量等项目。销往法国的产品装箱单及商业发票须用法文，包括标志说明，不以法文书写的应附译文。销往阿拉伯地区的食品、饮料，必须用阿拉伯文说明。禁用的包装材料，美国规定，为防止植物病虫害的传播，禁止使用稻草做包装材料，如被海关发现，必须当场销毁，并支付由此产生的一切费用。新西兰农业检疫所规定，进口商品包装严禁使用以下材料：干草、稻草、麦草、谷壳或糠、生苔物、土壤、泥灰、用过的旧麻袋及其他材料。菲律宾卫生部和海关规定，凡进口的货物禁止用麻袋和麻袋制品及稻草、草席等材料包装。澳大利亚防疫局规定，凡用木箱包装（包括托盘木料）的货物进口时，均需提供熏蒸证明。港口规定，沙特阿拉伯港务局规定，所有运往该国港埠的建材类海运包装，凡装集装箱的，必须先组装托盘，以适应堆高机装卸，且每件重量不得超过 2 t。伊朗港口颁布的进口货物包装规定，药品、化工品、食品、茶叶等商品，分别要求以托盘形式，或体积不少于 1 m^3 或重量 1 t 的集装箱包装。沙特阿拉伯港口规定，凡运往该港的袋装货物，每袋重量不得超过 50 kg，否则不提供仓储便利，除非这些袋装货物附有托盘或具有可供机械提货和卸货的悬吊装置。

三、我国食品包装的相关法律法规

我国标准的分级：国家标准、行业标准、地方标准、企业标准。我国食品包装法规主要有《中华人民共和国食品安全法》有关食品包装的限制性条款，《中华人民共和国产品质量法》有关包装的限制性条款；有关食品包装的管理办法：《食品包装用原纸卫生管理办法》《进出口食品包装容器、包装材料实施检验监管工作管理规定》等。

《中华人民共和国食品安全法》是为保证食品安全，保障公众身体健康和生命安全制定，2015 年 4 月 24 日第十二届全国人民代表大会常务委员会第十四次会议修订通过，自 2015 年 10 月 1 日起施行。现行《中华人民共和国食品安全法》于 2021 年 4 月 29 日第二次修正。

《中华人民共和国食品安全法》第六十六条规定："进口的预包装食品应当有中文标签、中文说明书。标签、说明书应当符合本法以及我国其他有关法律、行政法规的规定和食品安全国家标准的要求，载明食品的原产地以及境内代理商的名称、地址、联系方式。预包装食品没有中文标签、中文说明书或者标签、说明书不符合本条规定的，不得进口。"

《中华人民共和国产品质量法》是为了加强对产品质量的监督管理，提高产品质量水平，明确产品质量责任，保护消费者的合法权益，维护社会经济秩序而制定。1993 年 2 月 22 日第七届全国人民代表大会常务委员会第三十次会议通过，自 1993 年 9 月 1 日起施行。当前版本是 2018 年 12 月 29 日通过第十三届全国人民代表大会常务委员会第七次会议修改的。

《中华人民共和国产品质量法》规定对不符合保障人体健康和人身、财产安全的国家标准、行业标准的产品或者有其他严重质量问题的产品，以及直接用于生产、销售该项产品的原辅材料、包装物、生产工具，予以查封或者扣押。产品或者其包装上的标识必须真实。对易碎、易燃、易爆、有毒、有腐蚀性、有放射性等危险物品以及储运中不能倒置和其他有特殊要求的产品，其包装质量必须符合相应要求，依照国家有关规定作出警示标志或者中文警示说明，标明储运注意事项。

《食品包装用原纸卫生管理办法》自 1990 年 11 月 26 日起实施。食品包装用原纸不得采用社会回收废纸作为原料，禁止添加荧光增白剂等有害助剂。食品包装用石蜡应采用食品用石蜡，不得使用工业级石蜡。用于食品包装用原纸的印刷油墨、颜料应符合食品卫生要求，油墨颜料不得印刷在接触食品面。生产食品包装用原纸的企业，须经食品卫生监督机构认可。食品包装用原纸必须有符合卫生要求的外包装，并标明食品用纸的标志及产地、厂名、生产日期等。

《进出口食品包装容器、包装材料实施检验监管工作管理规定》自 2006 年 8 月 1 号起实施。进口食品包装的安全、卫生检验检疫等工作由收货人报检时申报的目的地检验检疫机构检验和监管，合格后方可用于包装、盛放食品。出口食品包装的生产原料（包括助剂等）及产品的企业，须符合相应的安全卫生技术法规强制性要求，不得使用不符合安全卫生要求或有毒有害材料生产与食品直接接触的包装产品。生产出口食品包装的企业应向出入境检验检疫机构申请备案。

《中华人民共和国清洁生产促进法》于 2002 年 6 月 29 日在第九届全国人民代表大会常务委员会第二十八次会议通过，2012 年 2 月 29 日第十　届全国人民代表大会常务委员会第二十五次会议通过《全国人民代表大会常务委员会关于修改〈中华人民共和国清洁生产促进法〉的决定》,《中华人民共和国清洁生产促进法》(修订版）自 2012 年 7 月 1 日起施行。产品和包装物的设计，应当考虑其在生命周期中对人类健康和环境的影响，优先选择无毒、无害、易于降解或者便于回收利用的方案。生产、销售被列入强制回收目录的产品和包装物的企业，必须在产品报废和包装物使用后对该产品和包装物进行回收。

《中华人民共和国反不正当竞争法》规定经营者不得采用不正当手段从事市场交易，损害竞争对手：擅自使用知名商品特有的名称、包装、装潢，或者使用与知名商品近似的名称、包装、装潢，造成和他人的知名商品相混淆，使购买者误认为是该知名商品。

《定量包装商品生产企业计量保证能力评价规范》于 2001 年 4 月 6 日发布。生产定量包装商品必须有包含产品净含量要求的产品标准，净含量要求必须符合《定量包装商品计量监督规定》，企业必须在商品包装上明确标注定量包装商品的净含量。用于包装定量包装商品的材料应满足定量包装商品计量准确性的要求，并应能防止商品在包装（分装）和运输过程中的渗漏和破损。

《包装资源回收利用暂行管理办法》自 1999 年 1 月 1 日起实施。规定了包装废弃物回收利用的管理原则、回收渠道、回收办法、分级原则、储存和运输、回收复用品种、复用办法、复用的技术要求、试验方法、检验规则、包装废弃物的处理与奖惩原则等。

《商品条码管理办法》自 2005 年 10 月 1 日起施行，任何单位和个人不得在商品包装上使用其他条码冒充商品条码；不得伪造商品条码。商品生产者、销售者、服务提供者积极采用国际通用的商品代码及条码标识体系，使用商品条码。

第四节　实践指导

一、实践内容

进口食品包装的特点与主要功能的调研。

二、实践步骤

1. 确定城市超市的定位；
2. 明确调研 3 类进口食品包装的类型；
3. 制定调研计划。

三、实践要求

1. 调研实践要有明确目标；
2. 调研态度要认真；
3. 完成进口食品包装的特点与主要功能的调研报告。

拓展阅读

形形色色的纸包装

当下形形色色的纸包装正朝着效用功能化的方向发展。比如：食品保温包装纸，像太阳能聚热器一样，将光能转化为热能，人们只需将保温纸所包装的食物放在阳光照射的地方，就会不断有热能补充进去，从而保护纸内食物有一定的热度和鲜香味，为人们食用提供方便。以蔬菜或淀粉为主要原料，加入其他食品添加剂，采用类似造纸的工艺，生产可食性包装，是解决食品包装废弃物与环保这一矛盾的有效途径。纸质易拉罐的诞生则克服了铝质易拉罐价格昂贵、污染环境的弊端。

1. 多功能食用包装纸一般分类

纸包装主要有瓦楞纸、蜂窝纸、凹凸纸，由这三大门类派生出来的纸包装，经常用于烘焙食品包装。例如：纸箱、纸盒、纸袋、纸罐、纸浆模塑、纸饭桶、纸管、纸角、纸托盘、纸板衬垫、纸餐具、纸盘、纸杯等等。

瓦楞纸箱产量大，使用范围广，是当今世界所采用的最重要的包装制品。

蜂窝纸板独特的蜂窝结构使其具有良好的缓冲、减震性能，而且成本低，易回收，可再生，是一种节能环保的包装材料。蜂窝纸板广泛用作缓冲衬垫、托盘、包装箱、角撑、护棱，还可以替代出口烘焙食品的木质包装。

凹凸纸以瓦楞纸不可替代的独特优势，迅猛发展，具有广阔的市场前景。

2. 豆渣可食包装纸

与各种可食性包装材料相比，以豆渣为原料开发的可食性包装纸因原材料丰富且价格低廉，加工工艺简单，具有较高的经济效益、较高的营养保健价值和社会效益，近几年已引起了一些食品厂家的注意，正准备将其用于食品工业包装，从而实现将豆渣变废为宝。

可食包装纸不仅在日本，在全球范围内都是研发热点，其产品主要用于方便休闲食品包装、可食性包装等领域，可以预见这种可食性包装用纸必将有广阔市场。

日本有人将废弃的豆腐渣制成可溶于水的“纸”，广泛用于方便面、调味品、烤肉、蛋糕、水果的包装。它的制法是：向豆腐渣内加入脂酸和蛋白酸，让其分解，然后经温水洗涤干燥成干品纤维，再添加山药、芋头、糊精、低聚糖、聚丙二醇等黏合剂而制成。

日本高崎造纸公司用食品工业废弃的苹果渣生产出果渣纸。其制法是：除去果渣中的籽粒，将其捣成浆，加入适量的木质纤维即可造纸。这种纸使用后容易分解，可焚烧或做堆肥，亦可回收重新造纸，不易污染环境，可用于食品包装。

日本酒井农业食品工程公司研究出一种用豆渣生产可食用纸的方法，是将榨汁或提取豆制品以后的豆粕（豆渣）加入适量的水和植物性蛋白酶，过滤出经酶处理后的这种豆渣液，即为含食物纤维素23%~25%的可食纸浆；然后用生产普通纸的方法和设备制成各种大小的干燥纸膜即为可食纸。

这种可食纸在食品工业中的用途非常广泛，例如作快餐面的调料包装纸，糖果、饼干、粉状食品和饮品内包装纸等。由于这种纸在水中或唾液下可溶化，因而不必撕碎可直接食用，并且有较高的营养价值；又因为这种纸是食物纤维且不含热能，所以也可作保健食品的载体。

可食性豆渣纸较其他同类产品的优点：原材料（豆渣）丰富且廉价，加工工艺简单，合理充分地解决了食品包装废弃物与环保之间矛盾和大豆食品加工工业中的副产品（豆渣）的处理与利用问题。具有较高经济效益和社会效益，较高的营养保健价值以及广阔的发展前景。

3. 中草药果蔬保鲜纸

中草药不仅能治病救人，也可以作为造纸的原料。

目前正在研制、开发的中草药果蔬保鲜纸，其保鲜保质性能远远超过现有的果蔬保鲜包装纸，可起到良好的杀虫、灭菌作用。这种纸是将多种天然植物、中草药粉液涂布在专用果品包装上制成的。原料多采用百部、甜茶、虎仗、甘草和良姜等十几种中草药，将其筛选、粉碎调成粉末液，即可用于涂布。

这种纸张制造方法简单、取材方便、成本低廉，特别适合于中小型企业生产。另外这种纸易自然降解、不污染环境，其经济效益和社会效益十分明显。

4. 可食性纸型食品包装

可食性包装是世界食品工业新科技发展的主要趋势，它已涉及广泛的应用领域，如肠衣、果蜡、糖衣、糯米纸、冰衣和药片包衣等等。

它是一种由可食用原料加工制成的像纸一样的包装材料，可分为两大类：一类是把常用食品原料如淀粉、糖糊，再加入一些调味物质以后再进行纸型化处理，从而制造出像纸那样薄的可以食用的纸型食品包装；另一类是把可食用的无毒纤维进行改性，然后加入一些食品添加剂，制成一种可食用的“纸片”，用它来做食品包装。

由于可食性包装功能多样，无害环境，取材方便，可供食用，因此近年来发达国家食品业竞相研制开发，新产品、新技术不断涌现。

据介绍，目前市场上已经出现标有牛肉味、鸡肉味、苹果味等各种味道的“食品纸”包装的食品，很受消费者的喜爱，特别是可食性纸型食品包装在冷饮包装中的运用，起到了保冷、卫生的作用。

英国开发的一种包装纸是以胡萝卜为基材，添加适当的增稠剂、增塑剂、抗水剂，利用胡萝卜的天然色泽，制成价廉物美的可食性彩色菜纸。这种菜纸可用作盒装食品的个体（内）包装或直接当作方便食品食用，既能减少环境污染，又能增强食品美感，增加消费者的食欲。胡萝卜纸是一种可食性的彩色纸，具有较强的柔韧性和一定的防水性，又具有包装功能和食用功能。它最早是由日本研制开发的，也称纸菜。蔬菜食品的共有特点是富含膳食纤维、多种维生素及矿物质，其中膳食纤维在加工生产中相当稳定，故加工出的纸菜产品营养损失很小，并且产品含水量小，约 10%，便于运输和储藏。它不仅提高了蔬菜的附加值，更重要的是解决了蔬菜易腐烂、不易储藏的问题。

就生产工艺而言，主要有两种方法：一是压模成型法，这种方法将浆料平铺在成型板上，经两次烘烤成型；二是辊压成型法，即浆料经由两个反向旋转的压辊直接压成纸状切片，成型后干燥得到成品。这些方法都是采用加热干燥，会破坏蔬菜中的维生素和天然色素等热敏性营养素，成品还会出现干缩及褐变现象。

而冷冻干燥技术则可以避免上述工艺的不足。冷冻干燥技术是将物料冻结在高真空下（≤ 611 Pa），物料的水分由固态直接升华至气态，整个干燥过程都是在低温下进行，成品有效地保持了蔬菜原有的营养成分和天然色泽。

人们用这种“蔬菜纸”包装的食品，不用撕开“包装纸”就可直接食用。

目前，以蔬菜为主要原料制成的绿色可食性包装产品，由于其营养价值高，便于储藏保鲜和运输，且是一种很好的休闲食品与高级食品包装材料，因此有很大的市场需求与开发前景。

5. 蛋白质涂层包装纸

日本一食品公司研制出一种蛋白质涂层包装纸（MWS），它是用蛋白质作为涂料涂在纸上面，经特殊工艺而制成的包装纸膜，可承受一定温度，防止侵蚀，无毒，方便食品加工，不污染环境。

这种包装纸的耐水性、透气性好，因为浸透率比别的材料高，其表面强度和层间强度高，有抗菌性，还能吸收氨气等。

这些特征并非靠添加剂、树脂和化学药品来获得，因而安全无害。因 MWS 具有这些特征，可应用于食品包装材料、结露吸水薄膜（片）及其他领域。目前，MWS 已应用于酒糟渍制食品的真空包装，与其他材料复合，作为多水分半成品食品的包装纸，充分发挥其防霉、吸水和耐水性的优点。

6. 食品保温包装纸

最近，美国研制出一种可以将太阳能转化为热能的纸，它们的作用就像太阳能集热器一样。如果用它包装食品，并且放在阳光照射的地方，包装内的食品就会被加热，只有将包装打开，热量才会散去。

英国伦敦 Sainspurys 超级市场有限公司与英格兰 DSsmith 包装公司联手研制开发出一种创新型便携式隔热保温冷藏瓦楞纸质包装容器，专供大型超级市场、大型自选商场冷冻食品低温冷藏包装之用。

使用该容器包装低温冷冻食品，如冰淇淋、雪糕等，常温条件下在一段时间内容器内能保持足够的低温，保证所包装的冷冻食品在超市内付账之前以及返家途中不致融化，为消费者提供了极大的方便。

这种创新型便携式隔热保温冷藏包装容器的设计意图，是提高商品的品牌效应，为消费者提供一个良好的低温冷藏包装环境。设计这款包装，一方面要全面考虑消费者所需要的功能要求，又要考虑包装成本降至最低，还要保证最佳低温保持效果。

在该款包装选材上，由于百分之百采用纯纸浆纸板制作，所以当容器用过废弃后还可循环再造，不会对环境造成任何污染。此款容器用后可折叠存放以备再用，经实际使用可实际重复使用 10 次以上。

7. 食品包装防腐纸

食品包装防腐纸是一种能在一定时期内防止食品腐烂的专用包装纸。纸面涂有植物杀菌剂，杀菌力较强，药效持久。无毒、无色、无异味，不致影响食用者的健康和食品原有风味。植物杀菌剂是挥发油，不同的食品用不同的杀菌剂，如橘子应用桉树油，桃子用桂皮油，苹果及梨用八角茴香油等，都有相当效果。

据报道，日本 Nippon 纸业公司成功开发出防腐可食的食品包装纸新产品。它的制法是：先将原纸浸入含有 20% 的琥珀酸、33% 的琥珀酸钠和 0.07% 的山梨酸乙醇溶液中，然后对其进行干燥即成。用这种纸包装带卤汁的食品，可以在 38 ℃高温下存放 3 周不变质。

日本开发出一种不用加热或添加剂而具有脱水功能的包装纸，选择能透过水的半透膜为表面材料，内侧放置高渗透压物质和高分子吸水剂。由于食品中水分以液体状态的渗透压差可通过半透膜向高渗透压物质移动，所以这些水分子就被高分子吸水剂固定。

该包装纸不会使食品组织细胞被破坏，它是沿细胞间隙吸水，不仅能吸收食品表面的水分，而且可吸收内部深入的水分，还具有低温下吸水等功能。这种包装纸能抑制酶的活性，防止蛋白质分解，减少微生物繁殖，从而达到保持食品新鲜度、浓缩鲜味成分、去掉水气、提高韧性的效果。

8. 水果套袋包装纸

用套袋技术培育的水果作为绿色果品投放市场，比未套袋的同类产品贵一倍，同时套袋水果解决了未套袋水果农药残留较高的难题，促进了水果出口。近年国内苹果套袋纸及纸袋已形成了一个产业，并带动了套袋设备的研制开发。梨袋、葡萄袋及蔬菜果袋等都相继进入了市场。

水果套袋纸分为内袋和外袋，袋纸又分为内层和外层；内层为黑色，外层一般为本色。为防止室外风雨环境的破坏，水果套袋纸要求较高的湿抗张强度及很高的透气度。

由于这些特殊的要求，纤维原料配比和合适助剂选择是其技术要点。

9. 高克重食品包装鸡皮纸

鸡皮纸是一种单面光的平板薄型包装纸，定量为 40 g/m^2，不如牛皮纸强韧，故戏称“鸡皮纸”。鸡皮纸纸质坚韧，有较高的耐破度、耐折度和耐水性，有良好的光泽。可供包装食品、日用百货等，也可印刷商标。

传统的面粉包装袋在强度、防湿性能等诸方面还不尽如人意。目前用于制作面粉的大小包装袋的高克重鸡皮纸基本试验成功。

这种利用进口漂白针叶木浆生产的白鸡皮纸，白度高、无荧光、拉力强，符合卫生要求。用它制作的糊底袋，采用梯形粘接法，每层独立粘接，层与层之间则采用点糊粘在一起，从而使其更加牢固。与普通纸袋相比，这种新型纸袋强度高 1.5 倍。一袋装满 25 kg 重的四层纸袋在 1.5 m 高处自由落下，15 次仍不破包。

这种纸袋本身具有吸湿性，相同条件下，用其包装面粉比用布袋的保质期要长 2~3 个月。另一特点是无毒、无味、无污染，符合粮食卫生标准。

10. 吸水机能包装纸

这种包装纸品的最大特点是吸水能力强，它能保持本材料自重 10 倍的吸水量，且安全无害。

吸水机能包装纸（吸水机能纸）与无纺织物的吸水能力和保水量有显著差别，吸水机能纸明显占优。这是因为无纺织物只能在原材料纤维间的细孔中保持水分，而该纸不仅具有以上能力，而且其纤维本身也能吸水，待吸水机能纸吸水后，就变得非常柔软。

由于具有这些特征，吸水机能纸可用作吸收火腿、香肠等结露的薄膜（片）、吸收生鲜食品滴水的薄膜（片）以及化妆用品和卫生材料的薄膜包装。

11. 热封性包装纸

该包装纸具有热封性、通气性、耐油耐水性好、安全无害等特点。为了使包装纸具有热封性，要在热封树脂纸的表面覆以涂层或用聚乙烯黏合，使其具有热封性，无须进行二次加工以获得通气性。

用这种具有通气性的包装纸包装的食品，可用电磁波加热，包装内无蒸汽，这样可以保持食品表面的清爽。其特点需要有热封性能，一定的干强度，同时需要在浸水过程中不容易破包，因此也需要一定的湿强度。

为了很好地使袋内的物质溶解析出，因此需要具备很好的透气性能，以防止浮包或影响相关物质的析出。

由于它具有上述特征，热封性包装纸可作为用电磁波加热的冷冻食品的包装材料，目前热封性纸主要用于袋泡茶、药品、食品、保健品、干燥剂等的包装，以及用它来包装汉堡包等。

案例分析

进口葡萄酒涉嫌违法

近日，某工商所执法人员在巡查时发现，辖区内某超市销售的部分进口葡萄酒涉嫌违法，执法人员依法对其进行查处。

经核查，该超市销售的三个品牌的进口葡萄酒，中文标签仅标注了净重量、生产日期、原产国 / 产区，没有载明中国代理商的地址和联系方式，执法人员依法对这三个品牌的36瓶葡萄酒进行了查处。

执法人员为何对这三个品牌的36瓶葡萄酒进行了查处？该包装违反了哪项规定？

这三个品牌的36瓶葡萄酒主要是违反了《中华人民共和国食品安全法》第六十六条规定。《中华人民共和国食品安全法》第六十六条规定：进口的预包装食品应当有中文标签、中文说明书。标签、说明书应当符合本法以及我国其他有关法律、行政法规的规定和食品安全国家标准的要求，载明食品的原产地以及境内代理商的名称、地址、联系方式。预包装食品没有中文标签、中文说明书或者标签、说明书不符合本条规定的，不得进口。在购买进口葡萄酒时，一要看包装上是否有中文标签，二要看中文标签是否载明了原产地以及境内代理商的名称、地址、联系方式。如果发现没有中文标签，或者中文标签内容藏头去尾、含糊不清，可拨打12315投诉电话或向辖区工商所举报。

练习与思考

一、名词解释

包装、食品包装、国际食品法典委员会、食品包装技术规范

二、简答题

1. 简述食品包装的功能。
2. 铝箔在食品包装上有何应用?
3. 塑料材料用于食品包装有哪些优缺点?

三、论述题

1. 从食品安全的角度出发，论述食品包装应该注意的问题。
2. 请展望未来食品包装的发展趋势。

第二章 进口食品标签及规定

学习目标

1. 了解食品进口标签的重要性；
2. 掌握食品进口标签的主要内容；
3. 理解食品进口标签的主要规定；
4. 认识进口食品标签的管理。

基本概念

进口食品标签　预包装食品　配料表

第一节　进口食品标签概论

如今市场上琳琅满目的食品，看着让人不禁流口水。但是对于爱吃的您来说，对食品上的标签了解多少呢？首先，人们要了解进口食品中文标签给消费者带来的便利。在购买进口食品时，消费者首先要看食品标签，因为这些进口食品都标有中文标签。在标签上可以提供很多信息，比如说食品的名称、主要配料、净含量、保质期、储存要求、原产国、厂家名称、厂家地址、联系方式、经销代理商等等。对于普通的消费者而言，查看进口食品的中文标签是最有效、最便捷的方式；其次，还要了解进口食品中文标签的相关规定。按照国家质检部门的规定，中文标签、中文说明书必须附加在进口食品的预包装上，并且要保证标签上的内容不仅真实，而且要符合中华人民共和国法律法规。中文标签的内容也有严格的规定，产品的生产日期、保质期，食品的原产地以及各境内代理商的名称、地址、联系方式等等都是需要标明的，最值得我们注意的就是商品的保质期，要防止买到过期食品。

一、进口食品标签的主要内容

进口食品标签是每一件进口食品中都会有的一个标志，而且是非常重要的，是不可忽略的。如果人们细心观察，就会发现，在进口食品标签中会有两种文字：一种是中文，另外一种是英文。进口食品中文标签中都包括了哪些必要的内容呢？进口食品中文标签中，首先包括的就是食品的名称，这一项内容在整个标签中占据第一的位置，有着不可替代的作用。也就是说，标签厂家在设计的时候应该把食品的名称设计得更加醒目一些，能够让消费者一目了然，这样才是真正地达到了效果。

其次就是配料的清单，其实这一点非常容易理解，有些消费者在购买食品的时候非常讲究，一定要看一看食品里面的配料都包括了哪些内容，看这些配料是不是健康的。既然消费者在购买食品的时候会经常关注这一点，那么在进口食品中文标签中肯定要详细标明。如果你是一个细心的人，你会发现很多进口食品中文标签中的配料都是以一个表格的形式来体现，这样更加清晰明了。

然后就是生产日期，在进口食品中文标签上一定要标明这一点，消费者在购买食品的时候同样很关注这个内容，这对消费者身体健康有着直接的影响，为了方便消费者直接关注到，在进口食品中文标签里面一定要有这一项。还有就是生产场地以及生产商名称等等，这些内容也需要标明。

二、进口食品标签的重要性

进口食品近年来在我国的销售量逐渐增加，足以证明我国消费者对进口食品的热度，进口食品市场随着人们的需求而扩大，从而让很多人不知道该怎么选择，那么进口食品为什么要贴中文标签呢？进口食品中文标签有哪些作用呢？

1. 进口食品为什么要贴中文标签

根据我国相关法律规定，进口的预包装食品一定要具备中文标签和中文说明书，标签审核、说明书都应该符合法律规定和食品安全国家标准的要求，不仅食品的配料表、营养成分、保质日期等信息要出现，还要标明食品的原产地和境内代理商的地址、名称和联系方式。

进口食品的中文标签内容不能少于原包装的外文内容，中文字体也不能比外文小，如果进口食品没有中文标签相关备案，以及相关的具体说明书不符合规定的话，都是不能进口的，消费者们要特别注意，如果自己选购的进口食品的外包装上没有中文标签的话，就证明此类进口食品不是通过正规渠道进口，没有安全保障，或者根本就是假的进口食品。

2. 进口食品中文标签的主要作用

根据我国相关管理规定，进口食品必须贴上中文标签之后才能出售，而且还要具备出入境检验检疫部门给出的检验合格证书，市场中食品如果没有中文标签一定要立刻停止销售并处罚相关单位，消费者在选购进口食品的时候还要注意查看入境货物检验检疫证明，如果没有，可以向商家索要，在查看的时候要注意证书上面的信息是否与自己选择的食品一致，这样才能确定产品是不是经过官方检验。进口食品中文标签，还能帮助消费者快速选择到符合自己需求的食品，不仅保障了选择满意度，还保证了消费者的权益和健康。

三、进口预包装食品标签管理

预包装食品就是为预先定量包装或制作在包装材料和容器中的食品；进口预包装食品标签要求文字必须为中文，主要标注食品名称、配料表、净含量和规格，进口商、代理商或经销商的名称、地址和联系方式，原产国（或地区）、生产日期和保质期、贮存条件、营养标签及其他需要标示的内容。中文标签内容齐全的才合格，不齐全或没有中文标签，均为不合格。若标签不合格，进口商不仅要承担下架、召回、销毁或退运、赔偿等产生的巨额经济损失，还会面临监管部门的严厉处罚，违规的成本将增加。

2019 年 4 月 22 日，海关总署发布了《关于进出口预包装食品标签检验监督管理有关事宜的公告》（公告〔2019〕70 号）（简称 70 号公告），对现行的进出口预包装食品标签检验监督管理进行了改革，自 2019 年 10 月 1 日起开始执行。

进出口预包装食品标签检验监督管理方式改革是海关总署落实国务院推进“放管服”要求的一项重要措施，70 号公告最大的变化就是取消首次进口预包装食品标签备案要求，在公告实施以前，首次进口预包装食品的进口商需要如实提供各类资料，由海关进行备案。公告生效以后，进口商首次进口预包装食品就省去了备案步骤，节约了进口商各类成本，提高了口岸通关效率，营商环境也会进一步优化。

公告实施后，海关对进口食品的监管方式由事前审核转为事中监管，进口预包装食品标签将作为食品检验项目之一进行抽检，被抽中现场查验或实验室检验的，进口商应当按照《进出口预包装食品标签检验监督管理规定》第六条要求向海关人员提交其合格证明材料、进口预包装食品的标签原件和翻译件、中文标签样张及其他证明材料。需要强调的是，如果进口商入驻综合保税区开展进口食品业务的，还可以享受“抽中即放行”的便利，产品合格的前提下不需要等待标签或其他食品检验项目检验完成即可出区上市销售。

此前的规定是，进口商应当保证其所进口的预包装食品的标签符合我国相关法律法规和食品安全国家标准的要求，如实提供相关材料。在公告实施以后，进口商应当负责审核其进口预包装食品的中文标签是否符合我国相关法律、行政法规规定和食品安全国家标准要求。审核不合格的，不得进口。由保证向审核的方式转变，强调了进口商须对进口预包装食品标签合格性承担主体责任。进口预包装食品没有抽中检验的并不代表海关不再后续监管，进入国内流通环节之后，进口商依然存在可能被行政处罚、消费者投诉、食品召回的风险，如果海关收到有关部门通报、消费者举报进口预包装食品标签涉嫌违反有关规定的，如若属实将依法进行处置。

进口商审核标签和对标签检验主要依据《中华人民共和国食品安全法》及其实施条例、《中华人民共和国进出口商品检验法》及其实施条例、《中华人民共和国进出口食品安全管理办法》《食品安全国家标准 预包装食品标签通则》（GB 7718—2011）、《食品安全国家标准 预包装特殊膳食用食品标签》（GB 13432—2013）、《食品安全国家标准 预包装食品营养标签通则》（GB 28050—2011）、《食品安全国家标准 食品添加剂使用标准》（GB 2760—2014）、《食品安全国家标准 食品营养强化剂使用标准》（GB 14880—2012）以及相应产品的食品安全国家标准。预包装食品在进口过程中还是会被海关部门抽中现场查验或实验室送检。一旦不合格标签被抽中，根据不合格情况，会被采取返工整改、退运或销毁等措施。进口商有义务保证进口食品和标签符合中国法律法规标准要求。但是，像进口婴幼儿配方奶粉中文标签必须在入境前印制在最小销售包装上，不得另行加贴，如果标签不合格，整批货物必须退运或销毁，不允许进行标签整改。

第二节 进口食品标签的规定

《中华人民共和国食品安全法》第六十六条规定，“进口的预包装食品应当有中文标签、中文说明书。标签、说明书应当符合本法以及我国其他有关法律、行政法规的规定和食品安全国家标准的要求，载明食品的原产地以及境内代理商的名称、地址、联系方式。预包装食品没有中文标签、中文说明书或者标签、说明书不符合本条规定的，不得进口。”

国家工商行政管理总局 2009 年 7 月 30 日公布的《流通环节食品安全监督管理办法》第九条规定，“禁止食品经营者经营下列食品：……（十二）没有中文标签、中文说明书或者中文标签、中文说明书不符合《食品安全法》第六十六条规定的进口的预包装食品”。

《流通环节食品安全监督管理办法》第四章法律责任中的第五十六条规定，“违反本办法第九条第一款第（七）、（九）、（十一）、（十二）项，第二十条第一款的规定的，没收违法所得、违法经营的食品和用于违法经营的工具、设备等物品；违法经营的食品货值金额不足一万元的，并处二千元以上五万元以下罚款；货值金额一万元以上的，并处货值金额二倍以上五倍以下罚款；情节严重的，责令停产停业，直至吊销许可证。”食品标签：是指在食品包装容器上或附于食品包装容器上的一切附签、吊牌、文字、图形、符号说明。

食品标签是反映商品内资品质及相关信息的载体，它对于指导消费者、保护消费者利益、防止欺诈、规范市场有关键的作用，标签的主要功用是对食品名称、配料表、净含量及固形物含量、厂名、批号、日期标志等食品质量特性、安全特性食用及饮用的说明，消费者购买预包装食品只能通过标签上的文字、图形、符号了解食品的特性。

一、进口食品应当有中文标签、中文说明书的要求是强制性的

食品标签作为传达给消费者重要信息的主要载体，每个国家在准许食品类商品进入其国家的时候都有着严格的要求。我国规范进口食品中文标签的工作由来已久，曾采取过不同的管理方式，2006 年原国家质量监督检验检疫总局发布《关于调整进出口食品、化妆品标签审核制度的公告》规定，自 2006 年 4 月 1 日起对进出口食品、化妆品标签审核制度进行调整：进出口食品标签审核与进出口食品检验检疫结合进行，不再实行预先审核。各地出入境检验检疫机构在对进出口食品实施检验检疫时要对进出口食品标签内容是否符合法律法规和标准规定要求以及与质量有关内容的真实性、准确性进行检验，经检验合格的，在按规定出具的检验证明文件中加注“标签经审核合格”。

这里应该强调的是，虽然取消了标签的预审制度省去了一些烦琐过程，实际对进口单位来说要求更高了，因为之后公布的《进出口预包装食品、化妆品标签检验规程（试行）》第六条规定，要求进口单位报检时应提供“进出口食品、化妆品标签样张和翻译件”以及与标签检验有关的资料。同时在“评定程序”中规定：进口单位或其代理人不能按本规程第 6 条规定提供报检资料的，检验检疫机构应判定该批货物不合格。另外现场检验时，发现进口食品、化妆品未印制、加施标签的，检验检疫机构应判定该批货物不合格。这就要求进口单位应当重视进口食品中文标签工作。

二、办理进口食品中文标签的范围

所有进出口预包装食品，境内分装食品和海关罚没的进口食品均属于办理食品标签审核的范围。

三、进口食品中文标签样张的要求

（1）报检时提供的进口食品中文标签样张必须是进口及销售时所实际使用的完整的标签样张。

（2）如标签中特别强调某一内容或标注“经 GMP 或 ISO9002 认证”等须提交相关的证明材料。

（3）保健食品则需提交我国有关部门批准的保健品进口批文（复印件）。

四、进口食品中文标签样张制作需要的材料

（1）要有原始的包括预包装食品外部全部信息的标签样张。标签上标注的文字、图像、符号应该清晰；标签样张应该以平面形式提供。

（2）在提供原样张的同时，应将预包装食品的包装外部信息以平面形式扫描在 A4 纸上。

（3）当原始标签样张大于 A4 纸或实际包装难以平面展示时可采用照片、扫描等形式置于 A4 纸上。

（4）翻译件：对包装物外部所有外文内容，都应提供相应的中文翻译件并加盖进口单位的公章。

五、中文标签的制作

（1）进口食品的中文标签应符合《食品安全国家标准 预包装食品标签通则》（GB 7718—2011）“必须标注内容”的规定，具体应该包括：食品名称、配料表、原产国或地区、净含量及固形物含量、生产日期、保质期、储藏方法、经销商的名称、地址和联系方式。

（2）具体制作方法：

一是将上述“必须标注内容”直接印制在进口预包装食品包装的相应位置；

二是如不能直接印刷需要在原标签上加贴中文标签时，将上述内容印制成面积适合的中文标签进行加贴，应加贴在主要展示版面的固定位置，加贴好后形成一份完整的标签样张，并以平面形式扫描在 A4 纸上。

（3）食品进口时，加贴的位置及内容必须与标签样张相一致。加贴的中文标签所覆盖的原标签外文内容不需再进行对应翻译标注。

六、食品标签标注的内容要求

1. 基本原则与基本要求

中外文应严格地一一对应，有外文就应有相对应的中文翻译，但加贴的中文标签所覆

盖的原标签内容不需再进行对应翻译标注。

中文字体不得小于外文字体。同时使用规范的汉字，不得使用繁体字。另外，标签上的字体不得小于 1.8 mm。

2. 标签标注内容

食品标签标注内容的具体要求请参见《食品安全国家标准 预包装食品标签通则》（GB 7718—2011）中的规定。

3. 标签标注内容应注意的问题

（1）食品名称：必须采用表明食品真实属性的专用名称。如不能做到可在名称后面或下方用食品名称的同等字体表明产品真实属性，具有同等法律效应。

（2）配料表：按加入量递减顺序标注，甜味剂、着色剂、防腐剂应标出具体名称，不得采用代码标注。

（3）净含量及沥干物含量：必须使用法定计量单位、质量单位：g 或克，kg 或千克，体积单位：mL（ml）或毫升，L 或升。

（4）食品名称和净含量、固形物含量应在同一视野。

（5）原产国和地区：原产国是指进口食品原产国，地区专指中国香港、中国澳门、中国台湾。

（6）生产日期和保质期：按年月日顺序标示。

另外还有储藏方法；经销商名称、地址和联系方式；必须与营业执照名称相符。

附：

预包装食品包装标签细则

表 2-1　标签整体要求

具体内容	具体要求	
产品标签方式	可粘贴	粘贴、印刷、标识在包装上，但食品标识不得与食品或者其包装分离（加贴缺失信息可以去质监局打加贴报告，以防被撕掉遭恶意举报）
产品标签要求		标签在最小销售单元的食品或者其包装上
文字	中文	食品标识所用文字，应当为规范的中文，但注册商标除外**（包括进口预包装食品）**
	外文（必须有对应中文）	1. 可以同时与中文用，但应当与中文有对应关系（商标、进口食品的制造者和地址、国外经销者的名称和地址、网址除外）； 2. 所用外文不得大于相应的中文，但注册商标除外
	汉语拼音或者少数民族文字	可以同时与中文用，但应当与中文有对应关系，所用外文不得大于相应的中文，但注册商标除外

续表

具体内容	具体要求		
文字高度	最大表面面积 $> 35\ cm^2$	包装食品包装物或包装容器最大表面面积大于 35 cm^2 时，强制标示内容的文字、符号、数字的高度不得小于 1.8 mm	
	最大表面面积 $\leqslant 35\ cm^2$	没有上述要求	
最大表面积小于 10 cm^2 的食品或其包装的部分标签豁免	最大表面积 $< 10\ cm^2$	其标识可以仅标注食品名称、生产者名称和地址、净含量以及生产日期和保质期。但是，法律、行政法规规定应当标注的，依照其规定（条形码）	
禁止标注的内容	禁止表示有疾病预防、治疗功效等	1. 明暗示有预防、治疗疾病作用； 2. 非保健食品明暗示有保健作用； 3. 以欺骗或误导方式描述或介绍食品； 4. 附加的产品说明无法证实其依据； 5. 有不尊重民族习俗，带有歧视性的描述； 6. 使用国旗国徽或人民币等标注	
含若干可独立销售的预包装食品标签	独立包装食品标识	每个独立包装的食品都应标识	
	销售单元外包装标识	含不同品种、多个独立包装可单独销售的销售单元食品	在外包装上标示每个品种食品的所有强制标示内容，可将共有信息统一标示
		外包装易于开启	可不重复标注
		外包装能清晰识别内部各个独立包装的所有或部分强制标注内容	可不重复标注
		外包装不易开启或不能清晰识别内部独立包装	要标注标签内容，且在标注净含量时，要标明规格
关于进出口产品标注	进口食品的标注要求	进口预包装食品标签应当符合我国相关法律法规和食品安全国家标准的要求	
	进口食品生产者的标注	进口预包装食品应标示原产国国名或地区区名（如中国香港、中国澳门、中国台湾），以及在中国依法登记注册的代理商、进口商或经销者的名称、地址和联系方式，可不标示生产者的名称、地址和联系方式	

续表

具体内容	具体要求	
关于进出口产品标注	出口产品	1. 出口预包装食品标签应符合进口国（地区）相关法律法规、标准或者合同要求； 2. 进口国（地区）无要求的，应符合我国相关法律法规及食品安全国家标准的要求
致敏物质标注（不强制）	致敏物质作为配料	宜在配料表中使用易辨识的名称，或在配料表邻近位置加以提示
	加工程序中加入致敏物质	宜在配料表邻近位置加以提示

表 2–2　标签强制标注内容

标签的强制标注具体内容
（一）名称、规格、净含量、生产日期；
（二）成分或者配料表；
（三）生产者的名称、地址、联系方式、产地；
（四）保质期；
（五）产品标准代号；
（六）贮存条件；
（七）所使用的食品添加剂在国家标准中的通用名称；
（八）生产许可证编号；
（九）条形码；
（十）营养成分表（有豁免，具体看下方内容）；
（十一）进口食品境外生产企业注册信息“在华注册编号”（见海关总署令第 248 号）

表 2–3　标签强制内容的具体标识要求

标签内容	具体情况	具体要求
名称	标注位置	应在食品标签醒目位置，清晰地标示反映食品真实属性的专用名称（国标、行标——没有则用不使消费者误解或混淆的常用名称或通俗名称）；在包装正面醒目标注后，包装背面是否标注不强制
	进出口食品名称标签	关于进口预包装食品的名称应为中文标识。出口预包装食品则按进口国相关规定等，若进口国没有相关要求，则应符合我国相关规定
	关于“新创名称”等的注意事项	标示“新创名称”“奇特名称”“音译名称”“牌号名称”“地区俚语名称”或“商标名称”时，应在所示名称的同一展示版面邻近部位使用同一字号、同一字体颜色标示食品真实属性的专用名称

续表

标签内容	具体情况	具体要求
净含量	标示内容	净含量、数字和法定计量单位（例：净含量：2 g）
	标示要求（约数）	不能用约数来表示净含量（例：净含量：约 2 g 这种表述错误）
	最低高度限制 (2 mm)	≤ 50 mg/mL，字符最低高度为 2 mm（50~200 mL/g：3 mm；200~1 000 mL/g：4 mm；1 000 mL/g 以上：6 mm）
	标注位置	净含量应与食品名称标注在同一展示版面标示（注：符合这要求后，在其余地方多标注净含量并不违反规定）
	含有多个单件预包装食品的大包装	大包装要标明净含量和规格（例：40 g × 5） 同一预包装内含有多件不同种类的预包装食品时，净含量及规格的标示形式（见 GB 7718—2011 C.2.4）
生产日期	标注方式	若日期标示采用“见包装物某位置”的形式，应标示所在包装物的具体部位
	禁止要求	生产日期不得另外加贴、补印或篡改，但如果整个食品标签以不干胶形式制作，包括“生产日期”或“保质期”等日期内容，整个不干胶加贴在食品包装上符合本标准规定
成分或配料表	引导词	应以“配料”或“配料表”为引导词；若原料已变成其他成分（例如酒等发酵产品），可用“原料”“原料与辅料”标示
	配料书写顺序	按加入量递减顺序写，加入量不超过 2% 的配料可以不按递减顺序排列
	复合配料（不包括食品添加剂）	应标示复合配料名称，并在括号内按递减顺序写明它的原始配料。但有例外，即已有相关标准，且加入量小于食品总量的 25%，则不需要标示原始配料
生产者信息	一般情形	写明生产者的名称、地址、联系方式、产地
	委托生产	应写明委托单位和被委托单位的名称、地址、联系方式、产地；或者仅写明委托单位相关信息（两者都写，或者只写委托单位）
	授权生产	授权他人使用商标，则应写明实际生产者的名称、地址、联系方式、产地，授权单位相关资料并不强制要求写
	进口预包装食品生产者标识	进口预包装食品应标示原产国国名或地区区名（如中国香港、中国澳门、中国台湾），以及在中国依法登记注册的代理商、进口商或经销者的名称、地址和联系方式，可不标示生产者的名称、地址和联系方式
	标识方式	自行加印（贴）
	QS 标示	可按式样比例放大或者缩小，但不得变形、变色
	必须标示条形码的产品（茶叶、月饼、奶茶等必须标注）	（1）食品、卷烟、酒、饮料、保健品； （2）化妆品、日用化学品、儿童玩具、家用电器； （3）药品、医疗器械

续表

标签内容	具体情况	具体要求
条形码	条形码放置位置	并未强制规定放置位置，只要遵循便于扫描操作和识别的原则即可（首选位置：包装背面右下半侧）
	条形码放大系数（0.8~2.0）	从被委托方拿到条形码后，不得任意放大缩小
	条形码放置数量限制	（1）一个商品不能有两个以上代表不同商品代码的条码符号； （2）通常一个商品只放一个条码，但对于沉重、体积大、不规则等商品，可放置一个以上标示同一商品代码的条码符号
	申请8位代码的情形	（1）包装很小； （2）13位代码的条码符号的印刷面积超过商品标签最大面积的四分之一或者全部可印刷面积的八分之一的； （3）商品标签的最大面面积小于40 cm^2 或全部可印刷面积小于80 cm^2； （4）产品本身是直径小于3 cm的圆柱体
营养成分表	不需要强制标示的食品（不得有任何营养信息描述，否则仍需标注）	（1）生鲜食品； （2）乙醇含量≥0.5%的饮料酒类； （3）包装总表面积≤100 cm^2 或最大表面面积≤20 cm^2 的食品； （4）现制现售的食品； （5）包装的饮用水； （6）每日食用量≤10 g或10 mL的预包装食品（茶叶属于这一类），
	注意：豁免标签食品需标示营养成分表的情形	（1）标签中有任何营养信息（如“蛋白质≥3.3%”等）的；但是，相关产品标准中允许使用的工艺、分类等内容的描述，不应当作为营养信息，如“脱盐乳清粉”等； （2）使用了营养强化剂、氢化和（或）部分氢化植物油的； （3）标签中有营养声称或营养成分功能声称的
	强制标示内容	（1）能量（千焦kJ）的含量值； （2）核心营养素的含量值：蛋白质（克（g））、脂肪（克（g））、碳水化合物（克（g））、钠（毫克（mg））； （3）占营养素参考（NRV）的百分比
	标注可标示内容注意事项	当标示其他成分时，应采取适当形式使能量和核心营养素的标示更加醒目。
	营养声明	营养声称、营养成分功能声称可以在标签的任意位置。但其字号不得大于食品名称和商标
	营养素参考值计算	能量8 400 kJ；蛋白质60 g，脂肪300 g，碳水化合物60 g；钠2 000 mg

第三节 进口食品标签的管理

根据《中华人民共和国食品安全法》第九十七条的规定，进口的预包装食品、食品添加剂应当有中文标签，还应当有中文说明书。标签、说明书应当符合《中华人民共和国食品安全法》以及我国其他法律、行政法规的规定和食品安全国家标准的要求，并载明食品的原产地以及境内代理商的名称、地址、联系方式。进口食品标签的管理具体可以分为以下四个部分。

一、进口食品标签管理的总则

1. 为了加强对食品标识的监督管理，规范食品标识的标注，防止质量欺诈，保护企业和消费者合法权益，根据《中华人民共和国食品安全法》《中华人民共和国产品质量法》《国务院关于加强食品等产品安全监督管理的特别规定》等法律法规，制定进口食品标签管理规定。该规定由原国家质量监督检验检疫总局公布。

2. 在中华人民共和国境内生产（含分装）、销售的食品的标识标注和管理，适用本规定。

3. 本规定所称食品标识是指粘贴、印刷、标记在食品或者其包装上，用以表示食品名称、质量等级、商品量、食用或者使用方法、生产者或者销售者等相关信息的文字、符号、数字、图案以及其他说明的总称。

4. 国家市场监督管理总局（以下简称国家市场监管总局）在其职权范围内负责组织全国食品标识的监督管理工作。

县级以上地方质量技术监督部门在其职权范围内负责本行政区域内食品标识的监督管理工作。

二、进口食品标签的标注内容管理

1. 食品或者其包装上应当附加标识，但是按法律、行政法规规定可以不附加标识的食品除外。食品标识的内容应当真实准确、通俗易懂、科学合法。

2. 食品标识应当标注食品名称。食品名称应当表明食品的真实属性，并符合下列要求：

（1）国家标准、行业标准对食品名称有规定的，应当采用国家标准、行业标准规定的名称；

（2）国家标准、行业标准对食品名称没有规定的，应当使用不会引起消费者误解和混淆的常用名称或者俗名；

（3）标注“新创名称”“奇特名称”“音译名称”“牌号名称”“地区俚语名称”或者“商标名称”等易使人误解食品属性的名称时，应当在所示名称的邻近部位使用同一字号标注本条（1）、（2）项规定的一个名称或者分类（类属）名称；

（4）由两种或者两种以上食品通过物理混合而成且外观均匀一致难以相互分离的食品，其名称应当反映该食品的混合属性和分类（类属）名称；

（5）以动、植物食物为原料，采用特定的加工工艺制作，用以模仿其他生物的个体、器官、组织等特征的食品，应当在名称前冠以“人造”“仿”或者“素”等字样，并标注该食品真实属性的分类（类属）名称。

3. 食品标识应当标注食品的产地，食品产地应当按照行政区划标注到地市级地域。

4. 食品标识应当标注生产者的名称、地址和联系方式。生产者名称和地址应当是依法登记注册、能够承担产品质量责任的生产者的名称、地址。有下列情形之一的，按照下列规定相应予以标注：

（1）依法独立承担法律责任的公司或者其子公司，应当标注各自的名称和地址；

（2）依法不能独立承担法律责任的公司分公司或者公司的生产基地，应当标注公司和分公司或者生产基地的名称、地址，或者仅标注公司的名称、地址；

（3）受委托生产加工食品且不负责对外销售的，应当标注委托企业的名称和地址；对于实施生产许可证管理的食品，委托企业具有其委托加工的食品生产许可证的，应当标注委托企业的名称、地址和被委托企业的名称，或者仅标注委托企业的名称和地址；

（4）分装食品应当标注分装者的名称及地址，并注明分装字样。

5. 食品标识应当清晰地标注食品的生产日期、保质期，并按照有关规定要求标注贮存条件。

乙醇含量10%以上（含10%）的饮料酒、食醋、食用盐、固态食糖类，可以免除标注保质期。日期的标注方法应当符合国家标准规定或者采用“年、月、日”表示。

6. 定量包装食品标识应当标注净含量，并按照有关规定要求标注规格。对含有固、液两相物质的食品，除标示净含量外，还应当标示沥干物（固形物）的含量。净含量应当与食品名称排在食品包装的同一展示版面，净含量的标注应当符合《定量包装商品计量监督管理办法》的规定。

7. 食品标识应当标注食品的成分或者配料清单。配料清单中各种配料应当按照生产加工食品时加入量的递减顺序进行标注，具体标注方法按照国家标准的规定执行。在食品中直接使用甜味剂、防腐剂、着色剂的，应当在配料清单食品添加剂项下标注具体名称；使用其他食品添加剂的，可以标注具体名称、种类或者代码。食品添加剂的使用范围和使用量应当按照国家标准的规定执行；专供婴幼儿和其他特定人群的主辅食品，其标识还应当标注主要营养成分及其含量。

8. 食品标识应当标注企业所执行的产品标准代号。

9. 食品执行的标准明确要求标注食品的质量等级、加工工艺的，应当相应地予以标明。

10. 实施生产许可证管理的食品，食品标识应当标注食品生产许可证编号及 QS 标志。委托生产加工实施生产许可证管理的食品，委托企业具有其委托加工食品生产许可证的，可以标注委托企业或者被委托企业的生产许可证编号。

11. 混装非食用产品易造成误食，使用不当，容易造成人身伤害的，应当在其标识上标注警示标志或者中文警示说明。

12. 食品有以下情形之一的，应当在其标识上标注中文说明：

（1）医学临床证明对特殊群体易造成危害的；

（2）经过电离辐射或者电离能量处理过的；

（3）属于转基因食品或者含法定转基因原料的；

（4）按照法律、法规和国家标准等规定，应当标注其他中文说明的。

13. 食品在其名称或者说明中标注“营养”“强化”字样的，应当按照国家标准有关规定，标注该食品的营养素和热量，并符合国家标准规定的定量标示。

14. 食品标识不得标注下列内容：

（1）明示或者暗示具有预防、治疗疾病作用的；

（2）非保健食品明示或者暗示具有保健作用的；

（3）以欺骗或者误导的方式描述或者介绍食品的；

（4）附加的产品说明无法证实其依据的；

（5）文字或者图案不尊重民族习俗，带有歧视性描述的；

（6）使用国旗、国徽或者人民币等进行标注的；

（7）其他法律、法规和标准禁止标注的内容。

15. 禁止下列食品标识违法行为：

（1）伪造或者虚假标注生产日期和保质期；

（2）伪造食品产地，伪造或者冒用其他生产者的名称、地址；

（3）伪造、冒用、变造生产许可证标志及编号；

（4）法律、法规禁止的其他行为。

三、进口食品标签的标注形式的管理

1. 食品标识不得与食品或者其包装分离。

2. 食品标识应当直接标注在最小销售单元的食品或者其包装上。在一个销售单元的包装中含有不同品种、多个独立包装的食品，每件独立包装的食品标识应当按照本规定进行标注。

透过销售单元的外包装，不能清晰地识别各独立包装食品的所有或者部分强制标注内容的，应当在销售单元的外包装上分别予以标注，但外包装易于开启识别的除外；能够清晰地识别各独立包装食品的所有或者部分强制标注内容的，可以不在外包装上重复标注相应内容。

3. 食品标识应当清晰醒目，标识的背景和底色应当采用对比色，使消费者易于辨认、识读。

4. 食品标识所用文字应当为规范的中文，但注册商标除外。

食品标识可以同时使用汉语拼音或者少数民族文字，也可以同时使用外文，但应当与中文有对应关系，所用外文不得大于相应的中文，但注册商标除外。

5. 食品或者其包装最大表面面积大于 20 cm^2 时，食品标识中强制标注内容的文字、符号、数字的高度不得小于 1.8 mm。

食品或者其包装最大表面面积小于 10 cm^2 时，其标识可以仅标注食品名称、生产者名称和地址、净含量以及生产日期和保质期。但是，法律、行政法规规定应当标注的，依照其规定。

四、进口食品标签管理的相关法律责任

1. 构成《中华人民共和国食品安全法》及其实施条例等法律法规规定的违法行为的，依照有关法律法规的规定予以处罚。

2. 未按规定标注警示标志或中文警示说明的，依照《中华人民共和国产品质量法》第五十四条规定进行处罚。

3. 未按规定标注净含量的，依照《定量包装商品计量监督管理办法》进行处罚。

4. 未按规定标注食品营养素、热量以及定量标示的，责令限期改正；逾期不改的，处以 5 000 元以下罚款。

5. 食品标识标注禁止性内容的，责令限期改正；逾期不改的，处以 1 万元以下罚款；违反有关法律法规规定的，按有关法律法规规定处理。

6. 伪造或者虚假标注食品生产日期和保质期的，责令限期改正，处以 500 元以上 1 万元以下罚款；情节严重，造成后果的，依照有关法律、行政法规规定进行处罚。

7. 伪造食品产地，伪造或者冒用其他生产者的名称、地址的，依照《中华人民共和国产品质量法》第五十三条规定进行处罚。

8. 食品标识与食品或者其包装分离的，责令限期改正，处以 5 000 元以下罚款。

9. 从事食品标识监督管理的工作人员，玩忽职守、滥用职权、包庇放纵违法行为的，依法给予行政处分；构成犯罪的，依法追究刑事责任。

拓展阅读

制作食品标签的二十个注意事项

1. 食品标签的质量要求

食品标签“不应与食品或者其包装物（容器）分离”是要求食品标签的所有内容必须附着或结合牢固地粘贴、打印、模印或压印在包装物或包装容器上。但是，说明产品特征、产品特点、食用方法等吊牌或说明物，如葡萄酒的产地吊牌、调味品的使用手册、植物油的推荐用法说明等可与食品分离。

2. 标签的规范性要求

食品标签“应真实、准确，不得以虚假、夸大、使消费者误解或欺骗性的文字、图形等方式介绍食品，也不得利用文字大小或色差误导消费者”。“利用文字大小或色差误导消费者”是指利用食品标签的内容使消费者对食品的真实属性产生错误的联想。因采用热收缩膜包装而导致字号图形等的改变，不属于这种情况。

3. 标签使用文字的要求（一）

食品标签“可以同时使用拼音和少数民族文字，拼音不得大于相应汉字”。其中“拼音”是指汉语拼音，少数民族文字是指蒙语、藏族和满语等语言文字，拼音必须与汉字同时使用，并不得大于相应的汉字；少数民族文字必须与汉字同时使用，但对大小无要求。汉语拼音拼写时应遵循《汉语拼音方案》。

4. 标签使用文字的要求（二）

食品标签“可以使用中文同时使用外文，但应与中文有对应关系（商标、进口食品的制造者和地址、国外经销者的名称和地址、网址除外）”，所有外文不得大于相应的汉字（商标除外）。

5. 字高与标签面积

预包装食品标签最大表面面积大于 35 cm^2 时，强制性标识内容的文字和数字的字高应大于等于 1.8 mm，最大表面面积大于 10 cm^2 但小于 35 cm^2 时应当按 GB 7718—2011 要求标示所有强制性内容，但免除字高要求；最大表面面积小于 10 cm^2 时，可以只标示产品名称、净含量、生产者（或经销商）的名称和地址，且免除字高要求。

无论标签面积大小，净含量字符的最小高度应符合下表的要求：

净含量（Q）的范围	字符的最小高度 /mm
$Q \leqslant 50$ mL；$Q \leqslant 50$ g	2
50 mL<$Q \leqslant 200$ mL；50 g<$Q \leqslant 200$ g	3
200 mL<$Q \leqslant$ 1L；200 g<$Q \leqslant 1$ kg	4
1 L<Q；1 kg<Q	6

判定文字高度时，中文应以上下结构、左右结构的文字为准，字母的高度应按大写字母或 b，d，f，g，h，j，k，l，p，q，y 等小写字母高度判断。

6. 多个预包装食品组成的销售单元

外包装（如礼盒、礼品袋、组合包等）易于开启时，可以不在外包装上重复标示内含的每件预包装食品包装上已经标示的内容。

7. 复合配料

如果某种配料是有两种或两种以上的其他配料构成的复合配料（不包括复合食品添加剂），应在配料表中标识该复合配料的名称，当复合配料中的部分原始配料与食品中的其他配料相同时，也可在配料表中合并计算后直接标示各配料的名称，其顺序应按各配料在终产品中的总量决定。

8. 配料的定量标示

当强调不含某种配料或成分或强调某种配料或成分“含量较低或无”时，也需要进行定量标示。当 GB 2760—2014 未批准某种添加剂在该类食品中使用时，不应使用“不添加”该种添加剂来误导消费者。

9. 不需要定量标示配料的情况

食品名称中提及某种配料或成分而未在标签上特别强调，不需要标示该种配料或成分的添加量或在成品中的含量。用真实属性名称或图示对食品的风味、口味、香味或配料来源进行说明不属于特别强调，不需要对该原料进行定量标示，如某种食品名称为“红豆冰淇淋”，但在标签的其他地方没有出现对红豆的提及或是强调，则可以不在配料表或标签适当部位标示出红豆的添加量，其他类似的例子还有“红枣酸奶”。

对配料中致敏物质的提示说明不属于定量标示的范围，如“本产品含有花生”。

10. 食品添加剂的标示

配料表应当按照食品添加剂在GB 2760—2014中的通用名称如实标示，但不强制要求建立“食品添加剂项”。加入量小于食品总量25%的复合配料中含有的食品添加剂，若符合GB 2760—2014规定的带入原则且在最终产品中不起工艺作用的，不需要标示。

11. 食品添加剂的标示（一）

既可以作为食品添加剂或食品营养强化剂又可以作为其他配料使用的配料，应按其终产品中发挥的作用规范标示。如核黄素、维生素E、聚葡萄糖等既可作为食品添加剂，又可作为食品强化剂使用，当作为食品添加剂使用时，应标示其在GB 2760—2014中规定的名称，当作为食品营养强化剂时，应标示其在GB 14880—2012中规定的名称。

12. 食品添加剂的标示（二）

对于列入GB 2760—2014“食品用酶制剂及其来源名单”的酶制剂，如果在终产品中已经失去酶活力的酶制剂，不需要进行标示；如果在终产品中仍然保持酶活力的，应按照食品配料表中配料标示的有关规定，按制造或加工食品时酶制剂的加入量，排列在配料表的相应位置。

13. 生产日期和保质期的标示

日期标示不得另外加贴、补印或篡改，是指不能在完整的标签上另行加贴生产日期和保质期，也不能在原标签上补印日期或任意更改已有的日期，可以将整个食品标签以不干胶的形式制作，包括“生产日期”或“保质期”等日期内容，整个不干胶加贴在食品外包装上。进口的预包装食品，如只标示有保质期和最佳食用日期，企业可根据进口预包装食品上标示的保质期和最佳食用日期正确计算出生产日期并标示在产品标签上。

14. 进口食品标签的标示

进口预包装食品不强制标示产品标准代号和质量（品质）等级。如果标示了产品标准代号和质量（品质）等级，应确保真实、准确。GB 7718—2011规定进口食品免除标示生产许可证编号，但仅限于进口食品无须重新分装的情况。如在国内破坏全部包装后裸露进入生产线重新分装成的，需要标示分装商的食品生产许可证编号；但仅破坏储运包装后分装或组装的，可以不标示分装（组装）商的食品生产许可证编号。

15. 产地的标示

GB 7718—2011中的“产地”指食品的实际生产地，是特定情况下对生产者地址的补充，对于分装的企业来说，产地是分装商所在的地域，用原产地补充说明原料的生产地域。委托其他企业生产的产品，仅标示委托企业的名称和地址时，应用“产地”项标示受委托企业所在地域。

16. 营养成分表（一）

计算营养成分含量数量的来源，可以使用的食物成分数据库有中国疾病预防控制中心营养与食品安全所编著的《中国食物成分表》；在《中国食物成分表》未包含的食品种类和食物成分，可以参考美国农业部《USDA National Nutrient Database for Standard Reference》《USDA Table of Nutrient Retention Factors》，英国食物标准局和食物研究所的《McCance and Winddowson's the Composition of Foods》及其他国家的权威数据库资料。

17. 营养成分表（二）

《食品安全国家标准 预包装食品营养标签通则》（GB 28050—2011）规定了强制标示的内容，下列四种情况时，食品企业必须标示所要求的食品营养信息：

一是所有的预包装食品（豁免标示的食品除外）均应强制标示能量和四个核心营养素的信息。

二是对除能量和核心营养素外的营养成分进行营养声称或营养成分功能声称时，还应标示出该营养成分的信息，“欲声称、先标示”。

三是若使用了营养强化剂，还应标示强化后食品中该营养素的信息，“如强化、须标出”。

四是食品配料中含有或生产过程中使用了氢化和（或）部分氢化油脂时，还应标示出反式脂肪（酸）的含量，“用氢化、标反式”。

18. 豁免强制标示营养标签的预包装食品

GB 28050—2011 中规定了可以豁免标示营养标签的部分预包装食品范围，如营养素含量波动较大，难以准确标注营养信息的，如生鲜食品、现制现售食品；现制现售食品是指现场制作、销售并可即时食用的食品。食品加工企业集中生产加工、配送到商场、超市、连锁店、零售店等销售的预包装食品，应当按标准规定标示营养标签。

19. 如何判定含量声称

需冲调后食用的食品如何标示？

判断食品中能量和营养成分的含量声称是否合格时，应以标签营养成分表中能量和营养成分的含量标示值为准，而判断含量标示值是否正确，则以允许误差为准。

需要冲调后食用的预包装食品，如固体饮料等，在标示营养素含量或进行营养声称时可选择冲调前或冲调后的食品状态标示，也可两种状态同时标示。若两种状态同时标示，计算 NRV% 应选其一并注明。

20. 警示标志

《食品标识管理规定》第十五条规定，混装非食用产品易造成误食，使用不当，容易造成人身伤害的，应当在其标识上标注警示标志或者中文警示说明。《中华人民共和国产品质量法》第二十七条、第二十八条分别规定，使用不当，容易造成产品本身损坏或者可能危及人身、财产安全的产品，应当有警示标志或者中文警示说明。

案例分析

近日，某市场监管局接到两个类似的投诉：同样是投诉经营者销售无中文标签的进口食品，但一个违法了，另一个却没有违法，这是为什么呢？

红酒没有中文标签

消费者沈先生要在家招待朋友，想买几瓶红酒。于是，沈先生去了某食品店，营业员热情地向沈先生推荐了一款加拿大冰酒。沈先生当即购买了 6 瓶带回家。沈先生拿这款酒招待朋友，杯盏间，一位朋友无心说了一句：这个进口红酒上一个中文字都没有，很有档次啊，不过国内销售的进口红酒，应该有中文标签，好让我们能看懂嘛。较真的沈先生查起了相关的法律，他发现，按照《中华人民共和国食品安全法》第九十七条的规定，进口的预包装食品应当有中文标签。于是，沈先生向市场监管局进行投诉。于是，市场监管局的执法人员对该食品店进行检查，发现现场仍有部分进口红酒无中文标签，另外还发现了该食品店存在一些其他的违法行为，于是市场监管局对该食品店销售无中文标签的进口食品等的违法行为进行立案查处。

奶粉也没有中文标签

李小姐平时都自己上网给孩子海淘奶粉，没想到最近一次海淘的奶粉迟迟不到货，家里的孩子快“断粮”了，于是李小姐就去家附近的一家母婴用品店购买。经营业员介绍，李小姐给孩子常喝的那款奶粉，店里是不备货的，如果李小姐需要购买，可以先预订，再从保税仓发货过来，一周之内就到货了。李小姐当即留下了自己的身份信息，订购两盒奶粉。当李小姐收到奶粉的时候，发现奶粉上没有中文标签，于是向市场监督管理局进行投诉。李小姐告诉市场监督管理局的执法人员，她以前自己海淘，都从国外网站上买奶粉，奶粉是海外直接寄过来的，上面没有中文标签是正常的，但这次奶粉是从保税区过来的，保税区明明就在国内，商品也应该加贴中文标签。李小姐的投诉把执法人员也给弄糊涂了。

于是，执法人员到该商家进行调查，商家向执法人员展示了他们在天猫国际上的店铺和从保税区出货的证明。商家表示，从保税区过来的商品，他们在店内是不备货的，顾客若有需求，可以付全款或者定金，并且一定要留下个人身份信息，可以直接寄到顾客家中，或者顾客到商家店内自取。商家表示知道进口食品需要有中文标签的规定，店里其他的食品上都是有中文标签的，而且进货的相关手续也保存完整。可能很多人都不理解保税区的含义。虽然保税区位于境内，但保税区的商品并未办理货物进口手续，因此并不等同于“进口商品”，仍是属于“境外的商品”，所以无中文标签是正常的。因此，李小姐购买的奶粉没有中文标识并没有什么问题。随着新《中华人民共和国食品安全法》的实施，社会公众对食品安全问题的高度关注，老百姓的法律意识和维权意识逐步增强，食品安全问题一定会越来越少，老百姓的消费环境一定越来越好。市场监督管理局呼吁全社会能共同参与到食品安全监管中来，良好的食品安全环境离不开全社会的共同努力。

练习与思考

一、名词解释

食品标签　预包装食品　配料表

二、简答题

1. 简述进口食品为什么要贴中文标签。
2. 简述进口食品标签的标注内容管理。
3. 简述食品标识不得标注哪些内容。

三、论述题

1. 从食品安全的角度出发，论述进口食品标签的重要性。
2. 论述做好进口食品标签管理的主要措施。

第三章
国外对食品标签的规定

学习目标

1. 了解国外食品标签法规的变化趋势；
2. 掌握国外食品标签的相关法规；
3. 理解国外食品标签与消费者知情权和消费权益关系；
4. 认识国外食品安全标签的内容。

基本概念

FDA　CFSAN　食品营养标签的理事会指令

近期多个国家和地区陆续出台或更新了关于食品标签的强制性法规，对标签标识提出更严格要求。总体来看，国外食品标签法规的变化呈现三大趋势：一是更加关注食品营养健康，食品标签更加醒目，更易被理解。美国食品药品监督管理局在 2014 年 2 月提出一项食品营养成分标签改革方案，要求生产商必须在产品包装显著位置用加大字体注明食品总能量和反式脂肪含量。英国食品标准局于 2013 年下半年开始在全国范围内强制推行“红绿灯食品标签”，要求食品生产厂商在包装正面的显著位置使用像红绿灯一样的红、黄、绿三种颜色，标注该食品中所含的脂肪与饱和脂肪、糖类、盐类含量的高中低三个水平。墨西哥在 2014 年 2 月修订了食品及无酒精饮料的标签要求，要求此类产品必须在标签上“明确且醒目”地标注总能量、脂肪和饱和脂肪、总糖量和盐分含量。这些关于食品标签的新规，都能够帮助消费者在不贴近食品包装的情况下了解食品中不利于身体健康的成分含量，在最短时间内挑选出营养均衡的健康食品。食品标签发展的总体趋势已由单纯地标注食品成分，发展到对特定成分、营养健康、视觉效果等方面的更高要求，对消费者健康导向的重视程度达到前所未有的高度。二是食品标签紧跟当前食品安全热点，重视知情权和消费权益。韩国拟要求将在该国销售的所有含转基因成分超过 3% 的“转基因食品”“基因重组食品”和“含转基因成分食品”统一标注为“转基因食品”，此举对韩国市面上销售的含转基因成分的食品提出了更加严格的要求。哈萨克斯坦、塔吉克斯坦要求所有进口食品必须提供转基因证书，在产品的标签中标注转基因含量，否则禁止进口。美国专门颁发了《食品过敏原标识和消费者保护法案》，要求除特定食品外，所有在美国销售的包装食品，必须符合有关食品过敏原标注要求。欧盟于 2014 年 12 月 13 日实行食品标示法规，该法规要求所有预包装食品配料表中对过敏原存在情况进行标示。以上标签法规的出台更趋向于关注转基因和过敏原食品安全热点，同时通过在标签上标注以上信息，使消费者更加注重知情权。三是标注细节更加严格，某些法规已形成技术性贸易壁垒。2013 年 11 月 23 日起，美国肉类强制性国家原产地标签生效，部分肉类将被要求添加原产地国家标签。该规则规定的标签覆盖的肉类包括牛肉、鸡肉、猪肉、羊肉。要求所有在美国市场销售的肉类，包括进口肉类产品和进口加工肉类产品，都必须注明原产地，这一规定已引发同属北美自由贸易区的加拿大和墨西哥的抗议，认为该规定损害了贸易便利。该规定一旦实施，将对中国的输美肉类出口企业造成较大影响。

为确保出口食品能够在进口国顺利通关，我们加强对国外出台食品标签法规的研究，加大对相关食品出口企业的标签指导。出口食品相关企业应积极收集、跟踪进口国标签法规最新修订动态，结合企业实际制定应对方案，对生产工艺和质量控制调整改进，加强自身抵抗风险能力，避免造成不必要的经济损失。我们积极借鉴国外食品安全标签内容，完善改进我国食品安全标签规定，保障消费者的知情权和选择权，保护消费者健康。

第一节　美国关于食品标签要求

一、美国食品药品监督管理局（FDA）

美国对食品标签的要求极为严格，1992 年，美国食品药品监督管理局（FDA）制（修）

订了 22 个食品标签法规，此后，FDA 又根据食品标签的发展状况对标签法规作了多次修改补充。

FDA 是美国食品药品监督管理局的缩写，全称 Food and Drug Administration。它是由美国国会授权，负责执行《联邦食品、药品和化妆品法案》和管理药品、医疗器械、保健品、食品及化妆品的联邦执法机构。该机构与每一位美国公民的生活息息相关。在国际上，FDA 被公认为是世界上最大的食品与药物管理机构之一。其他许多国家都通过寻求和接受 FDA 的帮助来促进并监控其本国产品的安全。

FDA 的管理范围包括：食品、药品（包括兽药）、医疗器械、微生物制品、化妆品、动物食品和药品、有辐射的产品及其监督检验；产品在使用或消费过程中产生的离子、非离子辐射影响人类健康和安全项目的测试、检验和出证。根据规定，上述产品必须经过 FDA 检验证明安全后，方可在市场上销售。FDA 有权对生产厂家进行视察，有权对违法者提出起诉。对进入美国市场的各种食品、药品，FDA 也制定了相应的法规进行认证，并对认证的包装、标示以及检测、试验的方法都做了明确的规定。

在具体的监管中，FDA 对具有潜在危害的或缺陷的产品采取召回程序，这是企业自动采取的一种召回行动。FDA 可以要求相关公司实施，并监督整个召回程序，还可以审阅公司报告、对零售和批发进行审计等措施，核实召回程序的有效性。如果生产或销售商不愿意发布通知，FDA 有权在每周一次的政府刊物上发布该公共通知和健康损害分类。

1.FDA 由来

FDA 的历史可追溯到 1862 年，当时林肯总统委派化学家 Charles M. Wetherill（查尔斯 M. 韦瑟里尔）在美国农业部组织成立了化学分部，1901 年该化学分部升格为化学局，1906 年《纯净食品和药品法》的通过，确立了化学局在美国联邦政府的地位，同时也奠定了成立美国食品与药品管理局的基础。1927 年美国国会授权成立“美国食品药品及杀虫剂管理局”，1930 年改名为食品与药品监督管理局，隶属于美国农业部，1940 年从农业部脱离，归属联邦安全署，1953 年划归卫生教育福利部，1980 年并入美国卫生与公共服务部。

2.FDA 机构及其分布

FDA 的总部设在华盛顿特区及马里兰州罗克威尔城，机构庞大，分支机构遍布全国各地。2001 年美国食品药品监督管理机构共有职工约 9 100 人。

为了加强食品药品质量管理，FDA 将全国划分成 6 个大区，即太平洋区（旧金山、西雅图、洛杉矶），西南区（达拉斯、丹佛、堪萨斯），中西区（芝加哥、明尼阿波利斯、底特律），东北区（波士顿、纽约、布法罗），中大西洋区（费城、辛辛那提、纽瓦克、巴尔的摩），东南区（亚特兰大、纳什维尔、新奥尔良、奥兰多、波多利各的圣吉安）。每区设立 1 个大区所，大区所下又设若干个地区所。各大区所在地：太平洋区为旧金山，西南区为达拉斯，中西区为芝加哥，东北区为波士顿，中大西洋区为费城，东南区为亚特兰大，各地区所按工作需要又设立若干工作站，以保证工作面能覆盖本区范围。全美目前共有167个工作站，大区所、地区所及工作站均属FDA的各级直属机构。

3.FDA主要监管机构

根据监管的不同产品范围，可分为以下几个主要监管机构：

（1）食品安全与应用营养中心（CFSAN）

CFSAN是FDA工作量最大的部门。它负责除了美国农业部管辖的肉类、家禽及蛋类以外的全美国的食品安全。尽管美国是世界上食品供应最安全的国家，但是，每年还是大约有七千六百万食源性疾病发生，三十二万五千人因食源性疾病需要住院治疗，五千左右人死于食源性疾病。食品安全和营养中心致力于减少食源性疾病，促进食品安全，并促进各种计划，如：HACCP计划的推广实施等。

该中心的职能包括：确保在食品中添加的物质及色素的安全；确保通过生物工艺开发的食品和配料的安全；负责在正确标识食品（如成分、营养健康声明）和化妆品方面的管理活动；制定相应的政策和法规，以管理膳食补充剂、婴儿食物配方和医疗食品；确保化妆品成分及产品的安全，确保正确标识；监督和规范食品行业的售后行为；进行消费者教育和行为拓展；开展与州和地方政府的合作项目；协调国际食品标准和安全等。

2007年12月19日，美国食品药品监督管理局宣布建立一个用以跟踪食物系统中的克隆动物的数据库，借以使相关鉴别程序得以有效进行。这个数据库将成为全国动物识别系统（National Animal Identification System）的一部分，该系统用于跟踪全美所有从还在农场饲养到已上餐桌的家畜。

（2）药品评估和研究中心（CDER）

CDER旨在确保处方药和非处方药的安全和有效，在新药上市前对其进行评估，并监督市场上销售的一万余种药品以确保产品满足不断更新的最高标准。同时，该中心还监管电视、广播以及出版物上的药品广告的真实性。严格监管药品，提供给消费者准确安全的信息。

（3）设备安全和放射线保护健康中心（CDRH）

CDRH旨在确保新上市的医疗器械的安全和有效。因为在世界各地有两万多家企业生产从血糖监测仪到人工心脏瓣膜等超过八万种类型的医疗器械。这些产品都是同人的生命息息相关的，因而该中心同时还监管全国范围内的售后服务等。对于一些像微波炉、电视机、移动电话等能产生放射线的产品，该中心也确定了一些相应的安全标准。

（4）生物制品评估和研究中心（CBER）

CBER 监管那些能够预防和治疗疾病的生物制品，因此比化学综合性药物更加复杂，它包括对血液、血浆、疫苗等的安全性和有效性进行科学研究。

（5）兽用药品中心（CVM）

CVM 监管动物的食品及药品，以确保这些产品在维持生命、减轻痛苦等方面的实用性、安全性和有效性。

4. FDA 认证

美国 FDA 隶属于美国国务院保健与服务部的公共健康服务署，负责美国所有有关食品、药品、化妆品及辐射性仪器的管理，它也是美国最早的消费者保护机构。FDA 不仅搜集处理 80 000 项美国境内制造或进口的产品样品并施以检验，而且，每年派遣上千名检查员，奔赴海外 15 000 个工厂，以确认他们的各种活动是否符合美国的法律规定。

1990 年以后，美国 FDA 与 ISO 组织等国际组织密切合作，不断推动一连串革新措施。尤其在食品、药品领域，FDA 认证成为世界食品、药品的最高检测标准。被世界卫生组织认定为最高食品安全标准。只有申报的产品经过对人体使用产品后的 143 个关键检测点位作监测，对 2~3 万人持续 3~7 年的监测，完全通过合格的产品，才会核发 FDA 认证。因此，国际很多厂商都以追求获得 FDA 认证作为产品品质的最高荣誉和保证。

FDA 国际自由销售许可证不仅是美国 FDA 认证中最高级别的认证，而且是世界贸易组织（WTO）核定有关食品、药品的最高通行认证，是必须通过美国 FDA 和 WTO 全面核定后才可发放的认证证书。一旦获此认证，产品畅通进入任何 WTO 成员国家，甚至连行销模式，所在国政府都不得干预。

FDA 在美国乃至全球都有极其巨大的影响，有“美国人健康守护神”之称。全世界的药品商和食品商对其又爱又怕，它的信誉和专业水准深得诸多专家和广大民众的信赖，而其严格的检测和评估在提供良好保障的同时也引起不少药商和食品商的非议，指责其束缚了发明创新，是阻挠民众获得特效药的最大障碍，并游说国会削减 FDA 的权限，但这种做法并未影响 FDA 对其使命和职责的神圣守护与履行。时至今日，FDA 已成为全球食品药品消费者心中的金刚盾牌。

5. 食品 FDA 认证

FDA 对食品、农产品、海产品的管理机构是食品安全与应用营养中心（CFSAN），其职责是确保美国人食品供应安全、干净、新鲜并且标识清楚。中心监督的产品每年进口 2 400 亿美元，其中 150 亿美元属于进口食品，中心的监测重点包括：食品新鲜度；食品添加剂；食品生物毒素其他有害成分；海产品安全分析；食品标识；食品上市后的跟踪与警示。根据美国国会于2003年通过的反恐法，美国境外的食品企业在向美出口前，必须向FDA注册，并在出口时向FDA进行货运通报。

食品及材料FDA认证办理流程如下：

（1）咨询。申请人提供产品资料图片或通过描述说明所需要申请FDA的产品及材料。

（2）报价。根据申请人提供的资料，技术工程师将作出评估，确定须测试的项目，并向申请方报价。

（3）申请方确认报价后填写测试申请表和测试样品。

（4）样品测试。测试将依照所适用的FDA标准进行。

（5）测试完成后提供FDA认证报告。

食品材料FDA认证，食品接触类材料指一切用于加工、生产、包装、存储及运输食品的过程中，与食品能够接触到的材料。常见的材料包括各种塑料、金属、陶瓷、玻璃、竹木制品等。这些与食品能够接触到的材料的环保安全情况直接事关使用者的饮食安全和健康。所以这类产品出口到美国需要按照FDA标准进行相关的检测认证。

按照《美国第107—188公共法》，必须向FDA登记的外国食品生产加工企业如下：酒和含酒类饮料；婴儿及儿童食品；面包糕点类；饮料；糖果类（包括口香糖）；麦片和即食麦片类；奶酪和奶酪制品；巧克力和可可类食品；咖啡和茶叶产品；食品用色素；减肥常规食品和药用食品、肉替代品；补充食品（即国内的健康食品、维生素类药品以及中草药制品）；调味品；鱼类和海产品；往食品里置放和直接与食品接触的材料物质及制品；食品添加剂和安全的配料类食用品；食品代糖；水果和水果产品；食用胶、乳酶、布丁和馅；冰激淋和相关食品；仿奶制品；通心粉和面条；肉、肉制品和家禽产品；奶、黄油和干奶制品；正餐食品和卤汁、酱类和特色制品；干果和果仁；带壳蛋和蛋制品；点心（面粉、肉和蔬菜类）；辣椒、特味品和盐等；汤类；软饮料和罐装水；蔬菜和蔬菜制品；菜油（包括橄榄油）；蔬菜蛋白产品（仿肉类食品）；全麦食品和面粉加工的食品、淀粉等；主要或全部供人食用的产品。

二、美国《营养标签和教育法》

1994年5月，美国出台了《营养标签和教育法》，简称NLEA，要求所有预包装食品都要加贴强制性标签。在1990年之前，美国的食品不要求营养标签，不过厂家可以自愿标注。随着人们对饮食健康的关注，FDA开始考虑制定统一的规范。制定统一的标签规范的目标有三项：减少“自愿标签”的混乱；帮助公众选择健康饮食；促使食品企业改进配方，开发更健康的食品。1990年7月，FDA拿出了《营养标签和教育法》的草案，当年 11 月，这个草案被国会通过，1994 年经总统签署而成为法律。

美国有居民膳食指南，其中对一些重要的营养成分给出了推荐食用量，比如蛋白质和重要的维生素与矿物质等等。还有一些成分对公众健康影响比较大，应该限制摄入，比如盐和胆固醇等。NLEA 要求对这样的成分进行强制标注。经过后来的修订，美国目前强制标注的有 15 项：总热量、来自脂肪的热量、脂肪、饱和脂肪、反式脂肪、胆固醇、钠、总碳水化合物、膳食纤维、糖、蛋白质、维生素 A、维生素 C、钙和铁。除此以外，生产者还可以自愿标注一些其他项目，比如单与多不饱和脂肪、可溶与不可溶膳食纤维、其他维生素与矿物质等。

NLEA 的标注要求很全面。根据这个标签，可以相当准确地了解一种食物在营养组成上的优势与不足。这对于公众选择食物、制定合理食谱，确实如法案的名字所说的那样，能起到“教育”的作用。

这样的标签所用的“每日参考量”是针对全体人群平均的。4 岁以上的美国人群平均每天的热量摄入是 2 350 kcal，但是不同的人所需要的热量并不相同。有许多人呼吁 FDA 降低热量“标准值”，向容易受到高热量危害的那部分人倾斜。比如有人建议用针对老年女性的 1 900 kcal 作为热量参考值。膳食指南推荐来自脂肪的热量占总热量的 30%。如果依据这个基准，那么每天的脂肪摄入量是 60 g。而如果采用全体人群平均的 2 350 kcal，则是 75 g。

考虑到这些争议，FDA 最后采用了 2 000 kcal 作为基准。各种营养成分的“推荐量”中，脂肪、饱和脂肪、胆固醇和盐等指标是“健康上限”，实际摄入越少越好。有一些成分推荐摄入量跟总热量有关，比如脂肪和膳食纤维；而有一些跟总热量无关，比如胆固醇和盐。为了“教育”消费者，NLEA 法案还鼓励在标签后面加上“营养图谱”。这个表格分 2 000 kcal 和 2 500 kcal，分别列出“应该低于”的脂肪、饱和脂肪、盐和胆固醇的量，以及“推荐达到”的碳水化合物和膳食纤维的量。

食品生产者从来都是“投公众所好”，当消费者关注食品标签的时候，生产者也就会根据它来开发产品。反式脂肪的标注就是一个典型的例子。反式脂肪对健康没有价值，多了还有害。但基于食品市场的现实，FDA 并没有禁用它，而是强制要求标注含量。因为消费者会追求反式脂肪含量“低”甚至“没有”的食品，食品公司就有了压力和动力去避免反式脂肪的使用。从 2006 年这一标注实施以来，市场上迅速出现了许多技术革新，比如低反式脂肪的氢化油工艺、高油酸的豆油等。

1995 年 9 月，FDA 颁布正式法令对《美国联邦法规》（CFR）中强化食品营养标签一章作出修改，要求销售的强化食品按规定加附营养标签。目前，关于美国食品标签的规定主要是 CFR 第 21 章第 101 部分——食品标签。该法规要求所有预包装食品必须加贴标签，须标注的内容除食品名称、净含量、配料表、食品制造商 / 包装商 / 经销商的商业名称和地址外，还要标注营养成分。

1. 食品标签的要求

（1）文字语种要求：英文，同时可标注其他文字；（2）强制性标注的内容：食品名称、配料表、净含量（沥干物）、生产厂商名称、地址、原产国、储藏指南（冷冻保存食品必须标注）、批次（仅限于低酸罐头食品、酸化食品、婴儿食品 ）、营养信息，对于婴儿食品还需要标注日期标示、食用方法、保质期信息；（3）豁免标注的要求：散装食品、不同花色品种的食品的混合包装应以柜台卡片、标志或相关说明等方式告知消费者有关标签信息；（4）食品名称的要求：标准化食品需使用专用名称，非标准化食品可使用通用名称或俗名；但食品的物理性状应作为食品名称的一部分；（5）配料成分的标注要求：配料表按制造时所加入的有效成分降序排列；无使用分类名称的规定；加工用水需标出；（6）食品添加剂的标注要求：必须标注所有使用的添加剂，不得使用添加剂分类名称和代码；（7）固形物（沥干物）质量标注的条件：配汤不作为可食用部分时，要求标注沥干物质量；（8）需标注的责任者范围：包括制造商、包装商、批发商、进口商、经销商。当关系不确定时，标注的厂商即认为是生产商。

2. 营养标签的要求

美国对食品营养标签的规定主要是依据美国联邦食品法规第 21 章 101.9~101.69 条和食品《营养标签和教育法》。目前，几乎所有食品都强制要求使用营养标签，肉禽食品、方便食品、散装食品、医用食品、茶、咖啡以及部分调味品等产品可以例外。营养成分标签的内容包括包装规格、食用量、热量、脂肪来源量、总脂肪、饱和脂肪、胆固醇、钠、总碳水化合物、膳食纤维、糖、蛋白质、维生素、矿物质以及每日摄入 2 000 kcal 热量为准的日需要量占比，并且出口美国的所有食品包装和膳食补充剂都必须在营养成分标签中单独列出反式脂肪酸含量。其中，强制性标注的营养成分包括蛋白质、总脂肪（不饱和脂肪、饱和脂肪和胆固醇）、总碳水化合物、糖、糖醇、膳食纤维、钠、钙、镁、铁、锌、碘、烟酸、叶酸，以及维生素 A、D、C、B_1、B_2、B_6、B_{12}。

对营养标签中营养素参考值的规定是以日消耗 2 000 kcal 热量的膳食为基础制定营养素日值。并且强制性要求标注每份食物的量。在对容差的规定方面，要求：Ⅰ类食品（强化、配方食品）必须与标示值一致；Ⅱ类食品（天然存在的营养物质）应达到标示值的 80% 以上；Ⅲ类食品（含糖量达到总碳水化合物 90% 或以上的食品）应低于标示值的 120%。关于营养声称的使用要求规定：对产品所含的某种营养素水平进行描述时，允许使用“高……”“低……”“无……”；将两种或多种食品的营养素或热量水平进行比较性说明时，允许使用“降低了”“高于”“大于”“增加了”，并且要求该食品每次习惯消费量中营养物质含量与相对应的参考食品差异在 10% 以上。

3. 食品营养标签上的数字来源

消费者看到的是营养标签上的一个个数字。那么，这些数字是怎么来的？厂家会乱标吗？营养标签只针对预包装食品才是强制的。对于蔬菜、水果、禽肉这些“天然原料”，以及餐馆食品，并不强制要求，只是“鼓励”经销商自愿标注。

理论上说，每一份食物的这些数字都可相当精确地测量出来。但是，那样做并不现实。首先，预包装食品的营养标签需要印在包装上，在食品生产线上，包装容器或者包装盒需要提前制作好，不可能等到食品生产出来、检测出结果才去印刷；其次，检测成本比较高，很多测量需要时间，产品也不可能在生产线上等着。所以，营养标签上的数字，都是根据配方提前做好，统一印刷的。只要配方定了，营养标签也就定了。实际产品中，因为操作条件和原料品质的正常波动，要把营养成分的含量控制到一个非常精确的范围并不容易。营养标签是为了消费者利益而要求的。如果对营养标签的数值要求过于精确，必然增加生产的成本。成本的增加必然最终转嫁到消费者头上，这并不符合消费者的利益。所以，食品中的实际数值与营养标签上的标称数字，允许相当的误差。FDA 的规定是，如果是强化加入的营养成分，那么实际值必须在标称值的 100%~120% 之间。比如，如果一种食品中加入了 100 mg 钙来强化营养，那么实际含钙量必须在 100~120 mg 之间，低于 100 mg 就是虚假标注。那些不是强化加入，而是食品原料中天然存在的成分，则根据该成分对健康的作用来设定上限或者下限。对那些需要控制的成分，比如总热量、钠、胆固醇等，要求实际值不超过标称值的 120%。比如，如果标注一份食品中含钠 500 mg，实际值在 600 mg 以下就算合格，但要是超过 600 mg 就是虚假标识了。对那些“好”的营养成分，比如蛋白质、钙、维生素等，则是要求不得低于标称值的 80%。比如，如果一种奶制品的钙是牛奶中天然存在的，宣称含有 100 mg，那么实际值只要高于 80 mg 就算合格。

对于标签上的数字，还有一个“标注阈值”的概念。一方面，任何一种成分的检测都有一个检测下限，含量低到一定程度就难以检测出准确数值。另一方面，如果一种成分的含量很少，对于健康的影响也就很小，标注出来也就没有意义，反倒可能产生误导。最典型的是反式脂肪，FDA 规定的阈值是每份食物 0.5 g，低于这个值就可以标为 0。其他的各种营养成分，也都有相应的标注阈值，这也是人们看到一些食品的标签上，有多种成分标注为 0 的原因。当然，标注阈值的选定是比较主观的，美国 0.5 g 的反式脂肪阈值就被许多人认为过高。

基于这样的规范，食品生产企业并不需要实际测量食品的各种营养成分。每一种食品原料都有相对固定的营养成分组成，除了维生素，其他的营养成分在加工中基本上不会明显增减，所以只要把配方输入软件，就可以自动生成营养标签。对于厂家来说，几乎不增加成本。

中国目前强制标出的只有总热量、蛋白质、脂肪、碳水化合物和钠。相比于之前“不要求标注”，这当然是一大进步。不过，提供的信息还是单薄了一些。或许在以后的修订中，会有更多的项目被加进去。而消费者也就可以从标签上得到更多的信息。

第二节 欧盟关于食品标签要求

欧盟关于食品包装的技术法规主要包括：76/211/EEC《关于统一各成员国按确定的重量或容量预包装产品的法律的理事会指令》；90/496/EEC 和 2003/120/EC《关于食品营养标签的理事会指令》；89/109/EEC 和 2002/72/EC《关于与食品接触的包装材料的理事会指令》。

一、欧盟法规与指令

1. 欧盟法规的形式

欧盟法规的形式为：规章、指令、决定、建议和意见，其中建议和意见没有约束力。指令对所有成员国有约束力。指令仅要求成员国达到指令所要求的目标，而实施指令的方式和措施由成员国机构各自作出选择。指令通常是由欧洲议会（The European Parliament）和欧盟理事会（The Council of The European Union）根据欧共体条约赋予的职责颁布的。

2. 欧盟指令的内容和特点

欧盟指令规定基本要求是技术性法规。基本要求规定了保护公众利益的基本要素；基本要求是强制性的，只有满足基本要求的产品方可投放市场和交付使用；基本要求主要是指产品在生命、环境和国家安全、消费者利益和能源消耗方面的要求。仅就主要技术内容而言，欧盟指令相当于我国的强制性国家标准。所不同的是，欧盟指令涉及税收，规定制造商、供应商、进口商和操作者等的责任，以及消费者的义务等，而我国的强制性国家标准通常不涉及这些内容。出口欧盟商品的包装，应首先了解欧盟针对包装的指令中的基本要求。

二、《关于食品营养标签的理事会指令》

欧盟理事会于 1990 年 9 月 24 日发布了有关食品营养标签的理事会指令 90/496/EEC，并于同年开始实施。2009 年 11 月上旬，欧盟理事会又对上述指令做出了修订。该指令详细规定了如何在食品标签上标示营养价值。标签上所需的信息包含两类：第一类：能量值、蛋白质含量、碳水化合物含量以及脂肪含量。第二类：能量值、蛋白质含量、碳水化合物含量、糖含量、脂肪含量、饱和脂肪酸含量、纤维素含量以及钠含量。按规定凡声称提供营养的食品必须使用第二类标签。

指令中规定了计算能量值时所需的换算系数：卡路里是能量的单位，国际上统一的能量单位是卡路里（calorie），或焦耳（Joule，J）。1 000 卡路里 =1 千卡（kcal），1 kcal=4.184 kJ。碳水化合物为 4 kcal=16.73 kJ；蛋白质为 4 kcal=16.73 kJ；脂肪为 9 kcal=37.65 kJ；酒精为 7 kcal=29.28 kJ；有机酸为 3 kcal=12.55 kJ；该指令的一些修订已于 2009 年 11 月起开始实施。除上述几种化合物外，又新确定了几种贡献能量的组分：膳食纤维为 2 kcal=8.36 kJ；低能量脂肪为 6 kcal=25.10 kJ。膳食纤维和低能量脂肪中的能量小于同等规格的碳水化合物和脂肪中的能量，因此在食物中使用它们可减少能量的摄入。膳食纤维（饼干和婴儿食品中）和低能量脂肪在食品行业中已经得到越来越广泛的应用。这种趋势也对其他商品产生了影响，即仅仅使用脂肪、蛋白质和化合物来计算能量值已远远不够。依照修订后的指令规定，有些没有必要分析，如膳食纤维不作为酸奶的配料使用时，便没有必要去分析。另一方面，如面包或糖果制品中使用了低能量脂肪作为其配料时，则必须对其中的低能量脂肪含量进行分析。

三、欧盟有关食品标签的法规体系

欧盟有关食品标签的法规采取两种立法体系。一种是规定各种食品标签共同内容的体系，如食品标签的通用规定、食品标签的价格规定和食品标签的营养标识规定等内容的法规；另一种则是规定各种特定食品标签内容的体系，如关于巧克力、葡萄酒等不同食品标签的法规。欧盟食品标签法规通常以指令和条例的形式出现，主要包括：2000/13/EC（被 2001/101/EC 和 2003/89/EC 等指令修订）《关于食品标签、说明和广告宣传的成员国相似方案》（2000 年 3 月 20 日颁布）；90/496/EEC《关于食品营养标签的指令》（1990 年 4 月 26 日颁布）；1760/2000/EC《建立识别和登记活牛以及牛和牛肉产品标签体系并废除 EC820/97》（2000 年 7 月 17 日颁布）；2002/67/EEC《关于含奎宁及咖啡因的食品标示规定》（2002 年 7 月 18 日颁布）；608/2004/EC《关于添加植物甾醇类、植物甾醇酯、植物甾烷醇和（或）植物甾烷醇酯的食品和食品配料标签的法规》（2004 年 3 月 31 日颁布）。

1. 食品标签的要求

欧盟对食品标签的要求主要包括：（1）文字语种要求，欧盟内进口国语言，并可同时标注其他文字；（2）强制性标注的内容，包括食品名称、配料表、净含量 / 沥干物、生产厂商名称和地址、保质期、保存期、营养信息（用于产品进行营养宣传时，营养信息是强制性的）；（3）豁免标注的要求：餐饮业消费的食品（大包装）附随产品说明：包括食品名称、制造厂商名称和地址、保质期；小包装食品（最大表面积小于 10 cm^2 的包装或容器）：只标出食品名称、净含量和保质期；（4）食品名称的具体规定：使用欧盟委员会标准名称，若没有可使用销售国国内的通用名称或俗名，但在可能引起消费者误解的情况下，应标明食品物理性状或加工方式；（5）配料成分的标注要求：配料表应包括食品的全部配料，按质量降序排列；当复合配料在成品中所占份额少于2%时，可不列出复合配料成分表；可采用规定的种类名称标注；如果加工用水仅用于浓缩或脱水配料的复原或仅作为液体媒介并不被消耗时，则不用列入配料表；当食品的标示特别强调某种配料的存在或低含量，而该配料对于食品具有的某种特性必不可少时，应标示该配料所占的最小或最大百分比含量；（6）固形物（沥干物）质量标注的条件：当固体食品置于液体介质时（对产品性状起辅助作用，但不是消费者购买的产品本身），应标示固形物含量；当体积或质量容易受到很大损耗，以件数出售并当面过秤出售的商品时，或净含量少于5 g或5 ml的食品（但不适用于草药或草本香料）时，可不标注；（7）需标注的责任者范围包括：制造商、包装商和经销商；（8）储藏指南和食用方法的标注包括指导性原则，对没有食用说明便不可能恰当食用的食品应标明食用说明。

2. 营养标签要求

欧盟对食品营养标签要求的规定主要是依据食物营养标签指令（90/496/EC），该指令适用于所有直接供人食用的食品（餐饮食品、天然矿泉水和营养素补充剂除外）。如产品进行营养宣传，则营养标签是强制性的，其他情况下，营养标签是非强制性的。

营养成分的标注有两种方式。一种包括热量、蛋白质、碳水化合物、脂肪；另一种包括热量、蛋白质、碳水化合物、糖、脂肪、饱和脂肪、膳食纤维、钠。如营养声明中涉及了糖、醇和（或）淀粉，那么标示出碳水化合物之后还应分别标出各自的含量。如营养声明中涉及了脂肪酸的含量、类型或胆固醇的比例，则在标出总脂肪之后还应分别标出饱和脂肪、单不饱和脂肪、多不饱和脂肪以及胆固醇的含量。除以上两种情况外，上述营养物质以及维生素和矿物质的标识要求是非强制性的。对于营养声明的使用要求，规定不管是含量水平的声明还是比较声明，都可以由厂商自己决定，并且在标签中标出即可。

第三节 日、韩、新等国关于食品标签要求

一、日本关于食品标签要求

食品标签是向消费者传递产品信息的载体。做好预包装食品标签管理，既是维护消费者权益，保障行业健康发展的有效手段，也是实现食品安全科学管理的需求。日本对食品

标签的要求非常严格，有关食品标签的规定主要体现在由厚生劳动省和农林水产省发布的《食品卫生法》中，并且在《农林物资规格化和质量表示标准法》《营养改善法》《计量法》《食品标识法》《食品标识标准》和《日本不当赠品类及不当表示防止法》中都有涉及食品标签的相关规定。

1. 食品保质期的标示

日本根据食品特性，以“消费期限”和“赏味期限”来标示食品保质期。

“消费期限”是指品质容易发生变化的食品保证其安全性的期限；“赏味期限”是指品质变化较缓慢食品的保证其味道鲜美的期限，即使超过了这个期限其安全性也可能不会变化。“消费期限”和“赏味期限”要求以“年月日”标识，但从生产日期起“赏味期限”超过3个月的可以“年月”来标识。另外“消费期限”特别短的产品可以精确标识到年月日及时刻。

日本生产商、经销商、消费者之间存在不成文的3等分法，即从生产日至“赏味期限”截止日之间时间分为3等分，生产商应尽量在其前三分之一的时间段内交货给经销商，以便剩下的三分之二时间内产品在经销商和消费者之间流通。上述3等分法没有法律约束效力，仅仅是企业之间的自愿处事规则。

进口食品充分考虑运输、储存等因素，由进口商负责正确标识“消费期限”和“赏味期限”。以生产国或生产企业制定期限为基础，根据科学依据合理设定“消费期限”和“赏味期限”；进口商对其负责，在遵守日本相关法规同时熟悉“消费期限”和“赏味期限”设定的科学依据。

“消费期限”和“赏味期限”（以下简称保质期）的设定包含但不限于以下几个方面：（1）根据产品生产工艺、自身特性、贮存要求和具体包装形式等确定产品的保质期；（2）依据加速稳定性试验数据分析、同类产品的长期稳定性实验数据分析；（3）参考市售同类产品保质期等要素科学制定；（4）长期经验也是确定食品保质期的重要参考要求。

2. 食品标签的要求

一般情况下，食品标签应包括以下信息：食品名称（应确切标示并使用通俗化名称或用公众可以准确判断其种类的食品名称）、配料（当食品名称可准确判断主要配料时，可以不必标示主要配料的名称）、添加剂（在食品中添加了规定的添加剂的，要标明“食品添加剂”）、净含量、保质期（标示日期用顺位六位数表示）、生产厂商的名称和地址等。在日本市场上，水产品和蔬菜等生鲜食品还必须标明产地和品牌等信息。追求消费安全是日本食品消费的大趋势。对从中国进口的食品，日本市场最关心的是添加剂的使用。根据规定，新鲜食品和加工食品均须标注使用的添加剂。对于有外包装的加工食品，使用的添加剂无论是天然的或合成的，均须详细注明。日本要求对鸡蛋、牛奶、小麦、花生等食品须注明所含的过敏性物质，即使对加工工艺中使用过、成品前已消失的过敏性物质也须注明。另外，日本消费者也很重视肉食产品的安全信息，对于进口的肉食产品需提供产地、有无污染、保质期等信息。

日本对食品标签的具体要求：（1）文字语种要求：日文，不可标注其他文字；（2）强制性标注的内容：食品名称、配料表、净含量（沥干物）、生产厂商名称地址、原产国、日期标示、储藏指南、食用方法 、保质期、保存期、批次；（3）矿泉水、冷冻果汁、（鱼）肉制品、辐照食品、罐头、方便面、乳及乳制品、有机食品等需要强制性特殊标注；容器包装面积为 30 cm^2 以下的食品可省略标注；（4）食品名称的具体规定：如没有可使用通用名称或俗名，需使用产品标准所规定的专用名称；允许加贴附签说明食品名称；（5）配料成分的标注要求：配料顺序无规定；不需要标注各种配料的实际含量；没有分类名称的使用规定；不需要标注加工用水；（6）食品添加剂的标注要求：必须标注所有使用的添加剂，可以使用添加剂分类名称，不能使用代码；（7）储藏指南的标注要求：当储藏在室温条件下时，储藏指南不必标注；（8）使用方法的标注要求：推荐标注。

3. 营养标签的要求

日本要求除肉禽以外的加工食品均要加贴营养标签（强制性）。其中，强制性标注的营养成分包括：热量、蛋白质、总脂肪、营养素、有效碳水化合物、钠及其他营养素，日本在对营养成分标注的相关规定中，不要求对营养素的参考值进行规定，但对一次食用量（每份食物量）有推荐性的规定。在对容差的规定方面，要求热量、蛋白质、脂肪、有效碳水化合物、钠的容差在 –20%~20% 之间；维生素 A、维生素 D、钙、铁的容差在 –20%~20% 之间；维生素 B1、维生素 B2、烟酸、维生素 C 的容差在 –20%~80% 之间。

关于营养声称的使用要求，其规定：对产品所含的某种营养素水平进行描述时，允许使“……的来源”“高……”“富含……”“低……”“无……”；将两种或多种食品的营养素或热量水平进行比较性的说明时，允许使用“降低了……”“高于、大于、增加了……”，但不允许描述营养物质对人体生长、发育和正常机能所起的作用。

二、韩国关于食品标准、标签、证书的规定和要求

1. 食品管理的法律依据

韩国对进口食品进行监管的法律依据是韩国《食品卫生法》。韩国从 2003 年 10 月 10 日起，实行“进口食品等事前确认登记制度”。为提高进口食品检查制度的效率及加强对进口食品的管理，韩国食品医药品安全厅修订了《食品卫生法实施规则》开始实施“进口食品等事前确认登记制度”。通过事前的现场检查，确认出口国工厂制造和加工的食品符合韩国《食品卫生法》的规定，进行注册登记的食品（产品），在进口申报时只需接受书

面资料审查。凡经事前确认的食品，在进口时可免于精密检查，减少通关程序，提高通关速度，为进口申报人提供方便。与此相关，韩国食品医药品安全厅还请求各国政府积极协助宣传该制度，以便各国食品生产、加工等企业能尽快执行韩国的“进口食品等事前确认登记制度”。

2. 食品的管理

韩国政府通过官方的食品卫生安全厅和半官方的行业协会，监督管理食品安全。韩国1997年建立HACCP国际认证制度，鼓励食品生产企业到政府指定或认可的国内外认证机构获取HACCP体系认证，严格控制未通过认证的企业。另外，还规定转基因食品必须明确标识。对上市食品，由政府派公务员抽样、指定机构检测；若违反《食品卫生法》要判处经营者1年至7年徒刑，并最高罚款1亿韩元。

韩国食品工业协会负责检查食品及包装物的卫生、安全，协助官方制定标准、发布信息，收集各界意见，举办听证会，定期向政府反映情况，为立法提供依据。协会下辖研究所负责检测产品的重金属、农药、兽药、添加剂，并认证转基因食品。

韩国法律规定，食品定期检测，不达标不准出厂；农产品合格方可上市；对餐厅、食品市场，公务员和消费者联合监督。韩国对食品加工企业要求严格，韩国的食品企业从选料、加工到包装都严格按标准进行，以减少污染，确保质量；请认证机构专人定期检查HACCP和ISO9001体系执行情况，出现问题按法律程序办理，杜绝人为干扰。相关的科研开发必须符合食品安全要求。

3. 食品标签的要求

韩国要求所有进口食品均贴韩语商标（韩语图文商标被用于韩语商标的场所，图文商标不应该是可移动的，而且不应该覆盖原有商标）。商标应该包括以下清晰可辨的文字记载:（1）产品名称;（2）产品类型;（3）进口商的姓名与联系地址，以及一旦商品出现缺陷可进行退换的联系地址;（4）酒类产品的生产号（批号）或分装日期可以取代生产日期;（5）货架期;（6）内容物与重量、体积或块数之比（如果块数已经显示，则必须在括号内注明其质量或体积）;（7）至少包括四种主要成分或原材料的名称（只要特定的成分被用在产品中或作为产品的一部分时，就应该有一个各成分百分比含量）;（8）营养物（只有特殊的营养品、保健品、希望持有营养商标的产品及希望持有营养物商标的产品方能贴营养商标）;（9）由详细的食品商标标准注明的其他项目（包括注意事项与使用或保存规格）。

除了以上要求外，产品上仍要有原有商标。还有诸如营养商标要求、与宪法相关的商标要求、畜产品商标要求、转基因产品的商标要求等。自2001年3月1日起，针对三种未加工的转基因商品（大豆、豆芽与玉米）的强制性商标开始生效。而自2002年7月13

日起，针对加工的转基因商品（大豆、豆芽与玉米）的强制性商标也开始生效。韩国宣布从 2003 年 7 月开始，对进口活鱼实行原产地标识制。从 2003 年 10 月起，如果进口活鱼不标明原产地，将处以 1 000 万韩元的罚款（1 200 韩元合 1 美元），如果伪造原产地标识，将处以 3 000 万韩元以下的罚款，或 3 年以下的徒刑。

4. 食品产品证书的要求

韩国的植物与肉制品的检疫是非常严格的。如果没有必需的证书与所要求的资料，任何植物与肉制品均无法通过韩国的海关。

红肉产品必须有以下证书：(1) 食品安全检验局 9060-5，肉制品与家禽出口卫生许可证；(2) 食品安全检验局 9305-3 出口到韩国的肉制品许可证。诸如香肠、汉堡牛肉饼与碎肉无须在 9305-3 食品安检协会表格上注明屠宰信息，此类产品只需注明加工信息。

家禽产品必须有以下两个证书：食品安全检验局 9060-5 肉制品与家禽出口卫生许可证与食品安全检验局 9305-2A 出口到韩国的家禽肉制品许可证。

新鲜水果、蔬菜与坚果（除了核桃）必须具有植物检疫证书。

冷藏 / 加工的水果与蔬菜（非罐装食品）必须具有以下证书：质量与状况证书。

真空包装的去壳核桃必须具有植物检疫证书。

含有玉米或其衍生物的产品：对于含有玉米成分的食品，由生产者或出口商以书信、报告书或者证书形式出具原料中“无 Star Link”的证明。

三、新加坡关于食品标签的规定

随着全球贸易体系的建立，各国之间的进出口业务日益广泛，新加坡作为自由港，大多数商品在进出口时关税为零，所以越来越多的国家将商品出口到新加坡，与此同时，熟知新加坡食品标签的相关法规至关重要。这里主要介绍新加坡进口或当地生产的预包装食品的标签法规要求，旨在为中国食品企业相关产品出口到新加坡提供技术参考。

1. 食品标签的监管及法律法规

2019 年 4 月 1 日前，食品标签及广告的相关监管工作由新加坡农粮与兽医局（AVA）负责。新加坡于 2018 年成立了新加坡食品局（SFA），2019 年 4 月 1 日之后，之前由农粮与兽医局（AVA）、国家环境局（NEA）、健康科学局（HSA）分别负责的食品相关工作将全部由该局承担。

新加坡食品标签通用管理法律法规为《食品销售法》及附属条例《食品条例》，新加坡还制定了一系列指南性文件来管理食品标签，有《食品标签和广告指南》《食品标签和广告上使用含有隐含权利要求标志的指南》《食品配料成分声称指南》及《食品进口商和生产商的标签指南》。

2. 新加坡食品标签的一般要求

标签的基本原则:（1）标签上的食品信息应醒目、清晰易读、易于消费者理解;（2）禁止出现虚假或误导性声明;（3）标签要牢固地贴于包装上。

食品标签强制性标示内容，根据新加坡《食品条例》和《食品标签和广告指南》，除个别获豁免的食物类别外，在新加坡出售的所有进口或当地生产的预包装食品都必须附有标签，其标签必须包含如下内容:（1）食品的通用名称或描述;（2）配料表（按重量比降序排列）;（3）含人工色素（102、FD&C Yellow #5、柠檬黄）的产品须特别标示;（4）净含量;（5）名称和地址：当地生产商、包装商或供应商（用于本地制造的食品）;或当地进口商、经销商或代理商以及原产国名称（进口食品）;（6）过敏原：含有麸质的谷物；甲壳类及其制品；蛋类及蛋制品；鱼类及鱼制品；花生、大豆及其制品；树坚果及坚果制品；奶类及奶制品（包括乳糖）；浓度为 10 mg/kg 或以上的亚硫酸盐;（7）营养成分表（仅在营养声称的情况下必须标识营养成分表）。

食品标签的语言要求，标签上的基本信息必须用英语声明。

食品标签的字体大小，食品标签强制性标示内容中的（1）（2）（3）和（4）项印刷字母高度不小于 1.5 mm。

特定食品的标签要求，除了满足食品标签的一般要求外，新加坡对于部分特定食品亦有额外的强制标示规定。

食品标签有效日期标示，根据新加坡《食品条例》乳制品、果汁饮料、冷藏食品、婴儿食品、食用油、面粉等 19 类预包装食品必须标注有效日期。日期标记必须在包装上永久性标记或压印，字迹要清晰，字符高度不小于 3 mm。日期标记不得以任何方式去除、更改、模糊、叠加或篡改。如果有效日期取决于其储存，则该食品的储存条件必须在标签或包装上注明。例如:“最佳之前：2018 年 12 月 31 日。存放在阴凉、干燥的地方。”可用以下方式之一标示预包装食品的有效日期：USE BY（dd/mm/yy）；SELL BY（dd/mm/yy）EXPIRY DATE（dd/mm/yy）；BEST BEFORE（dd/mm/yy）。

特殊用途食品的标签，特殊用途食品是为满足特定消费者群体的特殊饮食需求而配制的食品，包括低热量食品、低蛋白食品、无麸质食品、糖尿病食品等特殊用途食品的外包装上（被豁免的除外）应贴上附有营养成分表的标签，标签上注明食品中各成分的含量及相关信息。含有碳水化合物的食品的外包装上不能标有“无糖”“脱糖”或类似含义的说明。

含甜味剂食品的标签，如果产品包含某些以最大允许含量添加的甜味剂（例如乙酰磺胺酸钾、糖精等），则必须在标签中标示限制某些食品类别消费的建议性声明。

某些食品类别的特殊标签，某些食品类别（例如辐照食品、牛奶、果酒、预包装的食用油等）需要满足特定的标签要求。

某些成分的预防或警告声明，包含某些成分（例如蜂王浆、阿斯巴甜等）的食品需要贴上相关的预防或警告声明（例如“警告：该产品可能不适用于哮喘和过敏的消费者”）。

3. 违反标签标识的相应处罚

销售未加适当标签的预包装食品，或对食品作出虚假或误导性的声明，均属违法行为。不遵守的处罚规定见《食品销售法》第49条和《食品条例》第261条，相关章节引用如下：

《食品销售法》第49条，任何人犯本法所订罪行，但没有明文规定刑罚，一经定罪，可处不超过5 000新加坡元的罚款，如属第二次或其后再次定罪，可处不超过10 000新加坡元的罚款或不超过3个月的监禁，或两者兼施。

《食品条例》第261条，任何人违反或不遵从本条例的任何条文，即属犯罪，一经定罪，可处罚款不超过1 000新加坡元,如属第二次或其后再次定罪,可处罚款不超过2 000新加坡元。

四、东南亚国家对转基因食品的监管及标识要求

东南亚国家对转基因食品的监管及标识要求，包括马来西亚、菲律宾、新加坡，其中只有马来西亚对转基因食品有标签标识要求，菲律宾和新加坡对转基因食品没有标签标识相关要求。

（一）马来西亚转基因食品标签标识要求

马来西亚生物安全部负责转基因食品的评估及批准，其网站公布了经过批准授权的转基因食品清单共38种，涉及马铃薯、大豆、玉米、油菜、棉花等多个品种。生物安全部下设国家生物安全委员会，任何人进行转基因生物及产品的任何释放活动或进口转基因生物及产品，都必须向国家生物安全委员会提交申请，并由国家生物安全委员会进行评估、批准。所有要进口的转基因产品必须获得国家生物安全委员会（NBB）的批准。

在马来西亚，通过实施《生物安全法2007》对转基因生物及其产品进行管理，以确保含有转基因生物的食品和产品安全食用。

马来西亚《食品条例》规定，转基因食品和食品原料应按如下方式标示：

对于含有单个原料的食品，并且含有转基因生物或其成分，应在主要展示版面食品名称紧邻的位置标示“genetically modified（name of the ingredient）”。

用农业转基因生物或用含有农业转基因生物成分的产品加工制成的产品，但最终销售产品中已不再含有转基因成分的单原料产品，应在主要展示版面食品名称紧邻的位置标示“produced from genetically modified（name of the ingredient）”。

含有多种原料的食品，并且含有转基因生物或其成分，应在主要展示版面食品名称紧邻的位置标示“contains genetically modified ingredient”，还应在配料表上该原料之后标示“genetically modified（name of the ingredient）”。

用农业转基因生物或用含有农业转基因生物成分的产品加工制成的产品，但最终销售产品中已不再含有转基因成分的多原料产品，应在主要展示版面食品名称紧邻的位置标示“contains genetically modified ingredient”，还应在配料表上该原料之后标示“produced from genetically modified（name of the ingredient）”。

以上标识字体不小于10号（10号字体大小参考Word中的10号字体）。

（二）菲律宾转基因食品监管

菲律宾是亚洲首个批准转基因作物商业化种植的国家。菲律宾于2016年3月份，批准了一系列新的转基因生物法规。新规定提高了种植、进口、商业化转基因产品审批流程的透明度，包括强化对于风险评估以及相关地方政府的监管力度。菲律宾国家生物安全委员会（NCBP）制定了关于生物安全的国家政策和准则，确定和评价涉及进行转基因试验或引进外来物种或遗传改进生物方面的潜在风险。同时，NCBP负责协调机构间和多部门共同制定生物安全政策，促进菲律宾的生物安全，协调有关部门在这方面的工作。

目前已经批准的有玉米、大豆的多个品种。

（三）新加坡转基因食品监管

新加坡转基因顾问委员会（GMAC）负责对转基因食品进行安全性评估并为政府批准转基因食品提供建议。GMAC完成评估并批准申请后，新加坡食品局（SFA）将考虑GMAC的建议，并对转基因作物进行进一步的安全评估。希望以食品或食品成分的形式申请进口转基因作物的进口商，必须在进口前向转基因咨询委员会提交申请，以进行安全性评估。新加坡通过在其实验室中进行定期测试来监控市场上转基因食品的存在。

目前新加坡已经批准的转基因作物包括玉米、大豆、马铃薯、甜菜、棉花等多个品种。

在转基因食品作物被允许商业化种植并供人类食用之前，必须经过多年的严格的风险评估。只有当风险评估表明转基因食品作物与传统作物在本质上是等同的，并且对人类食用是安全的，它才会被允许商业化种植。由此经批准的转基因作物制成的食品也同样是安全的。与此同时，转基因食品标签却是一个复杂的问题，到目前为止，国际上尚未达成共识，有一些国家不接受转基因食品标签的原因是他们认为转基因食品标签并不是为了食品安全，而是为消费者提供选择。

第四节　各国有关食品标签规定的变化

各国对食品包装标签非常重视，陆续推出各项强制规定，以规范食品标签的使用。各国食品新标签制度的实施，对于我国的食品出口企业来说，进一步加大了进入国际市场后的风险，增加了企业的出口成本。

1. 原产地标签管理

美国的强制性原产国标签最终规定，要求从 2009 年 3 月 16 日起对切肉、碎牛肉、鸡和羊肉、猪肉、野生及人工养殖鱼及贝类、易腐农产品（新鲜及速冻果蔬）、人参、花生等预包装实施强制性原产国名称标注，以便消费者规避来自问题国家的产品，但加工食品中成分除外。此外，规定对零售商及供应商提出产品记录保存要求，违反规定的供应商和零售商将被处以高额罚款。2008 年 7 月 15 日，加拿大联邦农业部宣布，新的加拿大食品标签指南将于 2009 年 1 月 1 日起生效。根据现行的规定，如果食品原料中的 51% 产自加拿大，而且产品的最终出品在加拿大，就可以冠以“加拿大产品”。

欧盟 2008 年 7 月对“受保护原产地”标识内容进行更改，将其颜色变更为醒目的红色和黄色。自 2009 年 5 月 1 日起，“受保护的原产地名称”标识必须贴在产品预包装上。2009 年的 1 月 6 日，英国环境大臣希拉里 · 本恩（Hilary Benn）称，食品公司和超市必须标明食品的真实来源，公司应该在标签上明确说明产品最初成分的原产国，而不是最终生产地。

意大利目前已经对番茄酱、橄榄油、鸡蛋、鱼、新鲜蔬菜、鸡肉等约 10 种农产品强制实行原产地标签标识管理。日本、韩国严格要求对进口食品加注原产国标签。

2.“有机”或“绿色”标记管理

美国农业部对于有机食品的标签制度规定：凡是有机程度达到或超过 95% 的食品，都可贴上一个印有英文“有机”和“美国农业部”字样的绿色圆形标记。有机程度在 70%~95% 的食品，不能贴专门标记，但可在标签上注明本产品“包含有机成分”。食品是否具备加贴有机食品标签的资格，须经美国农业部批准的专门机构认证。英国发布新指南规定用“优秀”措辞替代之前的“新鲜”标识，删除“纯”“天然”等字词的使用，将在一定程度上禁止化学添加剂的广泛使用。

3. 营养成分标志的管理

美国对食品标签的管理，集中体现在营养成分具体化上，对营养标签的格式、字体的大小、线条的粗细等都做出了具体的规定。2005 年提案食品营养标签上更突显卡路里的标注；2006 年，提出所有食品营养标签上“营养成分”一栏都要加上人造脂肪的含量；在传统食品和膳食补充品的营养标签上注明反式脂肪酸的含量。一直以来，美国 FDA 还强制性要求在食品标签上标注至少 14 种营养成分。美国农业部拟议从 2008 年 9 月 30 日开始强制性实施原产国标签的临时最终规则。规则除根据 2002 和 2008 农业法案要求对瘦牛肉（含小牛肉）、瘦羊肉、瘦猪肉、鸡肉；野生及人工养殖的鱼和贝类；易腐性农产品；澳大利亚坚果、花生、人参、美洲山核桃产品加贴原产国标签外，还对某些无需强制性原产国标记的产品做了说明。

英国农业部也计划完善食品营养标签的直观显示内容，要求超市和食品企业对生产或销售的食物产品标示更清楚的信息标签，并呼吁更清楚地标示食品中热量、蛋白质、碳水化合物、脂肪总量、饱和脂肪、钠、胆固醇、糖、膳食纤维和钙营养成分的含量及单位。近期，韩国、日本、澳大利亚、新西兰、卡塔尔和以色列 6 国分别向 WTO 通报了 12 项有关食品标签法规标准修订，其中食品中热量、蛋白质、碳水化合物、脂肪总量、饱和脂肪、钠、胆固醇、糖等营养成分的含量及单位成为关注重点。

4. 保健品和保健成分标识的科学性

针对保健食品，美国对保健声明的使用对象及内容作了详细规定，澳大利亚只允许在食品标签上标明经科学证明的保健声明。欧盟 2007 年 7 月 1 日起实施了食品营养及健康声明 1924/2006 号法规限定了每种声明的具体使用条件，如“高纤”“高钙”“低糖”“脱脂”等声明字样被严格限定使用条件，须有广泛接受的科学数据支持才可使用。

5. 酒精含量的管理

在经过了磋商之后，英国政府做出决定，饮料瓶或听上必须有酒精含量的强制性标签，但是这种标签可以印制成卡片。英国卫生部在 2008 年 10 月 14 日经过磋商，决定在 2008 年底之前，如果零售商和酒精饮料制造商不愿意自觉地在包装上注明健康提示的话，将有相关法律来约束他们这样做。为避免消费者饮酒过量，美国强制要求在所有酒精饮料中标示酒精的百分含量、“每餐分量”和营养信息。日本 2008 年修订“由有机农产品和其他产品制造的酒精饮料的标签标准”，欧盟要求酒精含量超过 1.2% 的饮料必须标出酒精度。

6. 强调过敏食品的管理

食品过敏症是一种特殊的食品超敏性反应，这种反应能够激活免疫系统，导致过激的反应。免疫反应是对抗外来物质进入机体的反应，过敏原（往往是使人不悦食物中的蛋白质）能引起免疫系统一连串的反应，包括抗体的释放。而这些抗体又引起人体内一些化学物质的释放，例如组胺，引发症状有皮肤发痒、流鼻涕、咳嗽或者呼吸困难。通常引起过敏的食品有牛奶、大豆、鸡蛋、水果、花生、树木坚果如榛子、海洋食品和最近发现的一些过敏食品，如在欧洲还没有被长期食用的猕猴桃和芒果，已知有一小部分的食品蛋白质能引起过敏反应。

食物过敏问题正在逐渐引起各国重视，一些发达国家开始要求在容易引起过敏的食品标签上标明注意过敏原的警示语，并相继制订、修订了有关在食品标签中明示过敏成分的法律法规和标准。例如：日本规定将虾、咸鱼子两类水产品列入强制性标识的范围，将含有鲍鱼、乌鱼、盐渍鲑鱼子、虾、蟹、大马哈鱼、青花鱼、鱼蛋白胶等原料的食品列入指导性标识的范围。美国早在 2006 年 1 月 1 日就已经实施《食品过敏原标签和消费者保护法案》，规定所有在美国销售的包装食品，必须符合有关食品过敏原标注要求，其中过敏原主要指牛奶、蛋、鱼类、甲壳贝类、树坚果类、小麦、花生、大豆 8 种成分。对于含有未声明过敏原的产品，美国 FDA 可能会要求产品召回。欧盟对食物过敏标示的要求更为严格，除了上述 8 类过敏原外，还包括芹菜、芥菜、芝麻和二氧化硫或亚硫酸盐，并要对产生过敏的配料给出明确的信息，任何过敏物质都不能隐瞒。美国于 2009 年实施的新法将涵盖约 90% 的致敏食物，涉及牛奶、花生、小麦、鸡蛋等易使人体过敏的物质，法规要求必须在食品标签上标示，否则食品将被召回。

欧盟法规也明确列明过敏原的危害性，英国在证实有 160 多种食物可能有过敏危险后，发布《过敏原管理和推荐标签指南》。澳大利亚则要求将食品中的过敏原成分明示在对应的食品标签上，哪怕其中的过敏原含量非常少。加拿大在 2008 年 7 月 23 日开展针对 9 000 名国民的过敏症调查计划，调查结果于 2009 年送交卫生部，以便决策者采取预防、诊断、管理过敏症措施。

7. 转基因食品管理

所谓转基因食品，就是通过基因工程技术将一种或几种外源性基因转移到某种特定的生物体中，并使其有效地表达出相应的产物（多肽或蛋白质），此过程叫转基因。以转基因生物为原料加工生产的食品就是转基因食品。根据转基因食品来源的不同可分为植物性转基因食品、动物性转基因食品和微生物性转基因食品。

针对转基因食品，欧盟现行转基因食品标识制度中设定的风险限值由 1% 降低到 0.9%，特殊情形下降低到 0.5%，对有机食品甚至提出降到目前科技能检测到的极限值 0.1%，日本对某些转基因食品实施强制性标识制度，多次修订转基因食品质量标签标准，其中已将糖用甜菜和高赖氨酸玉米及以其作为主要成分的加工食品列入转基因食品标签管辖的主要项目清单。

8. 食品添加剂管理

根据《食品安全国家标准 食品添加剂使用标准》GB2760—2024 的第 2.1 条的定义，食品添加剂是指为改善食品品质和色、香、味，以及为防腐、保鲜和加工工艺的需要而加入食品中的人工合成或者天然物质。食品用香料、胶基糖果中基础剂物质、食品工业用加工助剂、营养强化剂也包括在内。

欧盟立法对食品中 6 种人工色素产品标示警告标签，涉及的这 6 种人工色素，分别为柠檬黄、喹啉黄、日落黄、淡红色素、丽春红 4R 及诱惑红，95% 以上的儿童食品都不同程度地添加了人工合成色素，而柠檬黄、日落黄等在果冻、糖果等出现的频率最高，过于频繁地食用上述产品可导致儿童行为障碍、阻碍儿童智力发育，严重危及人体健康安全。含有以上任何一种人工色素的产品均需标注“可能对儿童的行为和注意力产生不良影响”的健康警告，否则将面临输欧困境。

拓展阅读

国外标签法规对我国食品出口的影响分析

林尤娟　天地壹号饮料股份有限公司

摘要：随着时代的发展以及现代化进程的不断推进，我国的食品出口情况越来越受到国家的重视，尤其是在最近几年，我国对于国外的一些标签法、有关食品出口安全法律法规的重视程度越来越高，对于食品安全的法律法规的设定范围越来越广，法律法规当中所涉及的食品安全检测内容越来越严格，对于食品出口的安全问题检测所包含的内容逐渐细节化，对于食品的包装以及生产日期、食品当中的营养成分以及能量表都有着严格的检测标准。尽管如此，我国的食品检测标签法与国外的标签法仍然有着较大的差距，因此，该文就针对国外标签法对我国食品出口的影响进行了具体的分析。

关键词：国外标签法规；食品出口；影响分析

一、我国当前的食品出口现状

随着时代的发展以及现代化的不断推进，虽然我国的食品在目前呈现积极对外出口的状态，但是仍然有一些食品安全方面的不确定因素存在，严重影响了我国的食品安全出口进程。而且由于我国对于食品安全的重视程度和国外对于食品安全的重视程度仍然有着较大差距，因此，我国在进行食品出口的同时会存在着一些严重的贸易壁垒以及国外标签法律的不确定因素，严重地影响了我国的食品安全出口进程。尤其是在最近几年，我国在对国外进行食品出口时会遇到国外设置的贸易壁垒，不仅影响了我国的对外出口，而且还不利于我国的经济发展。根据国外的标签法规设定，我国的大部分食品不符合国外的食品安全检测标准，因此，我国在对外进行食品出口时会有很多不合格的食品被拦截。我国食品安全出口中存在着不合格的检测问题，包含以下几个方面：主要是食品的成分检测不合格，还有食品的营养价值不合格，甚至包含食品的生产场地环境检测不合格以及生产标签、生产工厂的设置不够合格，这样就导致了我国的食品安全工程达不到国外标签法的检测标准。尤其是现在世界各国对于食品安全的重视程度不断加强，所以国外对于食品标签法规的设定方面也更加严苛，尤其是针对国外进口食物的检测，这就给我国的食品安全出口提出了较高的安全要求，要求我国在进行食品生产以及食品出口时，必须严格符合世界食品安全检测标准，才能有利于我国食品对外安全出口，从而提高我国的出口效益以及对外贸易经济收入水平。

二、国外标签法规对我国食品出口的影响和解决对策

由于国外标签法规对于食品出口以及进口的安全检测标准十分严格，所以我国在对外进行食品出口的同时会受到国外标签法规的严重影响，国外标签法规对食品安全严格检测的标准影响了我国的食品安全检测以及食品安全生产等多种工程的进行程度。

首先，国外标签法规的制定严重影响了我国食品对外出口企业的发展进程，国外为我国食品出口所开设的一系列贸易壁垒，导致我国对外食品出口企业不能够维持正常运行，进而会降低企业的出口经济效益，不利于企业获得较高的收益和长远发展。企业很多出口的食品会遭到国外食品安全检测机关的拦截，将严重降低企业经济效益，当食品被返回国内时，会给企业造成很大程度的经济损失。

其次，国外标签法规的严格检测标准也影响着我国的食品安全生产进程。为了更好地促进我国食品能够安全出口，提高我国食品的对外贸易程度，减少不合格食品的数量，我国就会在一定程度上加强食品生产的安全监测工作，缩小我国食品安全标签法规与国外标签法规之间的差距，提高国内的食品安全检测标准，从而促进我国的食品能够更加符合世界食品安全检测的标准，以更好地开展食品对外贸易。

最后，我国为了应对国外的食品安全进出口贸易壁垒，以及国外标签法规对于我国食品出口所造成的影响，我国要积极出台相关的法律法案为企业实行食品安全出口提供一系列的制度以及法律保障，并且应针对国外食品安全检测标准、标签法规积极地进行对外交流合作，以此为基准制定国际监测规范，从而使我国的食品生产更加符合时代的

要求以及最新的食品安全检测要求，促进我国的食品能够维持安全生产。同时，企业应不断提高食品生产技术，促使食品生产能够更加符合当前的国际需求，从技术上以及制作环境上做出更大程度的升级，以更好地进行对外食品出口贸易，从而为我国的对外出口经济发展做出更大的贡献。企业应当能够更好地利用当前时代发展的技术成果以及多媒体技术、互联网技术、电子信息现代化技术等对国外的食品检测信息进行及时监测，并对国外先进食品安全生产技术进行高效学习，将其应用于我国食品安全检测以及食品安全生产中。

综上所言不难看出，国外对食品安全检测的重视程度越来越高，国外的标签法规对于我国的食品安全出口所造成的影响范围也越来越广。因此，企业一定要严格遵循食品安全生产标准，使食品生产更加符合国际食品安全检测标准，才能更好地促进我国食品的安全出口，以有效应对国外贸易壁垒。

参考文献

[1] 王殿华，王蕊．生态壁垒对我国食品出口的影响及对策［J］．食品研究与开发，2014（18）：294-298.

[2] 魏胜娟．国内外食品标签法规标准现状及对策［J］．中国标准导报，2011（8）：15-17.

[3] 于丽艳，王殿华．环境壁垒对我国食品出口的影响：基于农产品食品安全的视角［J］．财经问题研究，2011（5）：47-52.

——原载于《食品安全导刊·中旬刊》2019 年第 7 期

案例分析

日本进口食品应标明详细产地信息

2017 年 3 月，为了进一步保障消费者的知情权和安全消费的权利，深圳市有关部门率先行动，要求经营者标明日本进口食品的详细产地信息，以此避免日本核污染食品流入。

目前，国内市场上的进口食品中文标签基本都只标明原产国，并未注明具体的产地。在日本福岛发生核泄漏事故后，我国已明令禁止从福岛等 10 个县域进口食品。但由于日本进口食品的中文标签并未详细到具体产地，还是让不少消费者心存疑虑。深圳市市场稽查局要求，所有日本进口食品应当详细标明食品生产者名称及生产者所在地，具体到都、县。

深圳市市场稽查局执法人员刘海华告诉记者，这样做一是能确保食品的安全，另外也能让消费者更好地了解产品的产地，更放心地购买。

深圳天虹商场深南店店长陈燕解释说，此前，他们自检发现，部分食品的商品标识产地写的还是日本，但是并没有很清晰地告知顾客它是哪个县，目前他们正在将中文标识这一块的空白处，加上县市，待此项工作完成后会出售日本食品。

市场稽查局有关负责人介绍，按照国家相关部门的规定，从日本进口中国的食品，应该具有证明、放射性物质检测合格证明，入境货物检验检疫证明、报关单、完税证明等相关材料。同时为了保障消费者的知情权，这些材料都应该在卖场保存，以备消费者随时查阅。

市场稽查局负责人强调，国家食品药品监督管理总局已下发通知，要求对网络食品交易平台、商场超市、进口食品专营店等食品经营者销售的日本进口食品进行排查。经查实经营日本核辐射区 10 都县生产或无法提供证明文件食品的，要依法立案查处。希望商超认真检查，按照该局要求规范日本食品的中文标签，保证市民的食品安全。

——原载于人民网

小知识

进口日本零食需要注意哪些问题?

1. 不允许进口的日本食品的产地

首先不能是辐射产区（福岛县、群马县、栃木县、茨城县、宫城县、新潟县、长野县、琦玉县、东京都、千叶县）生产。

2. 日本方面需要提供的单证资料

1. 输华产地证；2. 卫生证；3. 生产日期 & 保质期证明；4. 营养成分分析报告；6. 标签彩色照片和翻译件；7. 如果是木托盘，木托盘需要有 IPPC 标识；8. 发票；9. 装箱单。

3. 进口日本食品首次流程

落实好货物信息和国外单证—国外发运—收发货人备案—到港后报关—海关缴税放行（如当地海关认为需要查验，则对该食品实行查验，如认为没有问题，则予以免检放行）—抽检（是指根据概率抽检一定比例进口食品）检验没发现问题，出具入境货物检验检疫证明，进口商凭该证明，可以在国内销售该进口食品。

进口食品要注意什么?

1. 进口食品要注意所进口食品的单证是否齐全；2. 进口食品要注意食品的仓储运输方法与食品保质的特性是否匹配；3. 进口食品要注意所进口食品配料是否都为国内准入的；

4. 进口食品要注意产品的中文标签是否合格。

进口食品需要哪些单证?

产地证（出货方提供）、厂家质检报告（出货方提供）、卫生证书（出货方提供）、保质期及生产日期证明（出货方提供），除此之外还有营养成分分析，发票、装箱单等都为国外方提供。收货人需要提供进口食品的资质：海关注册登记表、自理报检证书、进出口权等。

练习与思考

一、名词解释

食品过敏症　食品添加剂　转基因食品

二、简答题

1. 简述新加坡食品标签的一般要求。
2. 简述食品安全与应用营养中心（CFSAN）的主要职能。
3. 简述欧盟对食品标签的主要要求。

三、论述题

1. 国外标签法规对我国食品出口的影响。
2. 各国有关食品标签规定的变化及我国出口应采取的措施。

第四章

我国进出口预包装食品标签的规定

学习目标

1. 了解《食品安全国家标准 预包装食品标签通则》（GB 7718—2011）、《食品安全国家标准 预包装食品营养标签通则》（GB 28050—2011）的各项条款；

2. 能简要解读《食品安全国家标准 预包装食品标签通则》（GB 7718—2011）、《食品安全国家标准 预包装食品营养标签通则》（GB 28050—2011）各项条款的基本内涵；

3. 举例生活中常见的预包装食品标签中问题并简要分析；

4. 简述我国进出口预包装食品标签检验监督管理的规定。

基本概念

标签通则　基本内涵

第一节 解读《食品安全国家标准 预包装食品标签通则》（GB 7718—2011）

一、条款解读

条款：

1. 范围

本标准适用于直接提供给消费者的预包装食品标签和非直接提供给消费者的预包装食品标签。

本标准不适用于为预包装食品在储藏运输过程中提供保护的食品储运包装标签、散装食品和现制现售食品的标识。

解读：

本条款有三层意思。

其一，在生产经营实践中，预包装食品标签信息的传递对象分为两类：消费者和食品生产经营者。这两类预包装食品标签均应符合 GB 7718—2011 的要求。对于直接提供给消费者的预包装食品，其标示内容应符合本标准 4.1 的要求；对于提供给其他食品生产经营者而非直接提供给消费者的预包装食品，其标示内容应符合本标准 4.2 的要求。

其二，贮存运输过程中为产品提供保护和便于搬运、贮存的食品储运包装已经越来越普遍，虽然该包装也可能进入消费者手中，但不属于本标准适用范围。

其三，不同于预包装食品，散装食品和现制现售食品在销售场所通常会有计量过程，并应当按照《中华人民共和国食品安全法》第四十一条规定执行，故散装食品和现制现售食品的保护性包装不在本标准适用范围之内。根据《中华人民共和国食品安全法》第二十七条（七）款规定“直接入口的食品应当有小包装或者使用无毒、清洁的包装材料、餐具”,已经有越来越多的散装食品开始使用保护性的小包装,鼓励生产者参照本标准规定,尽可能地将商品信息标示在保护性包装上。

条款：

2. 术语和定义

2.1 预包装食品

预先定量包装或者制作在包装材料和容器中的食品，包括预先定量包装以及预先定量制作在包装材料和容器中并且在一定量限范围内具有统一的质量或体积标识的食品。

解读：

本标准修订过程中，按照《中华人民共和国食品安全法》第九十九条规定，参照《定量包装商品计量监督管理办法》的有关内容和 GB 7718—2004 的实施经验，定义了“2.1 预包装食品”。根据《定量包装商品计量监督管理办法》，预包装食品的“预先定量”是以销售为目的。

按照该定义，预包装食品具有两个根本的特征。首先是“预先定量”，其次是“包装或者制作在包装材料和容器中”。同时具备这两个特征的加工食品就是预包装食品，任何一个特征不具备，则不成为预包装食品，即仅定量不包装（制作在包装材料和容器中）或仅包装（制作在包装材料和容器中）不定量都不是预包装食品。最直观的表现，就是预包装食品包装上应有统一的质量或体积的标示，没有相关标示就不是预包装食品。

非预包装食品在生产过程中由于成型模具相对固定，定量包装控制的需求，以及成型（灌装）设备运行稳定性和生产控制连续性等的需要，往往也能够保持在一定的量限范围内，但该量限范围不属于“预先定量”。

条款：

2.2 食品标签

食品包装上的文字、图形、符号及一切说明物。

解读：

食品标签可分为两种形式：

（1）把文字、图形、符号印制或压印在食品的包装盒、袋、瓶罐或其他包装容器上；

（2）单独印制纸签、塑料薄膜签或其他制品签，粘贴在食品包装容器上。

“一切说明物”是广义范畴的标签，包括吊牌、附签或商标等。无论采用哪种形式，都是食品生产经营者向消费者的承诺。

条款：

2.3 配料

在制造或加工食品时使用的，并存在（包括以改性的形式存在）于产品中的任何物质，包括食品添加剂。

解读：

配料的本质是指在制造、加工或调制食品时使用的所有原料、辅料和食品添加剂。配料可以存在或以改性的形式存在于食品中。“以改性形式存在”是指制作食品时使用的原料、辅料经加工已发生了改变。

食品添加剂属于配料范畴。

条款：

2.4 生产日期（制造日期）

食品成为最终产品的日期，也包括包装或灌装日期，即将食品装入（灌入）包装物或容器中，形成最终销售单元的日期。

解读：

在本标准中，生产日期是指食品成为所描述产品的日期；包装日期是指将食品置入最终包装物内的日期，该包装物将用于最终的销售。

《中华人民共和国食品安全法》规定了预包装食品标签应标示“生产日期”，该“生产日期”是指预包装食品形成最终销售单元的日期，包含了生产、制造、包装等几个含义。因此，GB 7718—2011 中的“包装日期”“灌装日期”等术语在本标准中统一标示为“生产日期”。也就是说，“生产日期”在本标准中拥有更广的范畴，既包括传统意义上的“制造日期”“罐装日期”，也包括将食品置入最终销售单元的“包装日期”和食品能够进入销售领域的出厂日期。

条款：

2.5 保质期

预包装食品在标签指明的贮存条件下，保持品质的期限。在此期限内，产品完全适于销售，并保持标签中不必说明或已经说明的特有品质。

解读：

预包装食品的保质期是保持食品品质的期限，准确讲是最佳食用期限，由生产者经过科学验证后确定并通过标签、标示等方式提供给消费者。保质期是指食品包装在完整、无破损或未开封情况下的期限；如食品规定了贮存条件，保质期还包括应遵守贮存条件规定的含义。

因《中华人民共和国食品安全法》要求“不得生产经营超过保质期的食品”，故本标准取消了 GB 7718—2004 中“保存期”的概念。保质期与保存期是一对相互联系又存在差异的概念，其共同点在于反映食品属性的统一性和确定程序的一致性；其区别在于保质期是最佳食用期，保存期是推荐的最后食用日期，二者不能混淆。超过保质期的预包装食品，在一定时间内仍然具有食用价值。

企业应根据产品生产工艺、自身特性、贮存要求和具体包装形式等确定产品的保质期，可依据加速稳定性实验数据分析、同类产品的长期稳定性实验数据分析以及参考市售同类产品保质期等要素科学制定保质期。长期经验也是确定食品保质期的重要参考要素。

条款：

2.6 规格

同一预包装内含有多件预包装食品时，对净含量和内含件数关系的表述。

解读：

《中华人民共和国食品安全法》第四十二条规定，预包装食品要标示“规格”，但未给出“规格”的定义；原国家质量监管检验疫总局 2009 年 10 月修订的《食品标识管理规定》第十条规定“定量包装食品标识应当标示净含量，并按照有关规定要求标示规格，对含有固、液两相物质的食品，除标示净含量外，还应当标示沥干物（固形物）的含量”。提示“规格”应当是与净含量相关的事项。因此，本标准参照《定量包装商品计量监督管理办法》第七条和 GB 7718—2004 中 5.1.4 的标示要求，规定了“规格”的定义。

规格不同于质量（品质）等级。有的食品在质量标准中有质量等级要求，如大米按加工精度分为四个等级，浸出式花生油按质量指标分为四个等级、压榨式分为两个等级等。质量等级是根据某一项或某几项质量标准的规定而确定的。

条款：

2.7 主要展示版面

预包装食品包装物或包装容器上容易被观察到的版面。

解读：

“容易被观察到的版面”是指包装物或包装容器最明显、无须特意寻找的部位。例如，长方体形包装或长方体形包装容器的最大侧面，正方体形包装物或正方体形包装容器的任意侧面，圆柱形或近似圆柱形包装或包装容器的一个可平视侧面，扁圆形包装物或扁圆形容器的圆周面或顶盖，均为“容易被观察到的版面”。因此，同样大小的包装，展示版面可能不止一个。确定主要展示版面最重要的原则，应该有足够的大小容纳应标示的内容。在这一原则下，通常应选择面积最大的一面作为展示版面，或其中的一个作为主要展示版面。

异形包装主要展示版面常遵循这一原则。

条款：

3. 基本要求

3.1 应符合法律、法规的规定，并符合相应食品安全标准的规定。

解读：

本条款是对食品标签合法性的要求。食品生产经营企业设计、制作食品标签时应遵守与食品标签有关的国家法律、法规部门规章以及食品安全标准的规定。

条款：

3.2 应清晰、醒目、持久，应使消费者购买时易于辨认和识读。

解读：

本条款是对食品标签的质量要求。为保证消费者在购买预包装食品时容易对标签的内容进行辨认和识读。食品标签的文字、图形清晰、醒目是为了便于识读；持久是为了保证在产品运输、销售过程中不会脱落。

本标准对食品标签的要求限制到“购买时”。

条款：

3.3 应通俗易懂、有科学依据，不得标示封建迷信、色情、贬低其他食品或违背营养科学常识的内容。

解读：

本条款是对食品标签用语、图案等内容的规范性要求。

食品标签上的所有说明应使用消费者容易理解的、规范的语言，避免使用深奥难懂的术语或形容词。

所有标示内容应客观、有科学依据。“贬低其他食品”是指不得利用标签宣称自己的产品优于其他类别或同类别其他企业的产品。“违背营养科学常识”是指不尊重科学和客观事实，使用以偏概全、以次充好、以局部说明全体、以虚假冒充真实等形式描述某食品，导致消费者误以为该食品的营养性超过其他食品，违背了科学营养常识。

条款：

3.4 应真实、准确，不得以虚假、夸大、使消费者误解或欺骗性的文字、图形等方式介绍食品，也不得利用字号大小或色差误导消费者。

解读：

本条款是对食品标签真实性的要求。设计、制作食品标签必须实事求是，真实地选用食品名称，真实地标明食品配料、净含量、生产日期、保质期、制造者或经销者的名称和地址等信息，真实地标示营养成分，真实地介绍食品的特性。

食品标签已成为食品生产经营者和消费者交流的重要手段，任何虚假或引人误解的介绍，都会使消费者的权益受到损害。要求食品标签真实是为了保护消费者的权益。

“虚假”是指设计、制作食品标签不实事求是，在标签上给出了虚假、错误的信息；

“夸大”指故意夸大某项事实或功能；

“使消费者误解”是指标签上标示的信息能使消费者产生错误的联想；

“欺骗性的文字、图形”是指在标签上标示的文字、图形，导致消费者误会食品的真实属性等。例如，在植物蛋白饮料标签上画一头真实奶牛图片；用水、白砂糖、麦芽糊精、柠檬酸、蜜桃香精、维生素 A 和维生素 C 配制的果味型饮料，未添加任何桃汁或桃的果肉，却命名为“蜜桃汁”；使用苹果香精生产的软糖，未添加任何苹果汁和苹果肉却命名为“苹果软糖”，并在标签上使用真实苹果照片。

本条款规定不适用于标签上作为食用方式说明或起装饰作用而使用的图形，如调味品标签上可附加烹调菜谱，菜谱往往会有调味料中所不含的食物原料图案，不属于对消费者的欺骗或误导等。

“用字号大小或色差误导消费者”往往体现在食品名称的表现形式上。有意识地把掩盖真实属性的名称标示得大而明显，把真实属性名称标示得很小、与背景色基本一致，甚至真实属性名称远离食品的名称。如“橙汁饮料”“酸牛乳饮料”，其中“橙汁”“酸牛乳”字号明显大于“饮料”的字号，且“饮料”的字色与底色相近，消费者很容易误认为这些食品是“橙汁”“酸牛乳”。

但因包装工艺，例如采用热收缩膜包装而造成的字符大小略有差异，不属于利用字号大小误导消费者的情形。

条款：

3.5 不应直接或以暗示性的语言、图形、符号，误导消费者将购买的食品或食品的某一性质与另一产品混淆。

解读：

本条款是对食品标签直观性的要求。设计、制作标签时要体现直观性，不能使消费者将购买的食品与其他产品混淆。不得直接使用或是将其他产品的名称、设计稍做修改使用，故意误导消费者将某一产品与其他产品混淆。例如，以胡萝卜为原料做成蜜饯食品，命名为“红参脯”，并在标签上画一颗中草药红参。这样的产品名称和图案会使消费者错误地认为该食品的原料是人参。添加维生素 C 的糖果标示“该产品与三个橙子所含的维生素 C 含量相当”，是对产品的事实描述，把糖果中维生素 C 含量这一特性用通俗的水果中维生素 C 进行对照，具有直观性，不会使消费者误解；但如果标示为“该产品相当于三个橙子”属于对食品的特性模糊不清的描述，会使消费者误认为该糖果与“三个橙子”的营养成分含量一致。

按照《中华人民共和国食品安全法》，本条款要求不能在标签上标注有关产品预防和治疗疾病作用的话语，例如：“天山雪莲饮品”介绍说有“养气、养颜、养血功效”。“盐焗鸡爪”介绍说“鸡爪中含有的四种蛋白质成分,能够有效抑制高血压”或是“XX 燕麦片”旁边标示着“增加肠道蠕动，改善肠道功能”等字样。

条款：

3.6 不应标注或者暗示具有预防、治疗疾病作用的内容，非保健食品不得明示或者暗示具有保健作用。

解读：

按照《中华人民共和国食品安全法》要求增加本条款内容。本条款是对食品标签的规范性要求，强调了不得宣传的内容。

条款：

3.7 不应与食品或者其包装物（容器）分离。

解读：

本条款要求食品标签的所有内容必须附着或结合在包装物或包装容器上。

条款：

3.8 应使用规范的汉字（商标除外）。具有装饰作用的各种艺术字，应书写正确，易于辨认。

解读：

“规范的汉字”是指国家《通用规范汉字表》中的汉字。

“具有装饰作用的各种艺术字”包括篆书、隶书、草书、手书体字、美术字、变体字、古文字等。使用这些艺术字时应书写正确、易于辨认、不易混淆。

本条款所指商标即符合《中华人民共和国商标法》规定的商标。

条款：

3.8.1 可以同时使用拼音或少数民族文字，拼音不得大于相应汉字。

解读：

本条款是对食品标签使用拼音或少数民族文字的要求。使用拼音或少数民族文字必须与汉字同时使用，并不得大于相应的汉字。“拼音”是指汉语拼音，拼写时应遵循《汉语拼音方案》。少数民族文字是指蒙语、藏语、满语等语言文字。

条款：

3.8.2 可以同时使用外文，但应与中文有对应关系（商标、进口食品的制造者和地址、国外经销者的名称和地址、网址除外）。所有外文不得大于相应的汉字（商标除外）。

解读：

本条款中的“外文”是指在中国境内（不含中国香港、中国澳门、中国台湾地区）销售的预包装食品标签上的外文。中文与外文有对应关系的标签涵盖两种情况：一是除中文外同时标示一种或多种外文；二是原始标签为外文，后加贴中文标签。

本标准以及其他法律、法规、食品安全标准要求的强制标识内容，其中文、外文应有对应的关系，即中文与外文的含义基本一致。

在国内生产的、非供应中国境内市场的食品标签上的外文不在本条规定的范围之内。

中文繁体标签可参照本条款执行。

条款：

3.9 预包装食品包装物或包装容器最大表面面积大于 35 cm^2 时（最大表面面积计算方法见附录 A），强制标示内容的文字、符号、数字的高度不得小于 1.8 mm。

解读：

预包装食品标签标示内容逐渐增多，故本标准在修订过程中调整了免于字高要求的预包装食品包装物（包装容器）最大表面面积的规定。经实际调研和测算，将免于字高要求的预包装食品包装物（包装容器）最大表面面积由 20 cm^2 调整为 35 cm^2，并增加“最大表面面积计算方法见附录 A”的内容。

条款：

3.10 一个销售单元的包装中含有不同品种、多个独立包装可单独销售的食品，每件独立包装的食品标识应当分别标示。

解读：

本条款是对作为一个销售单元的组合装预包装食品的标示要求，即当作为一个销售单元的同一预包装食品内含有若干件其他较小的预包装食品时，对作为销售单元的预包装食品的标示要求。

“含有不同品种”是指该销售单元内包含多个不同品种的食品。此时，应当分别在最外层包装上标示每个品种的所有强制标示内容，但共有信息可统一标示。

“多个独立包装可单独销售”是指该销售单元内包含多个可单独销售的预包装食品。此时，外包装的标签也应当按照本标准的要求标示。但是，标示时应与本标准的 3.11 结合考虑，如果同时符合 3.11 的规定，可不在外包装物上重复标示相应的内容。

条款：

3.11 若外包装易于开启识别或透过外包装物能清晰地识别内包装物（容器）上的所有强制标示内容或部分强制标示内容，可不在外包装物上重复标示相应的内容；否则应在外包装物上按要求标示所有强制标示内容。

解读：

本条款也是对组合装预包装食品的标示要求，是 3.10 的补充条款。

组合装预包装食品的外包装物为透明材质或镂空等形式时，消费者可以透过外包装或可以通过改变组合包装内预包装食品的位置而清晰地识别内包装上的标示内容时，则可以无须在外包装上重复标示内包装上已经标示的内容。

组合装预包装食品具有易于开启的外包装时（如礼盒、礼品袋、组合包等），消费者可以在购买时开启外包装并识别内包装的标示内容，则可以不在组合装的外包装上重复标示内含的每件预包装食品包装上已经标示的内容。

条款：

4. 标示内容

4.1 直接向消费者提供的预包装食品标签标示内容

4.1.1 一般要求

直接向消费者提供的预包装食品标签标示应包括食品名称、配料表、净含量和规格、生产者和（或）经销者的名称、地址和联系方式、生产日期和保质期、贮存条件、食品生产许可证编号、产品标准代号及其他需要标示的内容。

解读：

本条款是对直接提供给消费者的预包装食品标签的一般要求，列明了预包装食品销售包装上应标示的事项。

条款：

4.1.2 食品名称

4.1.2.1 应在食品标签的醒目位置，清晰地标示反映食品真实属性的专用名称。

解读：

食品名称在标签上的位置应首选主要展示版面，以便于消费者识别；对于不规则包装的食品，也可以选择便于标示的展示版面。

“反映食品真实属性的专用名称”是能够反映食品本身固有的性质、特性、特征的名称，使消费者一看便能联想到食品的本质。

当通过预包装食品名称本身能够获得该产品的配料信息及其真实属性，且不会使消费者误解时，可以不在食品名称附近标示真实属性的专用名称。如“榛仁巧克力”，该名称可以体现配料和产品属性，因此不需要在该名称附近标示“巧克力制品”。

当从预包装食品名称本身无法获得产品真实属性，只有看到实物才能判断而实物又难以看到时，应在该名称附近同时标示其真实属性的专用名称。

食品名称中关于风味的描述应根据其成分中的特定原料或其生产的特定工艺真实描述，如焦香风味可以通过焦香化工艺来实现，草莓风味可以通过添加草莓粉或食用香精香料来实现；当产品风味仅来自所使用的食用香精香料时，不应直接使用该配料的名称来命名，如使用草莓香精但不含草莓成分的冰淇淋产品，产品名称不应命名为“草莓冰淇淋”，可命名为“草莓味冰淇淋”。

条款：

4.1.2.1.1 当国家标准、行业标准或地方标准中已规定了某食品的一个或几个名称时，应选用其中的一个，或等效的名称。

解读：

“国家标准、行业标准或地方标准中已规定的食品名称”是指标准名称以及标准中规定的食品名称。

国家标准、行业标准或地方标准中已规定了食品名称，预包装食品命名时应以涉及相应食品名称的国家标准、行业标准或地方标准为依据，可选用标准名称中的一个或与标准名称等效的名称。

等效名称是指与国家标准、行业标准或地方标准中已规定名称的同义或本质相同的名称。在不产生歧义的条件下，标签上的产品名称或配料表中的配料名称可以采用等效名称，如“乳粉”与“奶粉”等。

如果一类食品有分类标准或行业约定俗成的分类方式，命名时也可参考食品分类名称。为了使消费者更容易理解其真实属性，应尽量标示详细名称；在能够充分说明食品真实属性的前提下，可以不使用分类中最低一级或最详细的名词。如“薄荷糖”是一种常见的食品名称，已经体现了其真实属性为糖果，标示时，既可以使用“薄荷糖”也可以使用分类中的相应名称“硬质糖果”等。

条款：

4.1.2.1.2 无国家标准、行业标准或地方标准规定的名称时，应使用不使消费者误解或混淆的常用名称或通俗名称。

解读：

在没有国家标准、行业标准或地方标准规定的名称时，在不使消费者误解或混淆的前提下，可以采用广泛使用、通俗易懂的名称，如“三明治”。

条款：

4.1.2.2 标示“新创名称”“奇特名称”“音译名称”“牌号名称”“地区俚语名称”或“商标名称”时，应在所示名称的同一展示版面标示 4.1.2.1 规定的名称。

解读：

“新创名称”“奇特名称”是指生产企业针对某产品创造出来的食品名称，如“松露巧克力”。

“音译名称”是指根据外文发音直接译过来的名称，有一些已被消费者所熟知，如“芝士”等。

“地区俚语名称”是指使用范围极窄的方言名称。对于有一定历史传承，尤其是具有地方传统特色并广泛使用或在消费者中约定俗成的食品名称应予以认可并保留，如“魔芋粉”在陕西称为“麻芋子”、云南省普洱市思茅地区称为“花麻蛇”、江西新建地区称为“花梗莲”、江西万年地区称为“虎掌”、江西定南地区称为“花伞把”；南方地区的“老婆饼”“鸡仔饼”“冬瓜茶”“马蹄糕”；北京的“驴打滚”“红虾酥”；江浙沪地区的“辣酱油”、福建的“马耳”等。

“牌号名称”和“商标名称”是企业（公司）或经销者以注册或未注册的商标名称命名的食品名称。

在使用上述名称时，应按照 4.1.2.1 的规定，用与之对应的真实属性的名称加以说明，并应在所示名称的同一展示版面标示。

条款：

4.1.2.2.1 当“新创名称”“奇特名称”“音译名称”“牌号名称”“地区俚语名称”或“商标名称”含有易使人误解食品属性的文字或术语（词语）时，应在所示名称的同一展示版面邻近部位使用同一字号标示食品真实属性的专用名称。

解读：

本条款是 4.1.2.2 的延伸要求。当使用的商品名称含有易使人误解食品属性的文字或术语（词语）时，应在所示名称的同一展示版面邻近部位使用同一字号标示食品真实属性的专用名称。

条款：

4.1.2.2.2 当食品真实属性的专用名称因字号或字体颜色不同易使人误解食品属性时，也应使用同一字号及同一字体颜色标示食品真实属性的专用名称。

解读：

本条款是 4.1.2.2 的延伸要求。为了避免由于食品标签上反映真实属性的专用名称与食品名称的字号及字体颜色不一致而引起歧义或导致消费者误解食品的真实属性，本条对真实属性专用名称的字号及字体颜色作出了要求。

条款：

4.1.2.3 为不使消费者误解或混淆食品的真实属性、物理状态或制作方法，可以在食品名称前或食品名称后附加相应的词或短语。如干燥的、浓缩的、复原的、熏制的、油炸的、粉末的、粒状的等。

解读：

本条款是进一步规范食品名称的标示要求。为了方便消费者选购食品时了解食品的真实属性、食品的性质和制作方法，食品的制造者可以在食品名称前（后）用简短文字加以注明。如，香肠有腊制、风干、熏制等各种制作方法，可以在“香肠”前冠以“腊制”“风干”“熏制”等文字进行标示。

条款：

4.1.3 配料表

4.1.3.1 预包装食品的标签上应标示配料表，配料表中的各种配料应按 4.1.2 的要求标示具体名称，食品添加剂按照 4.1.3.1.4 的要求标示名称。

解读：

本条款要求配料表中各配料的标示应真实、准确。所有配料（含食品添加剂）应遵守标示食品名称的规定。

配料间应有分隔；本条款对配料间分隔的形式并无要求。

条款：

4.1.3.1.1 配料表应以“配料”或“配料表”为引导词。当加工过程中所用的原料已改变为其他成分（如酒、酱油、食醋等发酵产品）时，可用“原料”或“原料与辅料”代替“配料”“配料表”，并按本标准相应条款的要求标示各种原料、辅料和食品添加剂。加工助剂不需要标示。

解读：

本条款是对配料清单标题的要求。标签上列出的原料、辅料和食品添加剂清单，应冠以“配料”或“配料表”字样，以示醒目。

某些发酵食品（酒类、酱油、食醋等），其加工过程中所用的原料已改变为其他成分，也可以使用“原料”或“原料与辅料”标示配料清单的引导词。

加工助剂不需要在配料清单中标示。

条款：

4.1.3.1.2 各种配料应按制造或加工食品时加入量的递减顺序一一排列；加入量不超过 2% 的配料可以不按递减顺序排列。

解读：

本条款是对配料清单标示方法的要求。各种配料应按加入量的递减顺序依次排列，“加入量的递减顺序”是指应按照食品配料加入的总量的递减顺序一一排列，加入的质量分数（m/m）不超过 2% 的配料（包括食品添加剂）可以不按递减顺序排列。

食品本身含有的成分或者在食品制造、生产过程中产生的副产物不属于配料。

条款：

4.1.3.1.3 如果某种配料是由两种或两种以上的其他配料构成的复合配料（不包括复合食品添加剂），应在配料表中标示复合配料的名称，随后将复合配料的原始配料在括号内按加入量的递减顺序标示。当某种复合配料已有国家标准、行业标准或地方标准，且其加入量小于食品总量的 25%时，不需要标示复合配料的原始配料。

解读：

本条款是对直接加入食品中的复合配料标示方法的要求，复合配料应先标示复合配料的名称，再加括号按加入量的递减顺序标示复合配料的原始配料。

当直接加入食品中的复合配料的加入量大于等于食品总量的 25% 时，无论该复合配料有无国家标准、行业标准或地方标准，必须标示该复合配料的名称，再加括号按加入量的递减顺序标示复合配料的原始配料。

对于没有国家标准、行业标准或地方标准的直接加入食品中的复合配料（不包括复合食品添加剂），无论其加入量为多少，都必须将其原始配料一一列出。

当使用有国家标准、行业标准或地方标准的复合配料时，如果加入量小于食品总量的25%，可标示复合配料的标准名称，无须标示复合配料的原始配料。

本条款不要求展开复合配料中含有的复合配料，企业可自愿标示。

当复合配料中的原始配料与食品中的其他配料相同时，也可在配料表中直接标示复合配料中的各原始配料；各配料的排列顺序应在将同一配料合并计算后，按其在产品中的总量决定。

条款：

4.1.3.1.4 食品添加剂应当标示其在 GB 2760 中的食品添加剂通用名称。食品添加剂通用名称可以标示为食品添加剂的具体名称，也可标示为食品添加剂的功能类别名称并同时标示食品添加剂的具体名称或国际编码（INS 号）（标示形式见附录 B）。在同一预包装食品的标签上，应选择附录 B 中的一种形式标示食品添加剂。当采用同时标示食品添加剂的功能类别名称和国际编码的形式时，若某种食品添加剂尚不存在相应的国际编码，或因致敏物质标示需要，可以标示其具体名称。食品添加剂的名称不包括其制法。加入量小于食品总量 25%的复合配料中含有的食品添加剂，若符合 GB 2760 规定的带入原则且在最终产品中不起工艺作用的，不需要标示。

解读：

食品生产经营企业在配料表中一定要如实标示所使用的食品添加剂，但不强制要求建立“食品添加剂项”。本标准的附录 B 给出了标示形式的参考，食品生产经营企业标示食品添加剂时应参照执行。

在同一预包装食品的标签上，所使用的食品添加剂可选择以下二种形式之一标示：

a）标示食品添加剂的具体名称，如标示为“卡拉胶，瓜尔胶”；

b）标示食品添加剂的功能类别名称和具体名称；如标示为“增稠剂（卡拉胶，瓜尔胶）”或“增稠剂（407，412）”。

c）标示食品添加剂的功能类别名称和国际编码（INS 号）；如果某种食品添加剂尚不存在相应的国际编码，或因致敏物质（过敏原）标示需要，可以标示其具体名称。如“增稠剂（卡拉胶，聚丙烯酸钠）”或“增稠剂（407，聚丙烯酸钠）”；“乳化剂（471，大豆磷脂）”或“乳化剂（单甘油脂肪酸酯，大豆磷脂）”。

条款：

4.1.3.1.5 在食品制造或加工过程中，加入的水应在配料表中标示。在加工过程中已挥发的水或其他挥发性配料不需要标示。

解读：

本条款说明了水在配料清单中的标示方式，分为两种情况。

a）在食品制造或加工过程中，加入的水应在配料表中标示。如饮料和饮料酒使用水作为配料，需要在配料表中加以标示；

b）在加工过程中已挥发的水或其他挥发性配料不需要标示。如饼干在制作过程中使用了水作为配料，但水在烘烤过程中已经挥发，因此不需要在配料清单中标示“水”。

条款：

4.1.3.1.6 可食用的包装物也应在配料表中标示原始配料，国家另有法律法规规定的除外。

解读：

本标准中所说的可食用包装物是指由食品制成的、承担一定包装功能的物质，可以和其中的食品一起被食用。因此需要在食品配料表中标示其原始配料，如包装糖果的糯米纸等。

条款：

4.1.3.2 下列食品配料，可以选择按表 4-1 的方式标示。

表 4–1　配料标示方式

配料类别	标示方式
各种植物油或精炼植物油，不包括橄榄油	“植物油”或“精炼植物油”；如经过氢化处理，应标示为“氢化”或“部分氢化”
各种淀粉，不包括化学改性淀粉	“淀粉”
加入量不超过 2% 的各种香辛料或香辛料浸出物（单一的或合计的）	“香辛料”“香辛料类”或“复合香辛料”
胶基糖果的各种胶基物质制剂	“胶姆糖基础剂”“胶基”
添加量不超过 10% 的各种果脯蜜饯水果	“蜜饯”“果脯”
食用香精、香料	“食用香精”“食用香料”“食用香精香料”

解读：

本条款为推荐标示方式，指导企业简化标示配料清单。

本标准表 4–1 所列各种植物油或精炼植物油（不包括橄榄油），如“花生油”“豆油”“植物起酥油”等，既可以标示其具体名称，也可以标示为“植物油”或“炼植物油”，按照总加入量确定其在配料表中的位置。

如果使用的植物油经过氢化处理，应根据实际情况，标示为“氢化植物油”或“部分氢化植物油”，或标示相应产品在国家标准、行业标准或地方标准中的名称。

有相应的国家标准、行业标准或地方标准中规定名称的，可根据实际情况参照本标准表 4–1 标示或标示相关标准中的名称。如用棕榈油制成的植物起酥油可标示为“植物油”或“棕榈油”或“植物起酥油”。

预糊化淀粉等物理改性淀粉可以标示为“淀粉”；化学改性淀粉应按食品添加剂标示。

使用了食用香精、食用香料的产品，可以在配料表中标示该香精、香料的具体名称，也可标示为“食用香精”“食用香料”或“食用香精香料”。

香辛料、香辛料类或复合香辛料作为食品配料时，如果香辛料或香辛料浸出物（单一的或合计的）加入量不超过 2%，可以在配料表中标示各自的具体名称，也可以在配料表中统一标示为“香辛料”“香辛料类”或“复合香辛料”；但如果某种香辛料或香辛料漫出物加入量超过 2%，则应标示其具体名称；复合香辛料添加量超过 2% 时，也应该按复合配料标示方式进行标示。

条款：

4.1.4 配料的定量标示

4.1.4.1 如果在食品标签或食品说明书上特别强调添加了或含有一种或多种有价值、有特性的配料或成分，应标示所强调配料或成分的添加量或在成品中的含量。

解读：

当强调某种预包装食品“含有”某种配料或成分时，需要进行定量标示，应同时满足两个条件：

a）“特别强调”，即食品生产者通过对配料或成分的宣传引起消费者对该产品、配料或成分的重视，以文字的形式在配料表内容以外的标签上突出或暗示添加或含有一种或多种配料或成分；

b）“有价值、有特性”，即暗示所强调的配料或成分对人体有益的程度超出该食品一般情况所应当达到的程度，并且配料或成分具有不同于该食品的一般配料或成分的属性，是相对特殊的配料。

在满足“特别强调”的前提下，只要具备“有价值、有特性”中的一点就应当进行定量标示。

对于被特别强调的营养成分或营养成分的来源，可以选择标示产品中该营养成分的含量，也可以标示对应配料的添加量。营养成分的标示还应符合其他相关标准的要求。

条款：

4.1.4.2 如果在食品的标签上特别强调一种或多种配料或成分的含量较低或无时，应标示所强调配料或成分在成品中的含量。

解读：

当强调某种预包装食品的某种配料或成分“含量较低或无”时，也需要进行定量标示。

当使用“不添加”等词汇修饰某种配料（含食品添加剂）时，应真实准确地反映食品配料的实际情况，即生产过程中不添加某种物质，其原料也未使用该物质，否则可视为对消费者的误导；当GB 2760未批准某种添加剂在该类食品中使用时，不应使用“不添加”该种添加剂来误导消费者。

当强调不含某种配料或成分，如“无”“不含”等同类表示方式时，应按照本标准要求进行定量标示。

条款：

4.1.4.3 食品名称中提及的某种配料或成分而未在标签上特别强调，不需要标示该种配料或成分的添加量或在成品中的含量。

解读：

本条款明确了不需要配料定量标示的情况。

用真实属性名称或图示对食品的风味、口味、香味或配料来源进行说明不属于特别强调，不需要对该原料进行定量标示。某些情况下食品名称会涉及某种配料或成分，无论是作为食品名称还是商标名称，仅提及而未强调的配料或成分不需要定量标示。

在我国特定区域有长期生产、食用历史的产品的命名方式不视为特别强调的命名方式。但当食品贸易范围超出该特定区域时，为避免食品名称导致的误会，应在名称附近写出真实属性的名称以避免消费者的误会。

对配料中过敏物质的提示说明不属于定量标示的范围。

条款：

4.1.5 净含量和规格

4.1.5.1 净含量的标示应由净含量、数字和法定计量单位组成（标示形式参见附录C）。

解读：

本条款规定净含量标示应由三部分组成，三者缺一不可：

a）标示文字“净含量”。

b）标示表明净含量的阿拉伯数字。

c）标示法定计量单位。

赠送装或促销装预包装食品的净含量应按照本标准的规定标示，并应明示销售部分和赠送部分的净含量，可以：

a）分别标示销售部分的净含量和赠送部分的净含量。

b）标示总净含量并同时用适当的方式标示赠送部分的净含量。

条款：

4.1.5.2 应依据法定计量单位，按以下形式标示包装物（容器）中食品的净含量：

a）液态食品，用体积升（L）(l)、毫升（mL）(ml)，或用质量克（g）、千克（kg）；

b）固态食品，用质量克（g）、千克（kg）；

c）半固态或黏性食品，用质量克（g）、千克（kg）或体积升（L）(l)、毫升（mL）(ml)。

解读：

本条款规定了在标签所标示的贮存条件下不同状态的食品净含量标示应采用的不同法定计量单位。法定计量单位分为体积单位和质量单位。液态食品、半固态或黏性食品既可以用体积单位，也可用质量单位；而固态食品只能采用质量单位。

按本条款规定，净含量的法定计量单位可以是中文，也可以是符号。

条款：

4.1.5.3 净含量的计量单位应按表 4-2 标示。

表 4–2 净含量计量单位的标示方式

计量方式	净含量（Q）的范围	计量单位
体积	Q < 1 000 mL Q ≥ 1 000 mL	毫升（mL）(ml) 升（L）(l)
质量	Q < 1 000 g Q ≥ 1 000 g	克（g） 千克（kg）

解读：

本条款明确了在净含量大小不同的情况下应采用何种法定计量单位，体积以 1 000 mL、质量以 1 000 g 为分界线，分别采用不同的法定计量单位。如某内含多件同种预包装食品的大包装食品，标示为“净含量：2 kg（10 × 200 g）”，不标示为“净含量：2 kg（10 × 0.2 kg）”。

条款：

4.1.5.4 净含量字符的最小高度应符合表 4-3 的规定。

表 4–3 净含量字符的最小高度

净含量（Q）的范围	字符的最小高度 /mm
$Q \leq 50$ mL；$Q \leq 50$ g	2
50 mL $< Q \leq$ 200 mL；50 g $< Q \leq$ 200 g	3
200 mL $< Q \leq$ 1 L；200 g $< Q \leq$ 1 kg	4
$Q >$ 1 kg；$Q >$ 1 L	6

解读：

本条款对构成净含量标示的三部分，即净含量、数字和法定计量单位的字符大小做了规定。

在任何情况下，净含量字符的最小高度不得低于2 mm。当用符号表示法定计量单位时，字符高度以字母L、l、k、g等的高度计。

条款：

4.1.5.5 净含量应与食品名称在包装物或容器的同一展示版面标示。

解读：

本条款是对净含量在标签版面标示位置的要求。规定了净含量应与食品名称标示在同一展示版面，以便使消费者在看到食品名称的同时易于看到净含量的标示。

条款：

4.1.5.6 容器中含有固、液两相物质的食品，且固相物质为主要食品配料时，除标示净含量外，还应以质量或质量分数的形式标示沥干物（固形物）的含量（标示形式参见附录C）。

解读：

固、液两相且固相物质为主要食品配料的预包装食品，应在靠近“净含量”的位置以质量或质量分数的形式标示沥干物（固形物）的含量。

半固态、黏性食品、固液相均为主要食用成分或呈悬浮状、固液混合状等无法清晰区别固液相产品的预包装食品无须标示沥干物（固形物）的含量。

预包装食品由于自身的特性，可能在不同的温度或其他条件下呈现固、液不同形态的，如蜂蜜、食用油等产品，也无须标示沥干物（固形物）的含量。

条款：

4.1.5.7 同一预包装内含有多个单件预包装食品时，大包装在标示净含量的同时还应标示规格。

解读：

本条款明确了内含多个单件预包装食品的大包装预包装食品的标签在标示净含量的同时应标示规格。

同一预包装内含有多件同种类预包装食品时，有三种标示方式：

a）标示大包装的净含量和单件预包装食品的件数；

b）标示单件预包装食品的件数和净含量；

c）标示大包装的净含量、单件预包装食品的件数和净含量。

同一预包装内含有多件不同种类预包装食品时，有两种标示方式：

a）标示大包装的净含量，分别标示其中各个种类单件预包装食品的净含量和件数；

b）标示其中各个种类单件预包装食品的净含量和件数。

当同一大包装预包装食品中含有多件不单独销售的非预包装食品时，不适用于本条。

条款：

4.1.5.8 规格的标示应由单件预包装食品净含量和件数组成，或只标示件数，可不标示“规格”二字。单件预包装食品的规格即指净含量（标示形式参见附录 C）。

解读：

本条款明确了单件预包装食品“规格”的标示方式，同时明确“规格”可由企业自主决定是否标示和标示方式。“单件预包装食品”包括两种情况：

a）内含多件独立包装的非预包装食品或裸装食品；

b）内含一件食品。

本条款同时明确了在需要标示规格时不必标示“规格”字样。

条款：

4.1.6 生产者、经销者的名称、地址和联系方式

4.1.6.1 应当标注生产者的名称、地址和联系方式。生产者名称和地址应当是依法登记注册、能够承担产品安全质量责任的生产者的名称、地址。有下列情形之一的，应按下列要求予以标示。

解读：

本条款规定的核心是要求企业应标示其承担法律责任主体的名称、地址和有效的联系方式。

在标示生产者、经销者的名称、地址时，可以标示“生产者”“经销者”“生产商”“制造商”等。

对于委托分装的情况，可标示为“分装商”。

条款：

4.1.6.1.1 依法独立承担法律责任的集团公司、集团公司的子公司，应标示各自的名称和地址。

解读：

本条款是关于集团公司（总公司）、分公司或子公司的名称和地址的标示要求。如果预包装食品由集团公司（总公司）生产，则应标示集团公司（总公司）的名称和地址；如由能依法独立承担法律责任的分公司或子公司生产，则应标示该分公司或子公司的名称和地址。

“产地”是特定情况下对生产者地址的补充。如果生产者的注册地址就是产品的实际产地，或者在同一地市级地域，则不强制要求另外标示“产地”项。

条款：

4.1.6.1.2 不能依法独立承担法律责任的集团公司的分公司或集团公司的生产基地，应标示集团公司和分公司（生产基地）的名称、地址；或仅标示集团公司的名称、地址及产地，产地应当按照行政区划标注到地市级地域。

解读：

本条款是关于不能依法独立承担法律责任的集团公司的分公司或集团公司的生产基地的标示规定。

不能依法独立承担法律责任的集团公司的分公司可按下列方式之一来标示：

a）集团公司的名称和地址，加上集团分公司的名称和地址；

b）仅标示集团公司的名称和地址。

不能依法独立承担法律责任的集团公司生产基地可按下列方式之一来标示：

a）集团公司的名称和地址，加上其生产基地的名称和地址；

b）仅标示集团公司的名称和地址。

按上述规定，集团公司的名称和地址是必须标示的，但不能依法独立承担法律责任的分公司或生产基地的名称和地址可不标示。

作为补充，本标准中还规定了食品标签上应标示食品的产地。“产地”指食品的实际生产地址。如果生产者的地址就是产品的实际产地，或者生产者与承担法律责任者在同一地市级地域，则不强制要求标示“产地”项。以下情况应同时标示“产地”项：

a）由集团公司的分公司或生产基地生产的产品，仅标示承担法律责任的集团分公司的名称、地址时，应同时用“产地”项标示实际生产该产品的分公司或生产基地所在地域；

b）委托其他企业生产的产品，仅标示委托企业的名称和地址时，应用“产地”项标示受委托企业所在地域。

“产地”可以根据实际情况采用适当的方式标示，如“产地：广东省广州市”等。

如果在产品的标签上已充分说明了食品的实际生产者，且该生产者的地址也能体现到地市级地域，可以不必再单独注明食品的产地。

食品产地可以按照行政区划标示到直辖市、计划单列市等副省级城市或者地级城市。地级市的界定按国家有关规定执行。

条款：

4.1.6.1.3 受其他单位委托加工预包装食品的，应标示委托单位和受委托单位的名称和地址；或仅标示委托单位的名称和地址及产地，产地应当按照行政区划标注到地市级地域。

解读：

本条款为委托加工形式的单位的名称和地址的标示要求。受其他企业委托生产的产品，如果仅标示委托企业的名称和地址，则需要同时标示“产地”项。

集团公司与分公司或子公司签订委托加工协议且生产的产品不对外销售时应按照本条款要求标示。

条款：

4.1.6.2 依法承担法律责任的生产者或经销者的联系方式应标示以下至少一项内容：电话、传真、网络联系方式等，或与地址一并标示的邮政地址。

解读：

联系方式应标示依法承担法律责任的生产者或经销者的联系方式。联系方式应标示以下至少一项内容：电话（热线电话、售后电话或销售电话等）、传真、电子邮件等网络联系方式、与地址统一标示的邮政地址（邮政编码或邮箱号）。

热线电话或电子邮箱不一定必须是食品生产商所注册并拥有，可以是委托负责处理售后服务的第三方公司的电话和电子邮箱。

条款：

4.1.6.3 进口预包装食品应标示原产国国名或地区区名（如中国香港、中国澳门、中国台湾），以及在中国依法登记注册的代理商、进口商或经销者的名称、地址和联系方式，可不标示生产者的名称、地址和联系方式。

解读：

本条款是关于进口预包装食品的标示规定。进口食品的责任人应标示在中国依法登记注册的代理商、进口商或经销商的名称和地址。

进口中国香港、中国澳门等地区所生产的食品应以“原产地”标示。

“中国依法登记注册的代理商、进口商或经销者的名称、地址和联系方式”不包括国外企业在国内开设的办事处、联络处或协会。

条款：

4.1.7 日期标示

4.1.7.1 应清晰标示预包装食品的生产日期和保质期。如日期标示采用“见包装物某部位”的形式，应标示所在包装物的具体部位。日期标示不得另外加贴、补印或篡改（标示形式参见附录 C）。

解读：

本条款是关于生产日期和保质期的规定，生产日期是指成为最终销售单元的日期，包括“包装日期”和“灌装日期”。企业可自主决定以具体时间的形式或固定时间段的方式标示保质期，但保质期必须与生产日期具有对应关系，即以生产日期为保质期计算起点或生产日期第二天为保质期计算起点。

预包装食品必须同时标示生产日期和保质期，通常可以采用以下两种方式中的一种来标示：

a）生产日期加保质期限，如生产日期：2010 年 6 月 12 日，保质期 6 个月；

b）生产日期加预包装食品的保质期的有效期限，如生产日期：2010 年 6 月 12 日，保质期至 2010 年 12 月 11 日。

本标准附录 C.4 列举了多种标示形式，可供参考。

“如日期标示采用‘见包装物某部位’的形式，应标示所在包装物的具体部位”，是指在标签上可以标示为“生产日期见封口”“生产日期见瓶颈”“生产日期见底部”等，并在相应的部位标示具体的生产日期。体积不大的包装在标示日期时可采用“生产日期见包装”或“见标签上打印”等方式。

“日期标示不得另外加贴、补印或篡改”，是指不能在完整的标签上另行加贴生产日期和保质期，也不能在原标签上补印日期或任意更改已有的日期。进口的预包装食品如只标示有保质期和最佳食用日期、企业可根据进口预包装食品上标示的保质期和最佳食用日期正确计算出生产日期并标示在产品标签上。

条款：

4.1.7.2 当同一预包装内含有多个标示了生产日期及保质期的单件预包装食品时，外包装上标示的保质期应按最早到期的单件食品的保质期计算。外包装上标示的生产日期应为最早生产的单件食品的生产日期，或外包装形成销售单元的日期；也可在外包装上分别标示各单件装食品的生产日期和保质期。

解读：

本条款是关于同一预包装食品中含有不同的生产日期和保质期的食品时的标示要求。该情况下，保质期应按最早到期的单件食品的保质期计算；生产日期可采用以下方式中的一种来标示：

a）在销售单元的外包装上，生产日期为最早生产的单件食品的生产日期；

b）生产日期标示该销售单元外包装形成的日期；

c）在外包装上一一标示各单件食品的生产日期。

按本条款标示生产日期和保质期的预包装食品，其内、外包装标示的生产日期和保质期可以不一致，但应有对应关系。如，内包装的日期以月计算，外包装的生产日期标示到具体日期等。允许由于保质期起点选择为生产日期当天或生产日期第二天的计算方式的差异，内外包装标示出现一天的差值，如 2013 年 1 月 1 日生产的保质期为 3 周的产品，保质期按两种计算方式分别为 2013 年 1 月 22 日和 2013 年 1 月 21 日。

如果同一销售单元内装多件非独立销售的小包装预包装食品或散装食品时，则不属于本条款规定的情况，其内包装不强制要求标示生产日期和保质期，企业可自主决定是否标示和如何标示。

条款：

4.1.7.3 应按年、月、日的顺序标示日期，如果不按此顺序标示，应注明日期标示顺序（标示形式参见附录 C）。

解读：

本条款规定了预包装食品日期标示的顺序，可参考本标准附录 C 的示例标示。

在采用我国通常所使用的年、月、日顺序时，可以不用额外说明日期的标示顺序；如采用其他的日期顺序时，应同时说明日期的标示顺序。

条款：

4.1.8 贮存条件

预包装食品标签应标示贮存条件（标示形式参见附录 C）。

解读：

本条款是对预包装食品贮存条件的标示要求。

生产者可按食品的实际贮存条件，选用合适的格式和文字来表述贮存条件，本标准的附录 C 列出了多种示例，可供参考。

条款：

4.1.9 食品生产许可证编号

预包装食品标签应标示食品生产许可证编号的，标示形式按照相关规定执行。

解读：

本条款是对预包装食品生产许可证编号的标示要求。

不强制要求标注“食品生产许可证编号”字样。本条款不适用于进口预包装食品。

条款：

4.1.10 产品标准代号

在国内生产并在国内销售的预包装食品（不包括进口预包装食品）应标示产品所执行的标准代号和顺序号。

解读：

本条款是对预包装食品产品标准代号的标示要求。

标准代号标示涉及的标准可以是食品安全国家标准、食品安全地方标准、食品安全企业标准或其他相关国家标准、行业标准、地方标准。

应标示标准的代号和顺序号，标准的年代号可以免于标示。如《食品安全国家标准 茶叶》标准应标示 GB 31608 或 GB 31608-2023，其中，标准代号为 GB，顺序号为 31608，年代号为 2023。

标题可以采用但不限于这些形式：产品标准号、产品标准代号、产品标准编号、产品执行标准号等。

根据本标准 4.1.10 的规定，预包装食品（不包括进口预包装食品）应标示产品所执行的标准代号。按照《绿色食品标志管理办法》（农业部令 2012 年第 6 号）规定，企业在产品包装上使用绿色食品标志，即表明企业承诺该产品符合绿色食品标准。企业可以在包装上标示产品执行的绿色食品标准，也可以标示其生产中执行的其他标准。

进口的食品无须标示我国的产品标准代号。

如同一销售单元的预包装食品含多种小包装的食品时，其产品标准代号可采用以下两种方式中的任意一种来标示：

a）标示该预包装食品的产品标准代号；

b）分别标示其内含的各小包装食品的标准代号。

条款：

4.1.11 其他标示内容

4.1.11.1 辐照食品

4.1.11.1.1 经电离辐射线或电离能量处理过的食品，应在食品名称附近标示“辐照食品”。

解读：

辐照食品是利用放射性同位素射线或电子加速器产生的电子束，按照符合安全要求的剂量辐照加工处理的食品。经过辐照的食品，必须在标签上食品名称的附近注明“辐照食品”字样。

条款：

4.1.11.1.2 经电离辐射线或电离能量处理过的任何配料，应在配料表中标明。

解读：

如某一食品中的某些配料经过辐照，则必须在标签的配料表中配料名称附近注明“辐照原料”“辐照”或“辐照灭菌”等字样。

条款：

4.1.11.2 转基因食品

转基因食品的标示应符合相关法律、法规的规定。

解读：

目前在我国涉及转基因食品标示的法规为《农业转基因生物标识管理办法》（农业部令第 10 号）。其中的第三条规定："在中华人民共和国境内销售列入农业转基因生物标识目录的农业转基因生物，必须遵守本办法。凡是列入标识管理目录并用于销售的农业转基因生物，应当进行标识；未标识和不按规定标识的，不得进口或销售。"如出现相关新法规或该规定出现修改或变更，则按新要求执行。

条款：

4.1.11.3 营养标签

4.1.11.3.1 特殊膳食类食品和专供婴幼儿的主辅类食品，应当标示主要营养成分及其含量，标示方式按照 GB 13432—2013 执行。

解读：

本条款是关于一些特殊食品必须标示营养标签的规定。特殊食品包括特殊膳食类食品和专供婴幼儿的主辅类食品，在这些食品标示营养标签时应按照 GB 13432—2013《食品安全国家标准 预包装特殊膳食用食品标签》的要求执行。对于婴幼儿的主辅类食品的标签还应符合 GB 10765—2021《食品安全国家标准 婴儿配方食品》、GB 10766—2021《食品安全国家标准 较大婴儿配方食品》、GB 10767—2021《食品安全国家标准 幼儿配方食品》、GB 10769—2021《食品安全国家标准 婴幼儿谷类辅助食品》和 GB 10770—2010《食品安全国家标准 婴幼儿罐装辅助食品》中关于营养成分指标和标签的要求。

条款：

4.1.11.3.2 其他预包装食品如需标示营养标签，标示方式参照相关法规标准执行。

解读：

2011 年 10 月原卫生部发布了 GB 28050—2011《食品安全国家标准 预包装食品营养标签通则》，2012 年 7 月发布了 GB 28050—2011 问答，直接提供给消费者的预包装食品，应按照 GB 28050—2011 的规定标示营养标签（豁免标示的食品除外）；非直接提供给消费者的预包装食品，可以参照 GB 28050—2011 执行，也可以按企业双方约定或合同要求标注或提供有关营养信息。

条款：

4.1.11.4 质量（品质）等级

食品所执行的相应产品标准已明确规定质量（品质）等级的，应标示质量（品质）等级。

解读：

预包装食品如在标签上标示的相应产品标准中已明确规定质量（品质）等级的，应标示质量（品质）等级。“相应产品标准”包括食品安全国家标准、食品安全地方标准、食品安全企业标准或其他相关国家标准、行业标准、地方标准等。

在标示质量（品质）等级时，应以产品标准为准。如玉米淀粉的标签上注明了产品标准号为 GB/T 8885—2017，该标准为国家标准《食用玉米淀粉》，其中规定了食用玉米淀粉的等级有“优级品”“一级品”和“二级品”，则还需根据标准的规定标示相应的等级。工艺描述、产品类别等不属于质量等级，如“初榨橄榄油”。标签上所标示的标准中未规定产品的等级，不需要标示质量（品质）等级。

进口预包装食品不强制标示质量（品质）等级。如果标示了质量（品质）等级，应确保真实、准确。

条款：

4.2 非直接提供给消费者的预包装食品标签标示内容

非直接提供给消费者的预包装食品标签应按照 4.1 项下的相应要求标示食品名称、规格、净含量、生产日期、保质期和贮存条件，其他内容如未在标签上标注，则应在说明书或合同中注明。

解读：

预包装食品按照“非直接提供给消费者”要求标示标签的情形有：

a）生产者提供给其他食品生产者的预包装食品的包装；

b）生产者提供给食品经营者（包括餐饮服务），食品经营者用于制作其他食品的预包装食品的包装。

在食品生产经营过程中，标签信息的传递对象不同，一个是消费者，另一个是食品生产加工者以及食品经营者。实际上，对于这两类预包装食品，标准要求标示的事项是相同的，只是要求的标示形式不一样。对于直接提供给消费者的预包装食品，要求所有事项均在标签上标示；对于非直接向消费者提供的预包装食品，则要求在标签上标示食品名称、规格、净含量、生产日期、保质期和贮存条件，其他事项可以在标签上标示，也可以在包装内的说明书中或在供需双方签订的合同中注明。

条款：

4.3 标示内容的豁免

4.3.1 下列预包装食品可以免除标示保质期：酒精度大于等于 10% 的饮料酒；食醋；食用盐；固态食糖类；味精。

解读：

本条款规定了可以免除标示预包装食品保质期的食品种类，这几种食品质量品质相对稳定，通常不需要标示保质期。“固态食糖类”是指白砂糖、绵白糖、冰糖之类，不包括糖果。本条规定的可以免除保质期标示的产品，企业可自愿标示。

条款：

4.3.2 当预包装食品包装物或包装容器的最大表面面积小于 10 cm^2 时（最大表面面积计算方法见附录 A），可以只标示产品名称、净含量、生产者（或经销商）的名称和地址。

解读：

本条款规定了最大表面积小于 10 cm^2 时的标识要求，对字高无要求。

根据本条款及 3.9 的规定，当最大表面面积大于 10 cm^2 但小于等于 35 cm^2 时，应当标示所有强制性标识内容，但标签中的文字、符号、数字的高度可以小于 1.8 mm。两者分别考虑了食品的本身特性和在小标签上标示大量内容的困难。豁免意味着不强制要求标示，标示与否由企业自行决定。

条款：

4.4 推荐标示内容

4.4.1 批号

根据产品需要，可以标示产品的批号。

解读：

本条款是推荐标示内容，批号是指生产批次号，批号的标识方式由企业自定。

条款：

4.4.2 食用方法

根据产品需要，可以标示容器的开启方法、食用方法、烹调方法、复水再制方法等对消费者有帮助的说明。

解读：

本条款是推荐标示内容，由企业根据预包装食品特性自主标示。

如：固体饮料、需要烹调的半成品（如速冻食品）、干制食品、调味品等，可以标示食用方法、烹调方法、复水再制方法、使用方法、开启后的储藏方法等；新型、异型包装容器的食品可以标示开启方法等。

条款：

4.4.3 致敏物质

4.4.3.1 以下食品及其制品可能导致过敏反应，如果用作配料，宜在配料表中使用易辨识的名称，或在配料表邻近位置加以提示：

a）含有麸质的谷物及其制品（如小麦、黑麦、大麦、燕麦、斯佩耳特小麦或它们的杂交品系）；

b）甲壳纲类动物及其制品（如虾、龙虾、蟹等）；

c）鱼类及其制品；

d）蛋类及其制品；

e）花生及其制品；

f）大豆及其制品；

g）乳及乳制品（包括乳糖）；

h）坚果及其果仁类制品。

解读：

食品中的某些原料或成分，被特定人群食用后会诱发过敏反应，有效的预防手段之一就是在食品标签中标示所含有或可能含有的食品致敏物质，以便提示有过敏史的消费者选择适合自己的食品。本标准参照国际食品法典委员会标准列出了八类致敏物质，鼓励企业自愿标示以提示消费者，有效履行社会责任。八类致敏物质以外的其他致敏物质，生产者也可自行选择是否标示。具体标示形式由食品生产经营企业参照以下方式自主选择。

致敏物质可以选择在配料表中用易识别的配料名称直接标示，如牛奶、鸡蛋粉、大豆磷脂等；也可以选择在邻近配料表的位置加以提示，如“含有……”也可以在配料表里用特殊字体加以提示等。

条款：

4.4.3.2 如加工过程中可能带入上述食品或其制品，宜在配料表临近位置加以提示。

解读：

本条款给出了在生产加工过程中因交叉接触而可能带入的致敏物质（过敏原）的标示要求。对于配料中不含某种致敏物质，但同一车间或同一生产线上还生产含有该致敏物质的其他食品，使得致敏物质可能被带入该食品的情况，则可在邻近配料表的位置使用“可能含有……”“可能含有微量……”“本生产设备还加工含有……的食品”“此生产线也加工含有……的食品”“生产本产品的设备也处理……”等方式标示致敏物质信息。

条款：

5. 其他

按国家相关规定需要特殊审批的食品，其标签标识按照相关规定执行。

解读：

保健食品等经相关部门审批的食品，其标签标识内容原则上应与本标准相一致，但具体标示内容应按照特定的管理规定执行。

第二节 解读《食品安全国家标准 预包装食品营养标签通则》（GB 28050—2011）

一、条款解读

条款：

1. 范围

本标准适用于预包装食品营养标签上营养信息的描述和说明。本标准不适用于保健食品及预包装特殊膳食用食品的营养标签标示。

解读：

“预包装食品”是指预先定量包装或制作在包装材料和容器中的食品，包括预先定量包装以及预先定量制作在包装材料和容器中并且在一定量限范围内具有统一的质量或体积标识的食品；其需要满足两点：一是预先包装好，二是包装上有统一的质量或体积标识。

“预包装食品”不是指一个特定类别的食品，而是与普通没有包装的“裸装食品”或“散装食品”相区分的一个名称。这类食品通常有外包装，并且包装上有统一的标识和产品相关信息与特征的说明。这类食品常包括两类：一类是直接提供给消费者的预包装食品；另一类则是不直接提供给消费者的预包装食品，常指企业间提供的原料、中间产品等。

条款：

2. 术语和定义

2.1 营养标签

预包装食品标签上向消费者提供食品营养信息和特性的说明，包括营养成分表、营养声称和营养成分功能声称。营养标签是预包装食品标签的一部分。

解读：

“营养标签是预包装食品标签的一部分”表明了营养标签作为预包装食品上应该标示的标签内容的一部分，与其他的标签要求如食品名称、配料、生产日期等一样，是强制要求在标签上向消费者展示的内容。

条款：

2.2 营养素

食物中具有特定生理作用，能维持机体生长、发育、活动、繁殖以及正常代谢所需的物质，包括蛋白质、脂肪、碳水化合物、矿物质及维生素等。

解读：

我国国家标准 GB/Z 21922—2008《食品营养成分基本术语》中，对营养素的定义为“食品中具有特定生理作用，能维持机体生长、发育、活动、繁殖以及正常代谢所需的物质，缺少这些物质，将导致机体发生相应的生化或生理学的不良变化。包括蛋白质、脂肪、碳水化合物、矿物质、维生素五大类。”

本标准中主要参考了 GB/Z 21922—2008 的定义，将营养素分为蛋白质、脂肪、碳水化合物、矿物质、维生素五大类，而水和膳食纤维，以及食物中其他成分暂不属于营养素，归入营养成分范畴。

练一练：

中译英如下单词：蛋白质、脂肪、碳水化合物、矿物质、维生素。

参考答案：protein、fat、carbohydrate、mineral substance、vitamin。

条款：

2.3 营养成分

食品中的营养素和除营养素以外的具有营养和（或）生理功能的其他食物成分。各营养成分的定义可参照 GB/Z 21922—2008《食品营养成分基本术语》。

解读：

我国国家标准 GB/Z 21922—2008《食品营养成分基本术语》中，对“营养成分”的定义是“食品中具有的营养素和有益成分，包括营养素、水分、膳食纤维等”。在本标准定义中，没有详细列举，仅对其性质进行了明确。

条款：

2.4 核心营养素

营养标签中的核心营养素包括蛋白质、脂肪、碳水化合物和钠。

解读：

核心营养素在各个国家并不是一个统一的概念，是对强制标示的营养素的一个统称。食品营养标签应标示多少个营养素，各国食品营养标签法规中强制标示的内容各不相同。这些主要基于各国的全民营养状况、营养素缺乏和营养相关慢性病的发生率，以及技术监督能力和企业承受能力来综合考虑。

2003 年在起草原卫生部《食品营养标签管理规范》第一稿时初步提出“1+7”，即能量和 7 个核心营养素（蛋白质、脂肪、碳水化合物、钙、糖、钠和胆固醇）。

从标准起草组意见的反馈看出，企业对此表示技术和经济上的担忧，有不少企业提出减少营养素标注种类的建议。为此 2005 年年底开始起草组对企业和监督机构执行能力进行了调查。在考虑了我国居民实际的健康状况和营养性疾病的发生发展状况的基础上，结合国际上贸易需要、监督检测部门和企业承受能力等因素，2005 年修改确定为首先标示的成分为“1+3”，即能量和 3 个核心营养素（蛋白质、脂肪和碳水化合物）。

2007 年根据专家的多次提议，最后增加了钠。能量和三大核心营养素是人体最基本的需要，也是国际食品法典委员会推荐的基本成分，而增加钠的理由主要源于两点，一是我国多次膳食调查都发现居民“盐”平均摄入量超过推荐标准（6 g/d）1 倍，高血压发生率居高不下；二是许多包装食品钠含量过高，而又不能被消费者发现。因此最终确定能量和 4 个核心营养素（蛋白质、脂肪、碳水化合物和钠）。

目前我国核心营养素的个数在世界范围内仍处于中等偏少的位置，如美国为“1+14”，加拿大为“1+13”，随着社会发展，居民知识水平提高和企业能力提高，核心营养素将会适时进行修改。

提示：上述四项被称为核心营养元素。

条款：

2.5 营养成分表

标有食品营养成分名称、含量和占营养素参考值（NRV）百分比的规范性表格。

解读：

列入营养成分表中的每一个成分必须包含三部分内容，营养成分名称、含量及该含量占相应营养素参考值（NRV）百分比的具体数值。

“规范性表格”是指对表格中各项内容标示顺序等都有要求，具体内容将在后面部分详细阐述。

条款：

2.6 营养素参考值（NRV）

专用于食品营养标签，用于比较食品营养成分含量的参考值。

解读：

“营养素参考值”Nutrient Reference Values。国际组织和各国的 NRV 数值都是建立在“膳食营养素参考摄入量（DRIs）”基础之上的、又不同于 DRIs 的专用于比较一个食品营养价值高低的参考值。

GB 28050—2011 根据 NRV 的作用，将其定义为：“专用于食品标签、用于比较食品营养成分含量的参考值”。

条款：

2.7 营养声称

对食品营养特性的描述和声明，如能量水平、蛋白质含量水平。营养声称包括含量声称和比较声称。

2.7.1 含量声称

描述食品中能量或营养成分含量水平的声称。声称用语包括“含有”“高”“低”或“无”等。

2.7.2 比较声称

与消费者熟知的同类食品的营养成分含量或能量值进行比较以后的声称。声称用语包括“增加”或“减少”等。

解读：

1. 含量声称（Nutrient Content Claim）

本标准将“含量声称”定义为：描述食品中能量或营养成分含量水平的声称，声称用语包括“含有”“高”“低”或“无”等。本标准的附录中列出了能量和各种营养素进行含量声称的条件和依据。因此，含量声称用语的使用必须满足相应含量条件要求。

2. 比较声称（Nutrient Comparative Claim）

本标准将“比较声称”定义为：与消费者熟知的同类食品的营养成分含量或能量值进行比较后的声称。声称用语包括“增加”和“减少”等。

条款：

2.8 营养成分功能声称

某营养成分可以维持人体正常生长、发育和正常生理功能等作用的声称。

解读：

营养成分功能声称是健康声称的一种形式，典型的就是加钙食品。

条款：

2.9 修约间隔

修约值的最小数值单位。

解读：

本标准参考了 GB/T 8170—2008《数值修约规则与极限数值的表示和判定》中 2.2 的定义，即：修约值的最小数值单位。

条款：

2.10 可食部

预包装食品净含量去除其中不可食用的部分后的剩余部分。

解读：

食品包装内净含量去除其中不可食用的部分后的剩余部分即为该食品的可食部。如瓜子、开心果等坚果类产品，或其他食物中带有皮、骨或者籽等不可食用的部分，都应该去除。

包装食品可食部的计算可用下面的公式：

可食部重量 = 包装内食物总重量 - 不可食用部分重量。

预包装食品的可食部可根据《中国食物成分表》查找，也可以采用实际方法测定。按照我国食物成分库的数据，开心果的可食部约占总量的 80%，而葵花子的可食部含量所占比例则要低一些，约为总量的 50% 左右，花生和松子的可食部约为 70%，栗子的可食部约为 80%。

条款：

3. 基本要求

3.1 预包装食品营养标签标示的任何营养信息，应真实、客观，不得标示虚假信息，不得夸大产品的营养作用或其他作用。

解读：

这是《中华人民共和国食品安全法》上对食品标签的基本要求，也是对营养标签真实性的要求。

由于营养标签是食品标签的一部分内容，因此，我国 GB 7718—2011 中对食品标签的基本要求，同样适用于营养标签。

另外，由于营养标签的特殊性，消费者对营养信息的关注，企业也将营养标签作为宣传优质产品的重要方式。鉴于食品营养标签是消费者选择食品的重要依据，因此要求其营养信息应当准确可靠、标示方式应当符合相应要求。虚假信息会导致消费者的错误选择，夸大产品的营养作用或其他作用则会造成企业之间不公平的竞争，这些都是企业在标示营养标签时应该摒弃的。

条款：

3.2 预包装食品营养标签应使用中文。如同时使用外文标示的，其内容应当与中文相对应，外文字号不得大于中文字号。

解读：

这条基本要求首先确定了营养标签的使用文字，即中文，这同样是为了保证消费者能够读懂营养标签，保护消费者的知情权。

同时，营养标签中允许使用外文。但是由于中文是营养标签的主要使用文字，如果食品企业在其包装上同时使用外文标示营养标签，应当与其中文内容对应，并且外文字号不能大于中文的字号。

条款：

3.3 营养成分表应以一个“方框表”的形式表示（特殊情况除外），方框可为任意尺寸，并与包装的基线垂直，表题为“营养成分表”。

解读：

本条款是对营养成分表格式的要求，需要用一个“方框表”的方式，使消费者容易查找和阅读。对于方框的大小，企业可以根据产品包装的特点和形状进行设计，与产品包装的主要基线垂直即可。表题为“营养成分表”的要求也是为了方便消费者查找和使用。

在营养标签上必须用表格的形式标注营养成分含量，有两个好处，其一是容易规范和统一企业行为，而且也有利于企业学习和操作；其二是消费者容易熟悉和记忆。表格形式也是目前常见的一种营养成分表示形式，营养成分的标示位置简单明了，消费者容易理解、熟悉和比较。久而久之，也容易形象记忆和判断。在美国、加拿大的成功经验之一，即是固定格式有利于消费者理解营养标签，所以规范标签格式是非常必要的。

本处所指的“特殊情况除外”，是指对于包装总表面积≤ 100 cm^2 的食品，由于表面积过小，强制使用表格的方式可能无法清晰标示，因此本标准不强制其标示营养标签。但如果食品企业自愿标示，也是鼓励的。

条款：

3.4 食品营养成分含量应以具体数值标示，数值可通过原料计算或产品检测获得。各营养成分的营养素参考值（NRV）见附录 A。

解读：

本条款是该标准的一项重要内容，要求食品营养成分含量应标示具体数值，而不是范围值（8~15）、极限值（≥ 25）等其他方式标示。

营养成分含量“数值可以通过原料计算或产品检测获得”，这是对营养成分数据来源的解释。无论使用何种方式制作营养标签，企业均应采取措施，积累经验，保证数值的真实性和可靠性。

条款：

3.5 营养标签的格式见附录 B，食品企业可根据食品的营养特性、包装面积的大小和形状等因素选择使用其中的一种格式。

解读：

为方便企业使用和保证标签的多样性，本标准的附录 B 列出了多种营养标签的基本格式。企业制作营养标签可选择使用其中的一种格式。

条款：

3.6 营养标签应标在向消费者提供的最小销售单元的包装上。

解读：

在一个销售单元的包装中含有不同品种、多个独立包装的食品，如果每件独立包装的产品也单独作为销售单元，则每件独立包装的食品标识应当按照本规定进行标注。

透过销售单元的外包装，不能清晰地识别各独立包装食品的所有或者部分强制标注内容的，应当在销售单元的外包装上分别予以标注，但外包装易于开启识别的除外。

能够清晰地识别各独立包装食品的所有或者部分强制标注内容的，可以不在外包装上重复标注相应内容。

条款：

4. 强制标示内容

4.1 所有预包装食品营养标签强制标示的内容包括能量、核心营养素的含量值及其占营养素参考值（NRV）的百分比。当标示其他成分时，应采取适当形式使能量和核心营养素的标示更加醒目。

解读：

本条款是 GB 28050—2011 的重要内容，是整项标准内容的核心。

能量和核心营养素的标示（1+X）是比较不同国家营养标签法规的重要内容。根据 GB 28050—2011 的 2.4 及其释义的内容，本条款中所说的核心营养素是指蛋白质、脂肪、碳水化合物和钠四种营养素。能量和上述 4 个核心营养素是营养标签上强制标示的成分，即通常所说的“1+4”。在任何食物的营养标签上（豁免产品除外），都应当标示能量和 4 个核心营养素的名称、含量数值及该含量数值占各自营养素参考值（NRV）的百分比。

“当标示其他成分时，应采取适当形式使能量和核心营养素的标示更加醒目”，这一条款是为了既能允许企业在基本要求的基础上自愿标示其他的营养成分，又能突出能量和核心营养素的强制性要求。部分实力较强的企业，在标示“1+4”之外，还会标示其他成分，给消费者更多的信息，这种行为值得鼓励。但为了与强制内容相区别，本处要求应采取适当形式使能量和核心营养素的标示更加醒目。食品企业可以通过增大字号、改变字体（如斜体、加粗、加黑）、改变颜色（字体或背景颜色）、改变对齐方式或其他方式等使其他成分与能量和核心营养素的标示进行区分。

条款：

4.2 对除能量和核心营养素外的其他营养成分进行营养声称或营养成分功能声称时，在营养成分表中还应标示出该营养成分的含量及其占营养素参考值（NRV）的百分比。

解读：

本条款是营养标签标准中“条件性强制”内容的第一个方面。条件性强制标示内容是指产品在满足一定条件下，除 4.1 必须强制标示的“1+4”外，还必须标示的其他内容。

本条款是针对“声称”而言的，简言之则是“欲声称、先标示”。如在某些产品标签中，企业欲对“1+4”之外的营养素进行声称，如声称“高钙”“富含膳食纤维”“不含胆固醇”等等，则必须在营养成分表中将相应的成分标示出来，且其含量必须满足 GB 28050—2011 中附录 C 的条件和要求。

如某产品声称了“高钙”，则首先应在营养标签上标示出“1+4”含量、钙的含量以及能量和各营养素占各自 NRV 的百分比，同时钙含量还必须满足附录 C 中高钙的声称要求（每 100 g 产品中钙含量中≥ 30% NRV 或每 100 mL 中≥ 15% NRV 或每 420 kJ 中≥ 10% NRV）。

由于该条款是条件性强制条款，只有企业在对“1+4”以外的营养素进行声称时才须标示其含量，如果不声称，则不需要强制标示。但是，企业可以选择自愿标示。如上述钙的例子，如果企业不对钙进行声称，则不强制要求标示钙含量，但鼓励食品企业按照本标准要求的格式自愿标示出钙含量及其占 NRV 百分比。

条款：

4.3 使用了营养强化剂的预包装食品，除 4.1 的要求外，在营养成分表中还应标示强化后食品中该营养成分的含量值及其占营养素参考值（NRV）的百分比。

解读：

本条款是“条件性强制”内容的第二个方面。

企业如果按照 GB 14880—2012 和（或）有关公告的要求使用了营养强化剂，则除了标示标准要求强制标示的“1+4”以外，还必须将强化以后该营养成分的实际含量（注意不是 GB 14880—2012 中规定的使用量）在营养标签中标示出来，这样既保证了产品中营养素含量的真实信息和消费者的知情权，也有利于居民均衡的营养素摄入，方便营养调查，更有效地预防营养素摄入不足和过量，充分体现我国强化标准和营养标签标准的有效衔接，简言之则是“如强化，另标出”。

如某企业生产的调制乳，按照 GB 14880—2012 的要求，可以在产品中强化钙，强化量是 250~1 000 mg/kg，企业在实际生产中强化了 600 mg/kg（60 mg/100 g），由于乳类本身钙含量较高，强化后通过计算或者检测后的实际含量为 135 mg/100 g，则企业必须如实标示出钙在最终产品中的具体含量值。

条款：

4.4 食品配料含有或生产过程中使用了氢化和（或）部分氢化油脂时，在营养成分表中还应标示出反式脂肪（酸）的含量。

解读：

本条款是“条件性强制”内容的第三个方面。反式脂肪酸的主要来源之一是植物油氢化加工过程中产生。随着西式快餐的兴起、饮食文化的西化，以及人造奶油、植物起酥油等氢化油在我国的大量生产和使用，反式脂肪酸已经在一定程度上进入了我国居民的膳食中，因此其潜在健康风险必须引起政府、学术界和公众的重视。国际上已经有许多国家在所有预包装食品的营养标签上强制标示反式脂肪酸含量，以满足消费者的知情权和选择权，从而降低居民反式脂肪酸的摄入量。因此许多专家呼吁我国也应尽快出台相关政策，对反式脂肪酸进行强制标示。

鉴于反式脂肪酸最主要的来源是氢化油，因此，为了避免氢化植物油和（或）部分氢化植物油在食品中的过度使用，指导消费者的健康膳食选择，经多次专家论证，建议现阶段标准中对反式脂肪酸进行“条件性强制标示”，即如果产品的配料含有或生产过程中使用了氢化油或部分氢化油，则必须强制标示出反式脂肪酸的含量，如果产品中没有使用，则可以选择性标示而无须强制。简言之即“用氢化、标反式”。

提问：举例生活中常见的含有反式脂肪酸的食品。

参考答案：各类糕点、饼干、油炸食品。

条款：

4.5 上述未规定营养素参考值（NRV）的营养成分仅需标示含量。

解读：

本条款是对前面各条款的补充。前几个条款规定了必须标示的成分，同时要求标示各成分含量占 NRV 的百分比。但一些允许标示的营养成分如糖、不饱和脂肪酸、反式脂肪酸等尚无 NRV 值。对于未规定 NRV 的营养成分，其“NRV%”可以空白，也可以用斜线、横线等方式表达。

条款：

5. 可选择标示内容

5.1 除上述强制标示内容外，营养成分表中还可选择标示表 1 中的其他成分。（注明：表 1 详情见 GB 28050—2011）

解读：

由上述要求可见，可选择标示内容之一是除强制标示成分、条件性强制标示成分外，GB 28050—2011 中允许标示的其他成分。这些允许标示的成分与强制成分、条件性强制成分一起在 GB 28050—2011 的表 1 中列了出来。允许标示的成分主要包括维生素类、矿物质类等。这些成分在营养标签中不强制要求标出，企业可以根据产品特点、含量高低选择性地进行标示。但是，一旦选择标示，则必须按照 GB 28050—2011 的表 1 中要求的方式进行标示（包括名称、顺序、表达单位、修约间隔、“0”界限值等）。

例如，某橙汁饮料欲标示维生素 C 的含量，则其首先应该标示出 1+4，同时按照

GB 28050—2011 中表 1 的顺序将维生素 C 含量标示在上述“1+4”之后，表达单位是毫克（mg），修约间隔是 0.1，即在标签的标示值数字保留一位小数点。另外，根据维生素 C 的“0”界限值要求，如果每 100 g/100 mL 产品中维生素 C 的含量≤ 2.0 mg 时，则必须标示为“0”。其他列出的成分标示方式也是如此。

再如，企业自愿标示饱和脂肪的含量，则需要在脂肪后面列出饱和脂肪的含量，名称可以是“饱和脂肪”，也可以是“饱和脂肪酸”，单位是克，或者“g”，并保留一位小数点，如果每 100 g/100 mL 该产品中饱和脂肪的含量≤ 0.1 g 时，则同样必须标示为“0”，而不能标示为数值。

条款：

5.2 当某营养成分含量标示值符合表 C.1 的含量要求和限制性条件时，可对该成分进行含量声称，声称方式见表 C.1。当某营养成分含量满足表 C.3 的要求和条件时，可对该成分进行比较声称，声称方式见表 C.3。当某营养成分同时符合含量声称和比较声称的要求时，可以同时使用两种声称方式，或仅使用含量声称。含量声称和比较声称的同义语见表 C.2 和表 C.4。（注明：详情见 GB 28050—2011）

解读：

可选择标示内容之二是营养声称（包括含量声称和比较声称）。按照 GB 28050—2011 的规定，当产品中某一营养素含量符合 GB 28050—2011 中附录 C 中的声称条件和要求时，可以对该营养成分进行相应的营养声称。如果产品中某营养素满足声称的要求但不对该营养素进行相应的声称也是完全允许的，所以是可选择性标示内容。

条款：

5.3 当某营养成分的含量标示值符合含量声称或比较声称的要求和条件时，可使用附录 D 中相应的一条或多条营养成分功能声称标准用语。不应对功能声称用语进行任何形式的删改、添加和合并。（注明：详情见 GB 28050—2011）

解读：

可选择标示内容之三是营养成分功能声称。在 GB 28050—2011 的附录 D 中列出了能量和 24 种营养成分的功能声称用语，如果某营养成分含量满足 GB 28050—2011 中附录 C 的声称要求和条件（包括含量声称和比较声称）时，可以对该营养成分进行相应的功能声称。企业可以从附录 D 的营养成分功能声称用语中选择 1 句或 1 句以上用语。如果某营养成分含量满足声称的要求，但企业不对该营养成分进行相应的功能声称也是完全允许的，是可选择性的标示内容。

“不应对功能声称用语进行任何形式的删改、添加和合并”，是关于功能声称用语的使用要求。企业满足一定的条件下，在使用附录D的功能声称用语时，只能使用完整的一句话，不能对标准用语进行修改，也不能将句子中的话语删减、增加。这是为了保证竞争的公平性和产品标签内容的稳定性，避免企业过度夸大产品功能。

条款：

6. 营养成分的表达方式

6.1 预包装食品中能量和营养成分的含量应以每 100 克（g）和（或）每 100 毫升（mL）和（或）每份食品可食部中的具体数值来标示。当用份标示时，应标明每份食品的量。份的大小可根据食品的特点或推荐量规定。

解读：

本条款明确了能量和营养成分的表达方式。首先，从食物的计量单位看，使用每 100 g、每 100 mL 或每份食品来标示食品中营养成分的含量都是可以的。企业可以任意选择其中一种，也可以一种以上同时使用，如同时使用 100 g 和每份（每份 225 g）食品重量单位来标示含量值。

条款：

6.2 营养成分表中强制标示和可选择性标示的营养成分的名称和顺序、标示单位、修约间隔、“0”界限值应符合表 1 的规定。当不标示某一营养成分时，依序上移。

解读：

这是关于各成分标示内容的具体要求，其中关于能量和营养成分的名称和顺序，应按 GB 28050—2011 的表 1 第 1 列的名称和顺序标示。当某营养素有两个名称时，如烟酸（烟酰胺），括号内外的两个名称是等效的，所以企业在营养标签上可以选择标示“烟酸”或“烟酰胺”，也可以两者同时标示，如“烟酸（烟酰胺）”或“烟酰胺（烟酸）”。

条款：

6.3 当标示 GB 14880—2012 和原卫生部公告中允许强化的除表 1 外的其他营养成分时，其排列顺序应位于表 1 所列营养素之后。

解读：

举例：如企业在调制乳中使用了乳铁蛋白，则企业在强制标示“1+4”的基础上，需要同时强制标示乳铁蛋白的含量，乳铁蛋白应该标在“1+4”之后。如果企业除了“1+4”，还标示了部分维生素、矿物质等，则乳铁蛋白应该标在上述维生素和矿物质之后。

条款：

6.4 在产品保质期内，能量和营养成分含量的允许误差范围应符合表 2 的规定。

解读：

考虑到营养标签标准实施的主要目标和意义，从保护消费者利益考虑，应尽量要求真实客观，但是，食品中营养成分含量受许多因素影响，不可能每批次的产品实际含量与标示的含量完全一致。因此，为了反映客观情况，本处制定了标示值允许误差范围。这与国际上各国的通行做法一致。

允许误差的制定除了技术上的考虑，如食品加工过程、检测方法的误差等，还主要从营养素性质和人群摄入情况考虑，因此，本标准规定对限制性营养成分采用≤ 120% 标示值的“封顶”限值；对于非限制性营养成分，采用≥ 80% 标示值的“托底”限值。

条款：

7. 豁免强制标示营养标签的预包装食品

下列预包装食品豁免强制标示营养标签：

——生鲜食品，如包装的生肉、生鱼、生蔬菜和水果、禽蛋等；

——乙醇含量≥ 0.5% 的饮料酒类；

——包装总表面积≤ 100 cm^2 或最大表面面积≤ 20 cm^2 的食品；

——现制现售的食品；

——包装的饮用水；

——每日食用量≤ 10 g 或 10 mL 的预包装食品；

——其他法律法规标准规定可以不标示营养标签的预包装食品。

豁免强制标示营养标签的预包装食品，如果在其包装上出现任何营养信息时，应按照本标准执行。

解读：

根据国际上实施营养标签制度的经验，营养标签标准中规定了可以豁免标示营养标签的部分食品范围，主要是包装小、食用量小、生鲜或现制现售的产品等。

条款：

附录 A 食品标签营养素参考值（NRV）及其使用方法

A.1 食品标签营养素参考值（NRV）

规定的能量和 32 种营养成分参考数值如表 A.1 所示。

解读：

营养素参考值（NRV）是用于比较预包装食品标签上营养成分含量高低的参考值，该组数据专用于食品营养标签。食品中营养成分含量与 NRV 进行比较，能使消费者更好地理解食品中营养成分含量的高低。

条款：

A.2 使用目的和方式

用于比较和描述能量或营养成分含量的多少，使用营养声称和零数值的标示时，用作标准参考值。

使用方式为营养成分含量占营养素参考值（NRV）的百分数；指定 NRV% 的修约间隔为 1，如 1%、5%、16% 等。

解读：

在营养成分表中，NRV 的主要作用是计算和比较食品中营养成分的含量高低，让消费者更好地理解。如同样是 100 g 产品中，如果 A 产品中蛋白质的 NRV 是 15%，B 产品为 7%，只要比一下百分数的大小就知道 A 产品的蛋白质明显高于 B 产品。

同样，NRV 在 GB 28050—2011 中的第二个作用是作为含量声称的依据，本标准的附录 C 中列出了很多营养成分的声称条件，都是以 NRV 的百分比作为判断依据的，如蛋白质、维生素、部分矿物质等。

条款：

营养成分含量占营养素参考值（NRV）的百分数计算公式见式（A.1）：

$$\text{NRV\%}=\frac{X}{\text{NRV}}\times 100\% \quad \cdots\cdots\cdots\cdots\cdots\cdots \text{（A.1）}$$

式中：X——食品中某营养素的含量；

NRV——该营养素的营养素参考值。

解读：

本条款给出了 NRV% 的计算公式。是以营养成分表中营养素的含量，除以该营养素对应的 NRV 值，乘以百分之百而得出的数据，将该数据取整后得出即为营养素含量占其 NRV 值的百分比。

值得注意的是，有时候标签上营养成分的含量是以每份食品标示的，这种情况 *NRV* 百分比的计算也是按照每份标示的数值进行。

条款：

附录 B 营养标签格式

B. 1 本附录规定了预包装食品营养标签的格式。

B. 2 应选择以下 6 种格式中的一种进行营养标签的标示。

解读：

为了规范食品营养标签标示，便于消费者记忆和比较，营养成分的标示必须采用表格的形式（特殊情况除外），其优点是直观、简要、醒目，这样消费者在选购食品时可以很快地找到其所关心的成分及含量。表中的文字可用中文或中英文表述。

条款：

B.2.1 仅标示能量和核心营养素的格式

仅标示能量和核心营养素的营养标签见示例 1。（注明：详情见 GB 28050—2011）

解读：

示例 1 的基本格式可以分解为以下多种表示方式。主要是表头和成分表达方式的变化，可以根据产品特点选择用每 100 g、每 100 mL 或每份标示；营养素的单位用中文、英文或者两者兼用；营养素参考值 % 或者 NRV%，或者两者都用。

条款：

B.2.2 标注更多营养成分

标注更多营养成分的营养标签见示例 2。（注明：详情见 GB 28050—2011）

解读：

GB 28050—2011 的 B.2.2 中示例 2 的格式，主要内容是标示比“1+4”更多的成分。企业选择这种标示方式时，除了强调标示的成分需要按照 GB 28050—2011 中表 1 的顺序来标示外，更要强调的一点就是能量和核心营养素的“醒目”要求。使能量与核心营养素标示更加醒目的方法可能包含但不限于如下一些方式：

1）增大字号；

2）改变字体（如斜体、加粗、加黑）；

3）改变颜色（字体或背景颜色）；

4）改变对齐方式或其他方式。

企业可以选择不同的方式来达到“醒目”的目的，只要明确地让“1+4”和其他成分有所区分即可。

条款：

B.2.3 附有外文的格式

附有外文的营养标签见示例 3。（注明：详情见 GB 28050—2011）

解读：

GB 28050—2011 中 B.2.3 的示例 3 主要为使用了外文的格式举例。此处的外文不仅限于英文，其他外文也可以。同样，其格式可以转化成很多种，在标示举例的“1+4”的基础上，企业可以同时标注其他成分，中外文对应即可。GB 7718—2011 的基本要求中要求外文不得大于相应的汉字，在营养标签中也有同样要求。

另外，示例 3 的举例仅仅是基本举例，实际操作中，企业可以将英文单词的首字母大写，如“Energy”，或者将英文单词全部大写“ENERGY”，这些情况都是符合要求的。其他营养素的标示也同样。

条款：

B.2.4 横排格式

横排格式的营养标签见示例4。（注明：详情见GB 28050—2011）

解读：

GB 28050—2011中B.2.4的示例4是横排格式的基本举例，主要是考虑到不同版面设计、包装特点而设置的。企业可以将能量和营养成分分成两列或两列以上。列与列之间可以是竖线，也可以没有竖线，清晰即可。同样，如果横排格式同时附有外文格式也可以，只要与汉字一一对应即可。

示例4的脚注中强调了，横排格式中营养成分顺序从上到下、从左到右或从左到右、从上到下标示。

条款：

B.2.5 文字格式

包装的总面积小于100 cm^2的食品，如进行营养成分标示，允许用非表格的形式，并可省略营养素参考值（NRV）的标示。根据包装特点，营养成分从左到右横向排开，或者自上而下排开，如示例5。

示例5：营养成分/100 g：能量××kJ，蛋白质××g，脂肪××g，碳水化合物××g，钠××mg。

解读：

GB 28050—2011中B.2.5的示例5主要是针对包装面积小的产品设计的。总面积小于100 cm^2属于豁免强制标示营养标签的范围。但是如果企业自愿给消费者提供营养信息，或者企业对该产品做了声称，如“无糖”“不含胆固醇”等，根据标准要求必须标示营养标签时，可以采用文字格式。

条款：

B.2.6 附有营养声称和（或）营养成分功能声称的格式

附有营养声称和（或）营养成分功能声称的营养标签见示例6。

（注明：详情见GB 28050—2011）

解读：

GB 28050—2011中B.2.6的示例6是附有声称的格式，包括附有营养声称（含量或比较声称）、营养成分功能声称及其在标签上的位置。

标准要求营养声称、营养成分功能声称可以在标签的任意位置，包括营养成分表下方、上方、侧面或标签中的其他任意位置，还可以与产品名称标在一起，如“高钙饼干”“富含铁麦片”等。

无论上述声称在标签上的任何位置，其字号应有要求，不能因为过度强调声称，而掩盖食品的本来特性。因此标准要求其字号不得大于食品名称和商标。

条款：

附录 C 能量和营养成分含量声称和比较声称的要求、条件和同义语

C.1 表 C.1 规定了预包装食品能量和营养成分含量声称的要求和条件。

C.2 表 C.2 规定了预包装食品能量和营养成分含量声称的同义语。

C.3 表 C.3 规定了预包装食品能量和营养成分比较声称的要求和条件。

C.4 表 C.4 规定了预包装食品能量和营养成分比较声称的同义语。

（注明：详情见 GB 28050—2011）

解读：

营养声称是营养标签中的重要内容，是消费者直观地了解产品特性的方式，也是企业正面宣传产品品质的重要手段。

附录 C 中对能量和各营养成分的声称条件进行了严格的规定，既保证了企业的公平竞争，也有利于消费者得到正确的信息和切实的健康意义。

条款：

附录 D 能量和营养成分功能声称标准用语

（注明：详情见 GB 28050—2011）

解读：

GB 28050—2011 规定，只有当能量或营养成分含量符合附录 C 营养声称（包括含量声称和功能声称）的要求和条件时，才可根据食品的营养特性，选用附录 D 中相应的一条或多条功能声称标准用语。

第三节 预包装食品标签中常见问题分析

1. 基本要求

咖啡豆 净含量：200 g	
配料	咖啡豆
生产日期	2021.12.23
保质期	18 个月

续表

标准号	Q/××××1S
许可证	QS××××2101××××
贮存条件	避免阳光直射，开封后请密封保存于阴凉干燥环境
生产商名称	上海 ×××× 食品有限公司
地址	闵行区 ×× 路 ××× 号 × 幢 × 楼
服务电话	400×××××××
给您带来最佳的咖啡选择	

该标签不符合相关法律、法规的规定，不符合 GB 7718—2011《食品安全国家标准 预包装食品标签通则》3.1 的规定。

《中华人民共和国广告法》第二条规定："在中华人民共和国境内，商品经营者或者服务提供者通过一定媒介和形式直接或者间接地介绍自己所推销的商品或者服务的商业广告活动，适用本法。"《中华人民共和国广告法》第九条规定："广告不得有下列情形：……使用"国家级""最高级""最佳"等用语"。

该标签中介绍产品的话语"给您带来最佳的咖啡选择"属于广告用语，"最佳"属于不符合相关法律、法规的规定。

品名	草本清凉牛奶硬糖
净含量	31 g
配料	葡萄糖浆、白砂糖、稀奶油、食品添加剂（磷脂、二氧化钛、柠檬黄、亮蓝）、麦芽糊精、库拉索芦荟凝胶、食用香精、食盐
食品生产许可证	QS31××1301××××
产品标准代号	SB/T 10018
产地	上海市
生产日期	2022 年 1 月 1 日
保质期	18 个月
贮存条件	请置于干燥阴凉处，避免阳光直射
生产商	上海 ×× 食品有限公司
地址	上海市 ×× 区 ×× 镇 ×× 路 ×× 号
联系方式	021-××××××××

在原卫生部公告 2009 年第 1 号《卫生部等 6 部局关于含库拉索芦荟凝胶食品标识规定的公告》中第二条规定：添加库拉索芦荟凝胶的食品必须标注"本品添加芦荟，孕妇与

婴幼儿慎用”字样，并应当在配料表中标注“库拉索芦荟凝胶”；第四条规定：企业应在企业标准中对添加库拉索芦荟凝胶的食品的每日食用量作出规定。若无法确保消费者芦荟日摄入量在安全范围内，应在包装上标注每日食用量警示语。

该标签产品配料中有“库拉索芦荟凝胶”，未标示“本品添加芦荟，孕妇与婴幼儿慎用”和“每日食用量警示语”。

2. 食品名称

品名	柚子蜂蜜蛋糕（热加工）
净含量	90 g
配料	黄油、白砂糖、鸡蛋、小麦粉、柚子、食品添加剂（焦磷酸二氢二钠、碳酸氢钠、磷酸二氢钙、碳酸钙）
食品生产许可证	QS31202401××××
产品标准代号	GB/T 20977
产地	上海市 ×× 区
生产日期	2021 年 12 月 22 日
保质期	45 天
贮存条件	请置于干燥凉爽处、避免阳光直射。开袋后请即食用，以免受潮
生产商	上海 ×× 食品有限公司
地址	上海市奉贤区 ×× 镇 ×× 路 ×× 号
联系方式	021-××××××××

该标签产品名称与配料表不符。

该标签中产品名称为“柚子蜂蜜蛋糕”，而配料中没有“蜂蜜”。如生产过程中没有添加“蜂蜜”，属于产品名称误导消费者，不符合 GB 7718—2011《食品安全国家标准 预包装食品标签通则》4.1.2.1 的规定。

食品名称	甘蔗汁
配料表	水、甘蔗原汁（10%）、白砂糖
净含量	310 mL
经销商名称	上海 ×× 食品有限公司
地址	上海市 ×× 区 ×× 路 × 号
电话（传真）	021-×××××（××××）
生产日期	见罐底
保质期	见罐底

续表

原产地	中国台湾地区
贮存条件	常温，置于阴凉干燥处
产品类型	果汁饮料

该标签产品名称不能反映产品真实属性，不符合 GB 7718—2011《食品安全国家标准 预包装食品标签通则》4.1.2.1 的规定。

GB 7718—2011《食品安全国家标准 预包装食品标签通则》4.1.2.1 规定：应在食品标签的醒目位置，清晰地标示反映食品真实属性的专用名称。

该标签产品配料为“水、水果原汁和糖”，产品的真实属性为果汁饮料，产品名称应标为“甘蔗汁饮料”。

3. 配料表

佐餐料（辣酱油） 净含量：630 mL	
配料	饮用水、白砂糖、食用盐、水果、番茄酱、蔬菜、辣椒、香辛料、焦糖色
产品标准代号	Q/××××
生产许可证号	QS××××0307××××
食用方法	开启封口直接食用
保质期	18 个月
生产日期	20210405
贮存条件	常温
生产者	××食品有限公司
生产地址	××省×××市×××路××号
联系电话	×××-××××××××

该标签未按标准要求标示食品配料的具体名称（水果、蔬菜），不符合 GB 7718—2011《食品安全国家标准 预包装食品标签通则》4.1.3.1 的规定。

GB 7718—2011《食品安全国家标准 预包装食品标签通则》4.1.3.1 规定：配料表中的各配料应按 4.1.2 的要求标示具体名称。

该标签配料中的“水果、蔬菜”属于一大类食品名称，未标示配料的具体名称，应标示其使用的水果和蔬菜的具体名称，如苹果、葡萄、白菜、萝卜等。

食品名称	卤鸡蛋
配料表	鲜鸡蛋、白砂糖、食盐、辣椒、香辛料、食品添加剂（味精）
净含量	40 g
经销商名称	上海 ×× 食品有限公司
地址	上海市 ×× 区 ×× 路 × 号
电话（传真）	021-××××（××××）
生产日期	2021.01.06
保质期	12 个月
贮存条件	常温，置于阴凉干燥处
产品标准号	SB/T 10369
产地	上海市 ×× 区
食品生产许可证编号	QS××××1901××××

该标签食品添加剂名称（味精）标示不规范，不符合 GB 7718—2011《食品安全国家标准 预包装食品标签通则》4.1.3.1.4 的规定。

根据《卫生部办公厅关于味精归属及标识有关问题的复函》(原卫办监督函〔2011〕998 号)：味精（谷氨酸钠）是常用的调味品，也是被列入 GB 2760—2024《食品安全国家标准 食品添加剂使用标准》的食品添加剂。作为调味品时产品名称可以为味精或谷氨酸钠；但列在食品添加剂项下就要标示食品添加剂在 GB 2760—2024 中的通用名称，只可以标示“谷氨酸钠”。

4. 配料的定量标示

牛奶高钙燕麦片净含量 / 规格：600 g	
产品标准号	Q/××××0001S-2014
生产日期	2021.12.10
保质期	12 个月
贮存条件	置于阴凉干燥处
产品介绍	含澳洲优质燕麦
配料	燕麦、白砂糖、麦片、麦芽糊精、全脂奶粉、碳酸钙、食用香精
生产商	上海 ××× 食品有限公司
地址	上海市 ×× 区 ×× 路 ×× 号
产地	上海市 ×× 区
电话	021-××××××××

生产许可证	QS××××0701××××

该标签中特别强调"含澳洲优质燕麦"，同上例分析，需要标示"澳洲优质燕麦"的添加量或在成品中的含量。

品名	××奶糖（原味）
净含量	130 g
配料	麦芽糖浆、白砂糖、炼乳、奶粉、奶油、海藻糖、食用盐、明胶、单硬脂酸甘油酯、磷脂、食用香精
食品生产许可证号	QS31××1301××××
产品标准代号	SB/T 10022
产地	上海市
生产日期	2021 年 1 月 1 日
保质期	12 个月
贮存条件	请置于阴凉干燥处
生产商	上海××食品有限公司
地址	上海市××区××镇××路××号
联系方式	021-××××××××

该标签未标示标签上特别强调添加的配料（海藻糖）的添加量或在成品中的含量，不符合 GB 7718—2011《食品安全国家标准 预包装食品标签通则》4.1.4.1 的规定。

该标签中特别强调"添加海藻糖"，则需要标示"海藻糖"的添加量或在成品中的含量。

5. 净含量和规格

产品名称	卤制鹌鹑蛋
配料表	鹌鹑蛋、白砂糖、食用盐、水、味精、生姜、大蒜、花椒、八角、食用香精香料
净重	100 g
产品标准代号	GB/T 23970
生产日期	2021.5.12
保质期	180 天
贮存条件	阴凉避光
食品生产许可证编号	QS××××1901××××
生产者	××××食品有限公司

续表

生产地址	××省××市××路××号
联系方式	×××-××××××××
产地	××省××市

该标签净含量标题标示不规范，不符合 GB 7718—2011《食品安全国家标准 预包装食品标签通则》4.1.5.1 的规定。

GB 7718-2011《食品安全国家标准 预包装食品标签通则》4.1.5.1 规定：净含量的标示应由净含量、数字和法定计量单位组成。

净含量的标题只可以标示“净含量”三个字，标示“净重”“毛重”“容量”等都属于净含量标题标示不规范。

6. 生产者、经销者的名称、地址和联系方式

××牌味精	净含量：200 g
配料	味精（谷氨酸钠）
生产日期	2021.2.14
保质期	36 个月
标准号	GB/T 8967
生产许可证	QS××××0304××××
贮存条件	避免阳光直射，开封后请密封保存于阴凉干燥环境
委托方名称	上海××××食品有限公司
委托方地址	闵行区××路×××号××幢××楼
服务电话	400××××××

该标签未标示受委托单位的名称和地址或产地，不符合 GB 7718—2011《食品安全国家标准 预包装食品标签通则》4.1.6.1.3 的规定。

GB 7718—2011《食品安全国家标准 预包装食品标签通则》4.1.6.1.3 规定：受其他单位委托加工预包装食品的，应标示委托单位和受委托单位的名称和地址；或仅标示委托单位的名称和地址及产地，产地应当按照行政区划标注到地市级地域。

食品名称	益生菌复合粉
食品类型	其他固体饮料
净含量	28 g
产品标准	GB/T 29602
配料表	麦芽糊精、低聚半乳糖、低聚果糖、嗜热链球菌、乳双歧杆菌

续表

食用方法	温水或牛奶冲调，每日一次，一次一袋
生产日期	2021-12-10
保质期	24 个月
贮存条件	请放在避光、阴凉干燥处保存
生产者名称	上海市 ×× 食品有限公司
地址	上海市 ×× 路 ×× 号
食品生产许可证	QS31140601××××

该标签未标示联系方式，不符合 GB 7718—2011《食品安全国家标准 预包装食品标签通则》4.1.6.2 的规定。

GB 7718—2011《食品安全国家标准 预包装食品标签通则》4.1.6.2 规定：依法承担法律责任的生产者或经销者的联系方式应标示以下至少一项内容：电话、传真、网络联系方式等，或与地址一并标示的邮政地址。

7. 日期标示

焙炒咖啡豆	净含量：454 g
配料	咖啡豆
生产日期	20/5/2021
保质期	180 日
质量等级	一级
标准号	Q/××××1S
许可证	QS××××2101××××
贮存条件	避免阳光直射，开封后请密封保存于阴凉干燥环境
生产商名称	上海 ×××× 食品有限公司
地址	闵行区 ×× 路 ××× 号 × 幢 × 楼
服务电话	400××××××××

该标签未注明日期标示顺序，不符合 GB 7718—2011《食品安全国家标准 预包装食品标签通则》4.1.7.3 的规定。

GB 7718—2011《食品安全国家标准 预包装食品标签通则》4.1.7.3 规定：应按年、月、日的顺序标示日期，如果不按此顺序标示，应注明日期标示顺序（标示形式参见附录 C）。

该标签中生产日期的标示未按年、月、日的顺序，应按标准要求注明日期标示顺序，如：20/5/2021（日 / 月 / 年）。

8. 贮存条件

产品	黑乌龙茶、乌龙茶饮料（无糖）
配料	水、乌龙茶叶、乌龙茶粉、食品添加剂（维生素 C、碳酸氢钠）
净含量	350 mL
保质期	12 个月
消费者服务电话	400-×××-××××
生产日期	2021 年 04 月 03 日
产品标准号	GB/T 21733
食品生产许可证编号	QS31××0601××××
生产商名称	上海市 ×××× 食品有限公司生产
地址	上海市 ×× 区 ×× 路 ×× 号
产地	上海市 ×× 区

该标签未标示贮存条件，不符合 GB 7718—2011《食品安全国家标准 预包装食品标签通则》4.1.8 的规定。

GB 7718—2011《食品安全国家标准 预包装食品标签通则》4.1.8 规定：预包装食品标签应标示贮存条件（标示形式参见附录 C）。标示贮存条件时，可有引导词如“贮存条件”“存放条件”等，也可无引导词直接标示。

该标签中未标示贮存条件，应标示贮存条件，如“贮存条件：请保存于室温干燥处，避免阳光直晒及高温。”

9. 食品生产许可证编号

红茶	净含量：25 g
配料	红茶
生产日期	2021.2.2
保质期	18 个月
贮存条件	于阴凉干燥通风处
生产商名称	上海 ×××× 食品有限公司
地址	上海 ×× 路 ××× 号 ×× 幢 ×× 楼
电话	400×××××××
执行标准	Q/EB××××××
生产许可证号	QS××××1402××××

该标签上食品生产许可证编号与产品真实属性不符，不符合 GB 7718—2011《食品安

全国家标准 预包装食品标签通则》4.1.9 的规定。

GB 7718—2011《食品安全国家标准 预包装食品标签通则》4.1.9 规定：预包装食品标签应标示食品生产许可证编号的，标示形式按照相关规定执行。

该标签生产许可证号中间四位“1402”代表产品属性为茶制品，而根据该标签产品的配料等反应产品的真实属性为茶叶。

10. 产品标准代号

品名	果汁 Q 糖（葡萄味橡皮糖）
净含量	60 g
配料	麦芽糖浆、白砂糖、浓缩苹果汁、食品添加剂（明胶、山梨糖醇、柠檬酸、柠檬酸钠、果胶、胭脂红、亮蓝）、食用香精
苹果原果汁添加量	不低于 5%
食品生产许可证	QS31××1301××××
产品标准代号	SB10021
产地	上海市
生产日期	2022 年 1 月 1 日
保质期	18 个月
贮存条件	请置于阴凉干燥处，避免阳光直射
生产商	上海 ×× 食品有限公司
地址	上海市 ×× 区 ×× 镇 ×× 路 ×× 号
联系方式	021-××××××××

该标签产品标准代号标示不规范，不符合 GB 7718—2011《食品安全国家标准 预包装食品标签通则》4.1.10 的规定。

GB 7718—2011《食品安全国家标准 预包装食品标签通则》4.1.10 规定：在国内生产并在国内销售的预包装食品（不包括进口预包装食品）应标示产品所执行的标准代号和顺序号。

该标签产品执行标准为 SB/T 10021—2017《糖果 凝胶糖果》，标示的产品标准代号为“SB10021”，漏标示“/T”，属于产品标准代号标示不规范。

标示产品所执行的标准代号和顺序号，可以不标示年代号，但“/T”与否应标示正确。

食品名称	苏式月饼
净含量	80 g
保质期	7 天

续表

贮存条件	清洁、阴凉、干燥处，常温保存
产品标准号	GB 19855
加工方式	烘烤类热加工
生产日期	2021 年 2 月 14 日
配料表	小麦粉、赤豆沙（红豆、白砂糖、植物油、麦芽糖浆、生活饮用水）、食用植物油
生产商	上海 ××× 食品有限公司
地址	上海市浦东新区 ×× 镇 ×× 路 ×× 号 × 幢 x 楼
食品产地	上海浦东新区
电话	021-××××××××
生产许可证	QS31152401××××

该标签引用作废标准，不符合 GB 7718—2011《食品安全国家标准 预包装食品标签通则》4.1.10 的规定。

GB 7718—2011《食品安全国家标准 预包装食品标签通则》4.1.10 规定：在国内生产并在国内销售的预包装食品（不包括进口预包装食品）应标示产品所执行的标准代号和顺序号。

产品执行标准 GB 19855—2005《月饼》于 2015 年 12 月 1 日作废，被 GB/T 19855—2015《月饼》代替，在 2015 年 12 月 1 日之后生产的产品都应执行 GB/T 19855—2015《月饼》，标签中产品标准代号标示“GB 19855”属于引用作废标准。

11. 其他标示内容

食品名称	大红枣
配料	红枣
分装商	上海 ×× 食品有限公司
地址	上海市 ×× 区 ×× 路 × 号
电话（传真）	021-×××××（××××）
生产日期	见封口喷码
保质期	常温 180 天
贮存条件	存放于阴凉干燥处
执行标准	GB/T 5835
质量等级	合格品

续表

净含量	500 g
食品生产许可证编号	QS××××1702××××

该标签质量等级标示不规范，不符合 GB 7718—2011《食品安全国家标准 预包装食品标签通则》4.1.11.4 的规定。

GB 7718—2011《食品安全国家标准 预包装食品标签通则》4.1.11.4 规定：食品所执行的相应产品标准已明确规定质量（品质）等级的，应标示质量（品质）等级。该标签产品执行标准 GB/T 5835—2009《干制红枣》对干制大红枣按等级规格分为：一等、二等、三等，该标签示例标示质量等级“合格品”属于质量等级标示不规范。

12. 营养标签

营养成分表

nutrition information

项目 items	每 per100 g	NRV/ %
能量 energy	525 kJ	20
蛋白质 protein	0 g	0
脂肪 fat	0 g	0
碳水化合物 carbohydrate	29.4 g	10
钠 sodium	40 mg	2

该营养标签外文字号大于中文字号，不符合 GB 28050—2011《食品安全国家标准 预包装食品营养标签通则》3.2 的规定。

GB 28050—2011《食品安全国家标准 预包装食品营养标签通则》3.2 规定：预包装食品营养标签应使用中文。如同时使用外文标示的，其内容应当与中文相对应，外文字号不得大于中文字号。

营养成分表

项目	每 per g	营养素参考值 / %
能量	≥ 1 365 kJ	≥ 16
蛋白质	≥ 7.2 g	≥ 12
脂肪	≤ 0.7 g	≤ 1
碳水化合物	≥ 71.1 g	≥ 24
膳食纤维	≥ 0.6 g	≥ 2

续表

项目	每 per g	营养素参考值 / %
钠	100 mg~160 mg	5~8
钙	≥ 1 000 mg	≥ 125

该标签营养成分表达方式标示不规范，不符合 GB 28050—2011《食品安全国家标准 预包装食品营养标签通则》3.4 和 6.1 的规定。

GB 28050—2011《食品安全国家标准 预包装食品营养标签通则》3.4 规定：食品营养成分含量应以具体数值标示。6.1 规定：预包装食品中能量和营养成分的含量应以每 100 克（g）和（或）每 100 毫升（mL）和（或）每份食品可食部中的具体数值来标示。

营养成分的含量只能使用具体的含量数值，不能使用范围值标示，如“≤ × ×”“≥ × ×”“× ×~× ×”等。

13. 产品执行标准或强制性标准中的特殊要求

产品名称：八年陈黄酒	净含量：500 mL
原料：水、大米、糯米、红枣、枸杞、蜂蜜、焦糖色	产品标准号及质量等级：GB/T 13662（优级）
含糖量：15.1 g/L~40.0 g/L	酒精度≥ 12%vol
生产日期：2021 年 12 月 8 日	置于阴凉干燥通风处
产品类型：特型半干黄酒	许可证号：QS× × × ×1504× × × ×
保质期：24 个月	
生产商：× × × × 酿造有限公司	
地址：× × × × × ×	
售后服务热线：400111× × × ×	

该标签未按标准要求标示“过量饮酒有害健康”，不符合 GB 2758—2012《食品安全国家标准 发酵酒及其配制酒》4.4 的规定。

GB 2758—2012《食品安全国家标准 发酵酒及其配制酒》4.4 规定：应标示“过量饮酒有害健康”，可同时标示其他警示语。

该标签未标示此警示语。另外，警示语一定要标示“过量饮酒有害健康”，标示为“过度饮酒，有害健康”“过量饮酒危害健康”等都属于警示语标示不规范。

食品名称	真空赤豆粽
产品分类	混合类，真空包装类，其他型
配料	箬叶（不可食用），糯米，红小豆，生活饮用水

续表

净含量	320 克 / 袋（2 只）
保质期	180 天
贮存条件	常温保存，避免高温、阳光直射
食用方法	直接入沸水煮 8 min 或撕开袋后入微波炉高档加热 3 min 即可食用
产品标准号	SB/T 10377
生产日期	2021 年 11 月 19 日
生产商	上海市 ×××× 食品厂
产地	上海市浦东新区
地址	上海市 ×× 路 ×× 号
电话	021-××××××××
传真	021-××××××××
生产许可证	QS31152401××××
友情提示	发现涨袋或漏气时请勿购买，或至销售处调换

虽然 GB 7099—2003《糕点、面包卫生标准》第 8 章规定：定型包装的标示要求除符合相应规定外，在产品单位包装上要标明冷加工或热加工。但 GB 7099—2015《食品安全国家标准 糕点、面包》于 2016 年 9 月 22 日实施，无冷、热加工标示要求。GB 7099—2003《糕点、面包卫生标准》已于 2016 年 9 月 22 日废止。

因此，糕点的产品标签上，其实并不是必须标注加工方式的。

14. 非直接提供给消费者的预包装食品标签

产品名称：清纯 14 度原浆	净含量：5 L
餐饮渠道销售	
原麦汁浓度：14.0° P	酒精度≥ 5.4%vol
警示语：过量饮酒有害健康 切勿撞击，防止爆瓶	灌装（生产）日期：2021 年 12 月 8 日
合格证明：合格	许可证号：QS××××1503××××
保质期及贮运条件：保质期：7 天 0~5 ℃冷藏、避光贮运	
生产商：×× 啤酒（上海）有限公司出品	
地址：上海市 ××××××	
售后服务热线：400111××××	

该标签未在食品标签的醒目位置标示反映食品真实属性的专用名称，不符合GB 7718—2011《食品安全国家标准 预包装食品标签通则》4.1.2.1 的规定。

同上例分析，案例产品为“餐饮渠道销售”，属于“非直接提供给消费者的预包装食品”的情形，标签应按照 4.1 项下的相应要求标示食品名称、规格、净含量、生产日期、保质期和贮存条件。此产品的真实属性为“啤酒”，而产品名称标示“清纯 14 度原浆”并不能反映产品的真实属性，应在食品标签的醒目位置清晰地标示反映食品真实属性的专用名称（啤酒）。

第四节　我国进出口预包装食品标签检验监督管理的规定

我国进出口预包装食品标签检验监督管理的规定有多种，并且日趋严格。接下来就从解读关于《中华人民共和国进口食品境外生产企业注册管理规定》和《中华人民共和国进出口食品安全管理办法》实施相关事宜的公告等几方面介绍有关规定。

第一部分　解读关于《中华人民共和国进口食品境外生产企业注册管理规定》和《中华人民共和国进出口食品安全管理办法》实施相关事宜的公告

《中华人民共和国进口食品境外生产企业注册管理规定》（海关总署令第 248 号，以下简称《注册规定》）和《中华人民共和国进出口食品安全管理办法》（海关总署令第 249 号，以下简称《管理办法》）已于 2021 年 4 月 12 日公布，2022 年 1 月 1 日起施行。现将相关事宜公告如下：

一、关于境外生产企业注册申请及企业信息查询

（一）注册系统登录及境外生产企业信息查询。

进口食品境外生产企业注册管理系统（以下简称“注册系统”）访问地址为：https：//cifer.singlewindow.cn，如图 4-1 所示。或可通过中国国际贸易单一窗口（https：//www.singlewindow.cn）门户网站——进口食品境外生产企业注册管理系统访问。如图 4-2 所示。

已注册进口食品境外生产企业可在海关总署官方网站或注册系统查询其在华注册编号、有效期等信息。

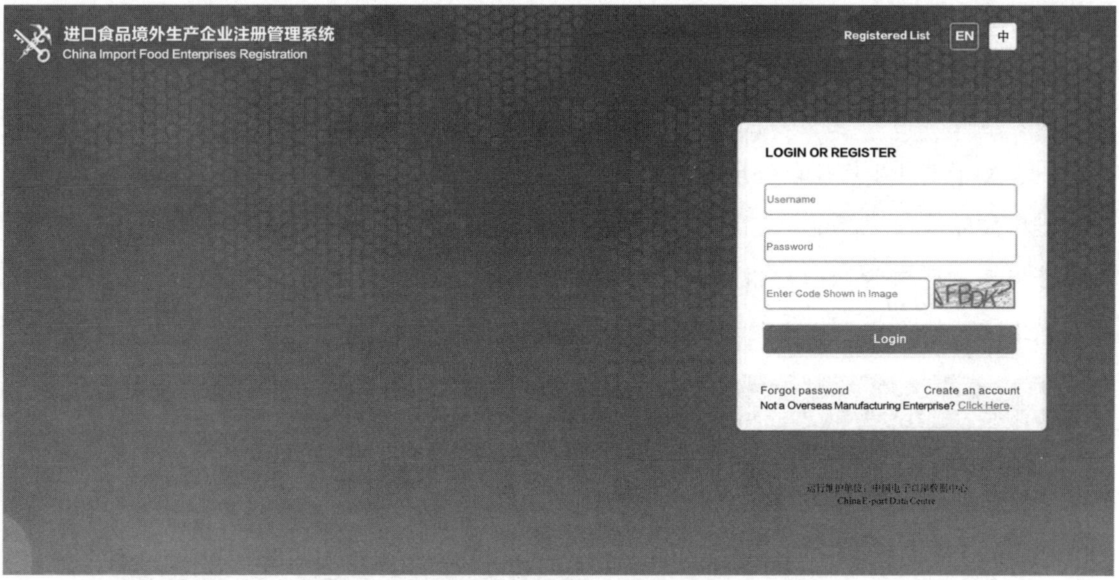

图 4–1 进口食品境外生产企业注册管理系统首页

图 4–2 中国国际贸易单一窗口

（二）境外生产企业注册申请。

除相关境外主管当局与海关总署就申请方式和申请材料另有约定的，《注册规定》第七条所列 18 类进口食品境外生产企业，应由所在国家（地区）主管当局分配其注册系统账号，通过注册系统按流程提交申请。境外主管当局的注册系统账号，由海关总署予以分配。《注册规定》第七条所列 18 类以外的食品境外生产企业，应自行申请其注册系统账号，按注册系统流程提交申请。

二、关于境外生产企业注册涉及产品类别及商品编号查询

进口食品境外生产企业注册涉及产品的类别与相应商品编号（HS 编码）、检验检疫名称（检验检疫编码），可登录注册系统查询，查询方式：首页菜单➛产品类别查询。

三、关于境外生产企业注册办事指南

进口食品境外生产企业注册办事指南及相关附件，可参见海关总署网站“互联网 + 海关”办事指南栏目➛行政审批➛进口食品境外生产企业注册➛进口食品境外生产企业注册办事指南。如图 4-3 所示。

图 4–3 海关总署网站有关“进口食品境外生产企业注册”截图

四、关于进口食品境外生产企业的进口申报

2022 年 1 月 1 日起启运的输华食品，在进口申报时应在报关单“产品资质”项下“进口食品境外生产企业注册”证书栏（许可证类别代码 519）规范填写该企业在华注册编号。在实施 2020 版申报项目的海关申报进口食品，应在“其他企业”项下的“其他企业类别”

栏选择“进口食品境外生产企业”，在“编号或企业名称”栏填报该企业在华注册编号。未按要求规范填报的，海关不接受申报。

五、关于注册编号标注及包装标签标识

2022 年 1 月 1 日起生产的输华食品，应当在输华食品的内、外包装上标注在华注册编号或者所在国家（地区）主管当局批准的注册编号。

《管理办法》关于包装和标签、标识的要求，适用于自 2022 年 1 月 1 日起生产的输华食品；2022 年 1 月 1 日前生产的输华食品包装和标签、标识要求适用于原规定要求。

六、关于注册有效期

已获注册的进口食品境外生产企业，其注册资格继续有效。已注册企业在注册有效期届满前 6~3 个月期间，应按照《注册规定》第二十条相关要求办理延续注册。未按规定申请延续注册的企业，海关总署将予以注销。

七、关于费用

实施进口食品境外生产企业注册，海关总署不收取任何费用。

特此公告。

海关总署

2021 年 12 月 13 日

第二部分　了解 2022 年 1 月开始实施的新版《管理办法》

一、修订背景和目的

现行的《管理办法》由原国家质量监督检验检疫总局于 2011 年颁布，2012 年 3 月 1 日起正式施行；2018 年，由于监管主体变化，海关总署对其进行了修订。

《管理办法》自 2012 年施行以来，在保证海关对进出口食品安全监管方面发挥了重要作用。随着进出口食品安全形势的不断变化，为进一步提升进出口食品安全治理能力和水平，有必要对现行的进出口食品管理制度再次进行优化和完善。

二、主要框架

修订后的《管理办法》共分 6 章，79 条，主要内容包括对我国进出口食品安全监管的一般要求、食品进口管理、食品出口管理、相应的监督管理措施、法律责任等。

三、修订亮点

1. 进口食品监管亮点

一是引入科技化监管手段。《管理办法》第六条规定，海关运用信息化手段提升进出口食品安全监督管理水平。《管理办法》第十四条至第十六条规定，海关总署可实施视频检查。信息化手段有助于降低监管成本，提升监管效能。

二是引入“合格评定”概念。《管理办法》第十条规定，海关依据进出口商品检验相关法律、行政法规的规定对进口食品实施合格评定。进口食品合格评定活动包括：向中国境内出口食品的境外国家（地区）食品安全管理体系评估和审查、境外生产企业注册、进出口商备案和合格保证、进境动植物检疫审批、随附合格证明检查、单证审核、现场查验、监督抽检、进口和销售记录检查以及各项的组合。合格评定活动能够使进口食品监管更加科学、规范。如图 4-4 所示。

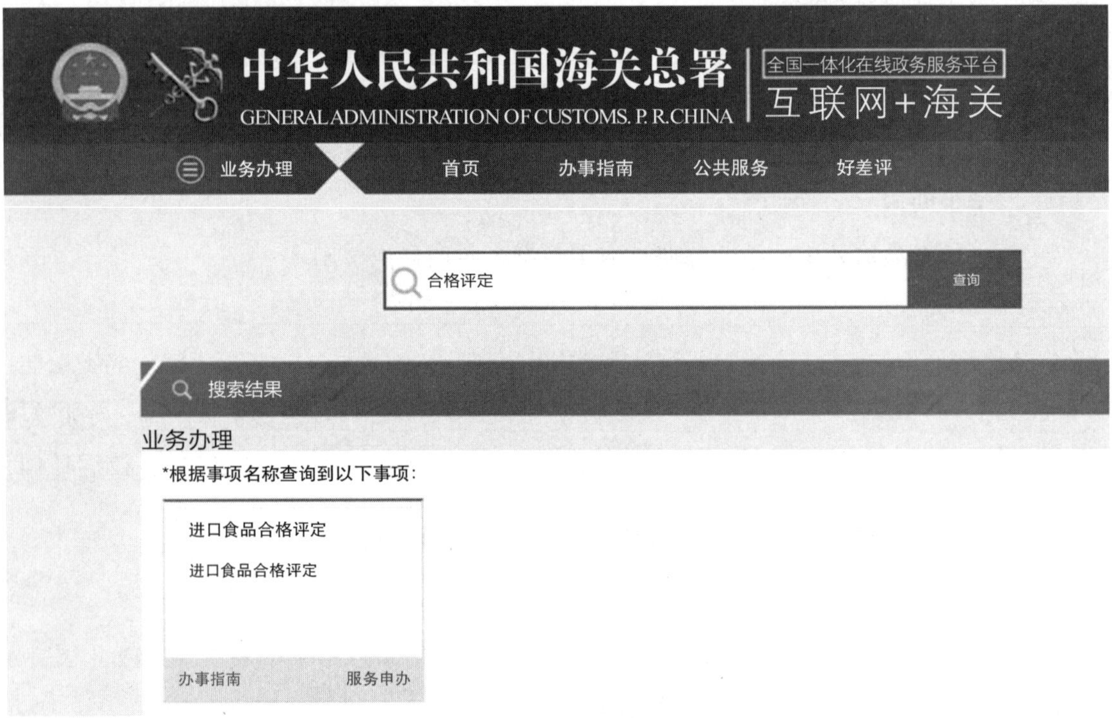

图 4–4　在海关总署网站上查询合格评定相关信息，可办理进口食品合格评定

三是细化对境外国家评估和审查的相关内容。《管理办法》第十二条至第十七条细化规定了海关总署对境外国家评估和审查的条件、内容、方式、材料、要求、终止评估和审查的条件以及结果公布等内容。境外食品安全主管机构可对照相关内容评估其向中国出口食品的可行性。

四是增加了海关对进口食品实施加严控制的规定。《管理办法》第三十四条规定了海关可以对进口食品实施加严控制的情形。加严控制方式包括：对相关进口食品提高监督抽检比例、要求食品进口商逐批提交有资质的检验机构出具的检验报告等。通过这一条款加强存在安全隐患食品的监管，减少进口食品安全风险。

五是增加了对相关食品暂停或者禁止的规定。《管理办法》第三十五条和第三十六条规定了海关总署可依据风险评估结果，对相关食品采取暂停或者禁止进口的控制措施。对此，进口食品企业可自行了解，譬如当某国出现重大动植物疫情或者食品安全体系变化无法有效保证输华食品安全等情况时，可及时调整贸易，减少损失。图 4-5 所示为海关总署网站公布的某重大动植物疫情防控公告。

中华人民共和国海关总署

GENERAL ADMINISTRATION OF CUSTOMS. P. R.CHINA

请输入搜索关键字

热词： 减免税 海关管理 货运监管 行政监管

首页 | 总署概况 | 新闻发布 | 政务公开 | 互联网+海关 | 互动交流 | 专题专栏

您的位置：首页 > 政务公开 > 海关法规

【法规类型】 海关规范性文件	【内容类别】 其他
【文 号】 公告〔2021〕12号	【发文机关】 海关总署 农业农村部
【发布日期】 2021-01-28	【生效日期】 2021-01-28
【效力】 有效	
【效力说明】	

海关总署 农业农村部公告2021年第12号（关于防止斯里兰卡牛结节性皮肤病传入我国的公告）

公告〔2021〕12号

2021年1月19日，世界动物卫生组织（OIE）公布斯里兰卡贾夫纳县（Jaffna）、马纳尔县（Mannar）和瓦武尼亚县（Vavuniya）6家农场发生牛结节性皮肤病疫情，涉及的易感动物有543头牛，其中83头发病，这是斯里兰卡首次发生牛结节性皮肤病疫情。为保护我国畜牧业安全，防止疫情传入，根据《中华人民共和国海关法》、《中华人民共和国进出境动植物检疫法》及其实施条例等有关法律法规的规定，现公告如下：

一、禁止直接或间接从斯里兰卡输入牛及其相关产品（源于牛未经加工或者虽经加工但仍有可能传播疫病的产品）。

二、禁止寄递或携带来自斯里兰卡的牛及其产品入境。一经发现，一律作退回或销毁处理。

三、进境船舶、航空器、公路车辆和铁路列车等运输工具上，如发现有来自斯里兰卡的牛及其产品，一律作封存处理，且在我国境内停留或者运行期间，未经海关许可，不得启封动用。其废弃物、泔水等，一律在海关的监督下做无害化处理，不得擅自抛弃。运输工具上如发现牛结节性皮肤病疫情，严格依法对污染或可能污染区域监督实施防疫消毒处理。

四、加强对来自斯里兰卡交通运输工具媒介昆虫的消杀处理。

五、对边防等部门截获的非法入境的来自斯里兰卡的牛及其产品，一律在海关的监督下作销毁处理。

六、凡违反上述规定者，由海关依照《中华人民共和国海关法》、《中华人民共和国进出境动植物检疫法》及其实施条例有关规定处理。

七、各海关、各级动物疫病预防控制机构及动物卫生监督机构要分别按照《中华人民共和国海关法》《中华人民共和国进出境动植物检疫法》《中华人民共和国动物防疫法》等有关规定，密切配合，做好检疫、防疫和监督工作。

本公告自发布之日起实施。

图 4–5　海关总署网站公布的某重大动植物疫情防控公告

四、出口食品监管亮点

一是明确出口食品监督管理措施的主要内容。《管理办法》第三十九条规定了海关依法对出口食品实施监督管理的措施包括：出口食品原料种植养殖场备案、出口食品生产企业备案、企业核查、单证审核、现场查验、监督抽检、口岸抽查、境外通报核查以及各项的组合。这一条款明确了从原料监管、企业监管、出口申报、产品监管及出口食品出现问题被通报等一系列监管措施，实现全面有效监管。图 4-6 所示为出口食品原料养殖场备案办事指南。

出口食品原料养殖场备案

事项编码：11100000000014154E1000629026002

基本信息

事项类型	行政检查	办件类型	承诺件
实施主体	各主管海关负责企业管理工作的部门。	行使层级	国家级/局（署、会）
是否收费	否	办理形式	窗口办理 网上办理
到办事现场次数	1次	到办事现场次数说明	无
承诺办结时限	无	法定办结时限	无
承诺办结时限说明	无		
法定办结时限说明	无		
咨询方式	各直属海关咨询电话（链接至各直属海关网站）或12360海关服务热线		
监督投诉方式	各直属海关咨询电话（链接至各直属海关网站）或12360海关服务热线		
办理时间	（一）企业在线申请时间：24小时。（二）各地海关窗口办理时间：海关正常工作日时间，具体时间可通过主管海关网站查询。（链接至各直属海关网站）。		
办理地点	网上办理：申请人登录海关"互联网+海关"一体化平台（http://online.customs.gov.cn），进入"企业管理和稽查"版块，或者登录"中国国际贸易单一窗口"（https://www.singlewindow.cn）办理。窗口办理：各主管海关业务现场，具体地址可通过主管海关网站查询。（链接至各直属海关网站）。		

图 4–6　出口食品原料养殖场备案办事指南

二是细化出口食品企业食品安全管理制度要求。《管理办法》第四十四条细化了出口食品企业食品安全管理制度要求。明确要求建立可追溯的食品安全卫生控制体系，建立供应商评估制度、进货查验记录制度、生产记录档案制度、出厂检验记录制度、出口食品追溯制度和不合格食品处置制度。企业通过建立运行完善的食品安全管理体系实现食品从源头到餐桌的安全。

三是出口食品检验检疫地点灵活变通。《管理办法》第四十八条规定，出口食品应当依法由产地海关实施检验检疫，但是海关总署根据便利对外贸易和出口食品检验检疫工作需要，可以指定其他地点实施检验检疫。这是海关积极提供通关便利，优化营商环境的体现。

五、企业关注点

1. 进口食品企业关注

一是谨慎进口新型食品或含有新食品原料的食品。《管理办法》第九条规定，进口食品如果没有食品安全国家标准，且国务院卫生行政部门没有公布暂予适用标准的，不能再进口，与现行规定有较大变化。企业应认真研究拟进口食品是否有适用的食品安全国家标准或国务院卫生行政部门公布的暂予适用标准，避免货物因此遭遇退运销毁而造成经济损失。同时，《管理办法》还规定利用新的食品原料生产的食品，应当按照《中华人民共和国食品安全法》第三十七条的规定，取得国务院卫生行政部门新食品原料卫生行政许可。国外已获得批准的新食品原料在国内可能还未通过审批，因此企业应关注拟进口食品是否存在此种情况，避免因此通关受阻，影响贸易进度。

二是备案信息及时变更。《管理办法》第二十条规定，进口商备案内容发生变更的应及时办理变更手续，进口商在备案信息发生变化时应及时联系备案海关办理变更手续，未按规定办理变更手续，情节严重的或者是备案提供虚假信息的，都将承担相应法律责任。图 4-7 所示为进口食品进口商备案办事指南。

事项类型	行政确认	办件类型	承诺件
实施主体	主管海关负责企业管理工作的部门	行使层级	国家级/局（署、会）
是否收费	否	办理形式	窗口办理 网上办理
到办事现场次数	1 次	到办事现场次数说明	窗口办理1次或网上办理0次。
承诺办结时限	5 个工作日	法定办结时限	无
承诺办结时限说明	无		
法定办结时限说明	无		
咨询方式	各直属海关咨询电话（链接至各直属海关网站）或12360海关服务热线。		
监督投诉方式	各直属海关咨询电话（链接至各直属海关网站）或12360海关服务热线。		
办理时间	（一）企业在线申请时间：24 小时。（二）各地海关窗口办理时间：海关正常工作日时间，具体时间可通过主管海关网站查询。（链接至各直属海关网站）。		
办理地点	（一）网上办理：登录“互联网+海关”一体化平台（http://online.customs.gov.cn），进入“企业管理和稽查”版块办理。（二）现场办理：现场提交申请：各主管海关业务现场。		

图 4–7　进口食品进口商备案办事指南

三是切实履行境外企业审核主体责任。《管理办法》第二十二条规定，食品进口商应建立境外出口商、境外生产企业审核制度，重点审核对方制定和执行食品安全风险控制措施情况和保证食品符合中国法律法规和食品安全国家标准的情况。进口商应了解拟进口食品安全状况，从审核境外企业安全管理水平着手，审核内容可以多样，如审核对方管理体系和制度保障、检验检测情况等。

四是关注食品包装和标签。《管理办法》第三十条对进口食品包装的标签和标识要求进行规定。将“进口预包装食品”改为“进口食品”，纳入了进口鲜冻肉类产品、水产品的包装标识要求。并且明确进口保健食品、特殊膳食食品的中文标签必须印制在最小销售包装上，不得加贴。进口食品企业应采取措施确保拟进口食品标签、中文说明书、包装标识符合我国法律法规和标准要求。在进口时，出现标签不符合要求，且拒不按照海关要求实施销毁、退运或技术处理的，承担相应法律责任。

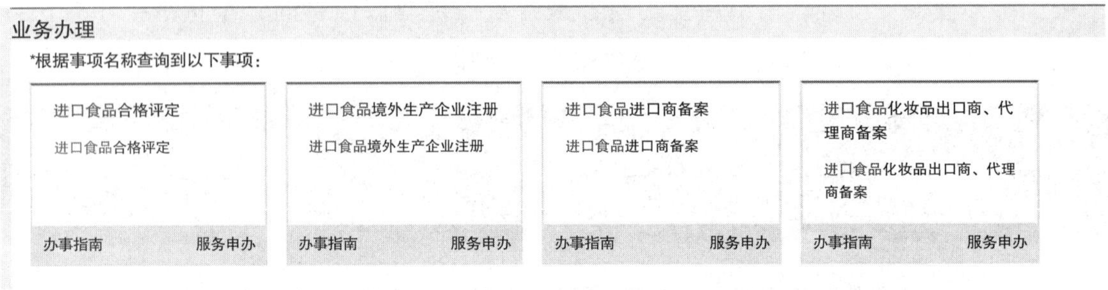

图 4-8　查询海关总署网站，“进口预包装食品”称呼均改为“进口食品”

五是履行召回义务和及时报告。《管理办法》第三十七条规定了食品进口商发现进口食品不符合法律、行政法规和食品安全国家标准，或者有证据证明可能危害人体健康时，应当按照《中华人民共和国食品安全法》第六十三条和第九十四条第三款规定，立即停止进口、销售和使用，实施召回，通知相关生产经营者和消费者，记录召回和通知情况，并将食品召回、通知和处理情况向所在地海关报告。食品进口商应切实履行主体责任，发现问题食品履行好召回义务和通知宣传，减少问题食品影响范围，避免产生重大食品安全事件。

2. 出口食品企业关注

一是关注“申报前监管申请”的规定。《管理办法》第四十九条规定，出口食品企业、出口商应依法向产地或者组货地海关提出申报前监管申请，产地或者组货地海关受理食品出口申报前监管申请后，依法对需要实施检验检疫的出口食品实施现场检查和监督抽检。企业应及时提出相关申请，以便海关实施相应检查和监督抽检，避免延误通关。

二是切实履行企业主体责任。《管理办法》第五十四条规定，当出口食品因安全问题被通报，海关将调整相应监督抽检比例，或者要求企业逐批提供检验、撤回对外注册推进等，这一规定推动出口食品企业必须切实履行食品安全主体责任，确保出口食品安全，避免因通报导致不良反应和经济损失。

3. 进出口食品企业共同关注点

增加了复验和不受理复验的情形。《管理办法》第六十七条规定，进出口食品生产经营者对海关的检验结果有异议的，可按照进出口商品复验相关规定申请复验。有下列情形之一的，海关不受理复验:（一）检验结果显示微生物指标超标的;（二）复验备份样品超过保质期的;（三）其他原因导致备份样品无法实现复验目的的。

第三部分　为进口食品办理境外生产企业注册

一、申请条件:

（一）所在国家（地区）的食品安全管理体系通过海关总署等效性评估、审查;

（二）经所在国家（地区）主管当局批准设立并在其有效监管下;

（三）建立有效的食品安全卫生管理和防护体系，在所在国家（地区）合法生产和出口，保证向中国境内出口的食品符合中国相关法律法规和食品安全国家标准;

（四）符合海关总署与所在国家（地区）主管当局商定的相关检验检疫要求。

二、申请材料:

（一）对于由所在国家（地区）主管当局推荐注册的 18 类产品境外生产企业，申请材料包括:

1. 首次申请注册应提交的材料

序号	提交材料名称	份数	纸质 / 电子	语言要求	备注
1	所在国家（地区）主管当局推荐注册来函	1	纸质 / 电子	中文 / 英文	
2	推荐注册的进口食品境外生产企业名单（附件 1）	1	纸质 / 电子	中文 / 英文	
3	推荐注册的进口食品境外生产企业注册申请书（附件 2）	1	纸质 / 电子	中文 / 英文	
4	企业身份证明文件，如所在国家（地区）主管当局颁发的营业执照等	1	纸质 / 电子	中文 / 英文	
5	所在国家（地区）主管当局推荐注册企业符合性声明（附件 3）	1	纸质 / 电子	中文 / 英文	
6	所在国家（地区）主管当局对相关企业进行审核检查的审查报告，或进口食品境外生产企业注册条件及对照检查要点（附件 4）	1	纸质 / 电子	中文 / 英文	

2. 申请变更应提交的材料

序号	提交材料名称	份数	纸质 / 电子	语言要求	备注
1	所在国家（地区）主管当局申请变更来函	1	纸质 / 电子	中文 / 英文	
2	进口食品境外生产企业注册事项变更信息对照表（附件 5）	1	纸质 / 电子	中文 / 英文	
3	与变更信息有关的证明材料	1	纸质 / 电子	中文 / 英文	

3. 申请延续注册应提交的材料

序号	提交材料名称	份数	纸质 / 电子	语言要求	备注
1	所在国家（地区）主管当局推荐延续注册来函	1	纸质 / 电子	中文 / 英文	
2	推荐延续注册的进口食品境外生产企业名单（附件 6）	1	纸质 / 电子	中文 / 英文	
3	推荐延续注册的进口食品境外生产企业申请书（附件 7）	1	纸质 / 电子	中文 / 英文	
4	推荐延续注册的进口食品境外生产企业符合性声明（附件 8）	1	纸质 / 电子	中文 / 英文	

4. 注销注册应提交的材料

序号	提交材料名称	份数	纸质 / 电子	语言要求	备注
1	所在国家（地区）主管当局申请注销来函	1	纸质 / 电子	中文 / 英文	
2	注销注册的进口食品境外生产企业名单（附件 9）	1	纸质 / 电子	中文 / 英文	
3	进口食品境外生产企业注销注册申请书（附件 10）	1	纸质 / 电子	中文 / 英文	

（二）对于 18 类产品以外其他食品境外生产企业，申请材料包括：

1. 首次申请注册应提交的材料

序号	提交材料名称	份数	纸质 / 电子	语言要求	备注
1	自行申请的进口食品境外生产企业注册申请书（附件 11）	1	纸质 / 电子	中文 / 英文	
2	企业身份证明文件，如所在国家（地区）主管当局颁发的营业执照等	1	纸质 / 电子	中文 / 英文	
3	自行申请的进口食品境外生产企业符合性声明（附件 12）	1	纸质 / 电子	中文 / 英文	

2. 申请变更应提交的材料

序号	提交材料名称	份数	纸质 / 电子	语言要求	备注
1	进口食品境外生产企业注册事项变更信息对照表（附件 5）	1	纸质 / 电子	中文 / 英文	
2	与变更信息有关的证明材料	1	纸质 / 电子	中文 / 英文	

3. 申请延续注册应提交的材料

序号	提交材料名称	份数	纸质 / 电子	语言要求	备注
1	自行申请的进口食品境外生产企业延续注册申请书（附件 13）	1	纸质 / 电子	中文 / 英文	
2	自行申请的进口食品境外生产企业延续注册符合性声明（附件 14）	1	纸质 / 电子	中文 / 英文	

4. 注销注册应提交的材料

序号	提交材料名称	份数	纸质 / 电子	语言要求	备注
1	进口食品境外生产企业注销注册申请书（附件 10）	1	纸质 / 电子	中文 / 英文	

文中涉及的附件可在“中华人民共和国海关总署官网”下载，链接如下：http://online.customs.gov.cn/static/pages/index.html?guidebookUrl=/static/pages/guides/000129012000/000129012000.html&applyUrl=https%3A%2F%2Fcifer.singlewindow.cn&userType=3&systemType=WEB&taskCode=11100000000014154E1000129012000&flag=false

三、办理流程：

（一）注册的申请、提交、受理、评估、审查、审核决定

1. 申请

进口食品境外生产企业申请注册、变更、延续、注销，申请方式包括所在国家（地区）主管当局推荐和企业申请两种。

18 类产品（包括肉与肉制品、肠衣、水产品、乳品、燕窝与燕窝制品、蜂产品、蛋与蛋制品、食用油脂和油料、包馅面食、食用谷物、谷物制粉工业产品和麦芽、保鲜和脱水蔬菜以及干豆、调味料、坚果与籽类、干果、未烘焙的咖啡豆与可可豆、特殊膳食食品和保健食品）的境外生产企业，应由所在国家（地区）主管当局对企业进行审核检查，确认符合注册要求后，向海关总署推荐并提交申请材料。

18 类产品以外的其他食品境外生产企业，应当自行或者委托代理人向海关总署提出申请并提交申请材料。

2. 提交

除相关国家（地区）主管当局与海关总署就申请方式和申请材料另有约定的，进口食品境外生产企业注册、变更、延续、注销的申请，应通过进口食品境外生产企业注册管理系统提交。

3. 受理

海关总署食品局收到申请材料后，根据下列情况分别作出处理：

（1）材料符合要求的，予以受理；

（2）材料不符合法定形式或者不齐全的，自收到申请材料之日起 20 个工作日内，一次性告知所在国家（地区）主管当局或进口食品境外生产企业需补正的全部内容；

（3）不属于《注册规定》要求实施注册管理的，不予受理并告知所在国家（地区）主管当局或进口食品境外生产企业；

（4）发现申请注册境外企业提供虚假材料的，不予受理并告知所在国家（地区）主管当局或进口食品境外生产企业；发现已注册境外企业企业提供虚假材料的，按《注册规定》第二十四条相关要求办理。

海关总署食品局可通过书面函件、传真文书、电子邮件或信息化系统等形式，向所在国家（地区）主管当局或进口食品境外生产企业反馈受理情况。

4. 评估审查

根据风险分析及实际工作需要，海关总署食品局可组织评审组，通过书面检查、视频检查、现场检查等形式及其组合，对申请注册的进口食品境外生产企业实施评估审查。进口食品境外生产企业的评估审查形式如下：

（1）书面检查：海关总署组织评审组，通过对所递交申请文件材料的审阅，对所在国家（地区）主管当局或境外生产企业提交申请文件材料实施检查。根据申请文件材料情况，海关总署可以要求申请国家（地区）的主管当局或境外生产企业补充缺少的信息或者材料。

（2）视频检查：海关总署组织评审组，通过互联网视频连线的方式，对企业食品安全卫生管理体系及其食品安全卫生状况等实施检查。接受视频检查的企业及所在国家（地区）主管当局，应当为视频检查提供必要的协助。对于视频检查中发现的相关问题，海关总署可以要求接受视频检查的企业及所在国家（地区）主管当局进行整改并提交相应整改情况。

（3）现场检查：海关总署组织评审组，赴境外到申请注册的境外生产企业现场，对企业食品安全卫生管理体系及其食品安全卫生状况等实施检查验证。接受现场检查的企业及所在国家（地区）主管当局，应当为现场检查提供必要的协助。对于现场检查中发现的相关问题，海关总署可要求被现场检查的企业及所在国家（地区）主管当局进行整改并提交相应整改情况。

评估审查的内容和标准，将根据世贸组织（WTO）三姐妹组织（世界动物卫生组织（OIE）、国际植物保护公约（IPPC）、国际食品法典委员会（CAC））相关指南、海关总署与所在国家（地区）主管当局商定的相关检验检疫要求、中国相关法律法规和食品安全国家标准执行。图 4-9 所示为 OIE 官网，图 4-10 所示为 IPPC 官网，图 4-11 所示为 CAC 管网。

海关总署食品局组织评审组开展视频检查、现场检查，将根据风险分析及国际惯例，并与企业所在国家（地区）主管当局提前沟通协商。

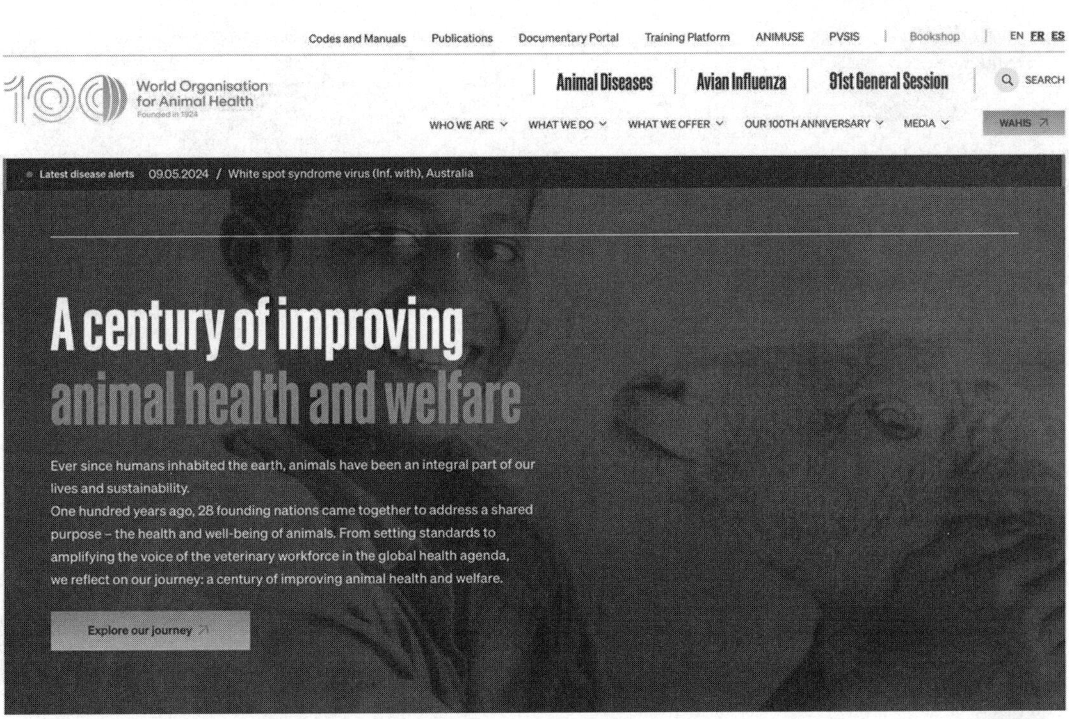

图 4–9 OIE 官网 https://www.woah.org/en/home/

图 4–10 IPPC 官网 https://www.ippc.int/zh/

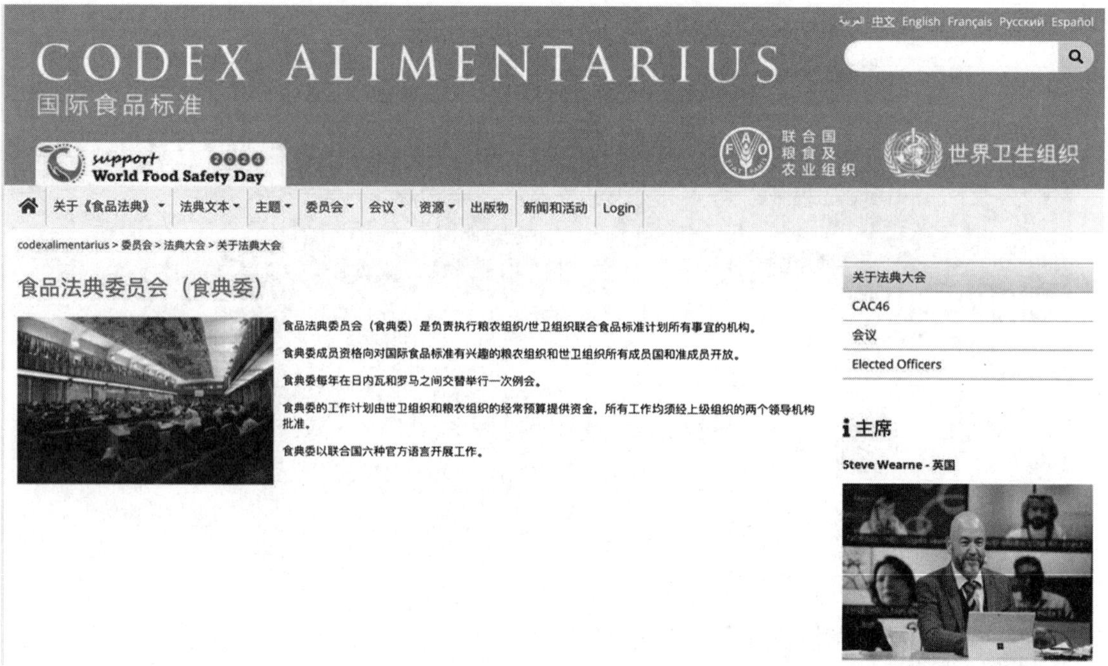

图 4-11 CAC 官网 https://www.fao.org/fao-who-codexalimentarius/home/zh/

5. 审核

海关总署食品局对评审组工作报告进行审核。

6. 予以注册

海关总署根据评估审查情况，对符合要求的进口食品境外生产企业予以注册并给予在华注册编号，通知所在国家（地区）主管当局或进口食品境外生产企业；对不符合要求的进口食品境外生产企业不予注册，通知所在国家（地区）主管当局或进口食品境外生产企业。

海关总署食品局可通过书面函件、传真文书、电子邮件或信息化系统等形式，通知所在国家（地区）主管当局或进口食品境外生产企业。

（二）注册事项变更

已注册境外企业的注册事项发生变更时，应当由所在国家（地区）主管当局或进口食品境外生产企业，按照申请途径根据要求递交相应的变更申请材料。

经评估审查，如认为变更事项不涉及境外企业食品安全卫生管理控制（例如企业名称改变等），确认符合变更要求的，予以变更；经评估审查，如认为相关变更调整可能影响境外企业食品安全卫生管理控制的，不予变更并通知所在国家（地区）主管当局或进口食品境外生产企业按照申请途径，提交新的注册申请。新的注册申请通过后，原有在华注册编号将自动失效，注册资格被注销。

企业生产场所迁址、法定代表人变更或是所在国家（地区）授予的注册编号改变等，应提交新的注册申请。新的注册申请通过后，原有的在华注册编号将自动失效，注册资格被注销。

生产场所迁址，指向中国出口食品的实际生产场所（厂区）实施搬迁。管理人员办公场所变化不属于生产场所迁址。法定代表人变更，指境外企业的实际拥有者发生变化。如果境外企业实际拥有者不变，但代表实际拥有者执行企业生产场所（厂区）管理的人员发生变化的，生产企业可先申请变更，海关总署评估相应变更对企业食品安全卫生管理控制的实际影响，决定是否予以变更。

（三）延续注册

已注册境外企业，应在其注册有效期届满前 3 至 6 个月，应当由所在国家（地区）主管当局或进口食品境外生产企业，按照申请途径根据要求递交相应的延续注册申请材料。

经评估审查，确认符合延续注册要求的，予以延续注册；如不符合要求的，不予延续并书面通知所在国家（地区）主管当局或进口食品境外生产企业，原有在华注册编号将到期自动失效，注册资格被注销。

海关总署食品局可通过书面函件、传真文书、电子邮件或信息化系统等形式，通知所在国家（地区）主管当局或进口食品境外生产企业。

（四）注销注册

已注册进口食品境外生产企业申请注销其资格时，应当由所在国家（地区）主管当局或进口食品境外生产企业，按照申请途径根据要求递交相应的注销申请材料。

海关总署食品局对符合注销要求的予以注销，通知所在国家（地区）主管当局或进口食品境外生产企业，并予以公布。

办理形式：

除相关国家（地区）主管当局与海关总署就申请方式和申请材料另有约定的，进口食品境外生产企业注册、变更、延续、注销的申请，应通过进口食品境外生产企业注册管理系统办理。

到办理现场次数：0 次。

审查标准：

申请材料填写是否完整、真实、准确、有效。

申请材料内容是否符合海关总署与所在国家（地区）主管当局商定的相关检验检疫要求，以及中国相关法律法规和食品安全国家标准等。

通办范围：无

预约办理：否

网上支付：否

物流快递：否

办理地点：

1. 申请材料递交至：北京市建国门内大街 6 号，中华人民共和国海关总署进出口食品安全局，邮编 100005。

2. 网上办理：https://cifer.singlewindow.cn，如图 4-1 所示。还可通过中国国际贸易单一窗口（www.singlewindow.cn）标准版应用进入。

办理时间：

1. 企业申请时间：

网上办理：24 小时；

外交途径：法定工作日 8:00—17:00。

2. 海关审核时间：法定工作日 8:00—17:00

咨询电话：12360 海关服务热线。

监督电话：12360 海关服务热线。

第五节 实践指导

一、实践内容

进口食品包装健康信息的调研

二、实践步骤

1. 调查超市零食中有关饱和脂肪和糖的标签内容；
2. 检索有关对饱和脂肪和糖的信息；
3. 探讨为什么要增加对饱和脂肪和糖的强制性标识要求。

三、实践要求

1. 调研实践要有明确目标；
2. 调研态度要认真；
3. 完成《如何强化对超市零食中有关饱和脂肪和糖的标签信息展示》的调研报告。

参考如下新闻报道：

购买预包装食品要看营养标签

保健时报/2021年/9月/23日/第002版 健康视点记者 董超

吃得安全、吃得营养是人民群众对美好生活需求的重要内容。近日，国家卫生健康委召开例行新闻发布会，介绍健康中国行动合理膳食行动实施两年来的进展成效。会上，国家食品安全风险评估中心主任李宁透露，国家卫生健康委正在组织对《食品安全国家标准 预包装食品营养标签通则》进行修订。修订后的新标准对预包装食品营养信息标识提出了新要求，其中，将在现行基础上增加对饱和脂肪和糖的强制性标识要求。

预包装食品标签能反映食品中的营养成分

现在，越来越多的消费者养成了看营养标签的习惯，通过看包装食品外包装的营养标签，可以了解食品的营养特点和主要营养成分的含量。李宁介绍，食品营养标签的作用就是向消费者提供食品中的营养信息，消费者通过看营养标签来了解食品的营养特点，从而帮助自己合理选择食品。《食品安全国家标准 预包装食品营养标签通则》是针对工业化的预包装食品如何进行营养标识的强制性食品安全国家标准，这个标准要求在预包装食品标签上的营养成分表中列出营养素种类、含量及每种营养素的含量占营养素参考值的百分比，这个百分比就是反映食品中的营养素能够满足人体每日需要量的程度。

"国家卫生健康委员会正在组织对《食品安全国家标准 预包装食品营养标签通则》进行修订，修订后的新标准对预包装食品营养信息标识提出了新要求。"李宁说，比如在现行基础上增加了对饱和脂肪和糖的强制性标识要求，消费者通过看标签可以了解食品中油、盐、糖的营养信息。此外，修订的标准还鼓励在食品包装的正面用文字或者图案形式对营养成分表里的营养信息做补充说明，便于消费者更直观地了解预包装食品中的营养特性。此外，考虑针对儿童和青少年谨慎选择高油、高盐、高糖食品增加提示信息，提醒消费者合理地选择预包装食品。

购买预包装食品要养成看标签的习惯

李宁表示，针对餐饮食品，国家卫生健康委去年年底也发布实施了《餐饮食品营养标识指南》。该指南指导和鼓励餐厅食堂对餐饮食品里的能量、脂肪和钠进行标识，根据菜品特点鼓励对其他的糖及营养成分进行标识。

李宁提醒，消费者购买预包装食品或者点餐的时候一定要养成看标签的习惯，通过看标签了解食品中的营养特性。比如血压高的消费者可能更多关注钠的标识，血糖高的消费者更多关注糖含量的标识，控制体重的消费者更多关注能量标识。通过看标签可以选择适合自己的食品，不断提升自己的营养健康水平。

无论是修订《食品安全国家标准 预包装食品营养标签通则》，还是已经发布的《餐饮食品营养标识指南》，都体现了营养标签在合理膳食中的重要性，满足了消费者对不同食品的营养信息的需求，是有助于推动"三减"，即减油、减盐、减糖的重要举措。

拓展阅读

"鲜人参"引发的预包装食品标签案

质量与标准化 / 2019 年 11 期 朱文君

近年来，人们对食品安全问题越来越重视，而预包装食品标签一直都是食品行业的多发问题，有很多细节平时不大容易被人们所注意到，尤其在选购食品时，食品标签标识不规范，往往会误导消费者。通过对本期案例的解读，希望能帮助大家了解关于预包装食品标签的专业知识。

一、案例简介

不久前，本市某区市场监督管理部门接到消费者举报投诉，反映L超市销售的某品牌鲜人参晶，其产品配料表中仅标注“鲜人参”，不符合相关规定，要求依法查处。该区市场监管部门工作人员依法受理，并对现场检查后予以立案。经调查询问，认定L超市销售的某品牌鲜人参晶，在其产品配料表中标注为“鲜人参”，无法让消费者明确知晓该产品使用的人参是人工种植人参还是野生人参，违反了GB 7718—2011《食品安全国家标准预包装食品标签通则》(以下简称《标签通则》) 第3.4条、第4.1.2.1条，以及《中华人民共和国食品安全法》第六十七条第三款、第一百二十五条第一款第（二）项的规定，作出处罚决定。

该品牌鲜人参晶产品生产商T公司不服行政处罚决定并起诉至法院，称其在该产品标签配料表中将新资源食品人参（人工种植）标注为“鲜人参”的行为，是按照有关公告中规定的名称进行标注，不存在虚假、夸大或使消费者误解的主观故意，客观上按照日常生活常识，野生人参也不得用作普通食品，故并未实际误导消费者。另根据相关规定，该公司标注“鲜人参”的行为，应属于标签标识不规范，给予行政指导或责令改正即可，该区市场监管部门适用错误的法律依据作出处罚决定，对该公司产品销售造成了不良影响，故诉至法院请求撤销处罚决定。

经审理，法院认为“鲜人参”的标注并非严格按照参考《中华人民共和国药典》及相关标准中对“人参”的定义进行标注，不能完全排除使消费者产生误解的可能性，市场监管部门接到举报后，经受理、现场检查、立案、调查询问等程序，作出处罚决定并直接送达被处罚对象，符合法定程序。故T公司要求撤销处罚决定的诉讼请求没有相应的事实根据及法律依据，依法应予以驳回。

二、案例分析

1. 本案食品标签标示问题性质之认定

《中华人民共和国食品安全法》第二十五条明确规定,食品安全标准是强制执行的标准。第二十六条规定，食品安全标准应当包括对与卫生、营养等食品安全要求有关的标签、标志、说明书的要求。由此可见,《中华人民共和国食品安全法》中的食品安全标准除了化学、物理卫生等要求外，还包括对标签的要求等。《中华人民共和国食品安全法》第六十七条中也明确规定了预包装食品的包装上应当有标签。标签应当标明名称、规格、净含量、生产日期，成分或者配料表，生产者的名称、地址、联系方式，保质期等事项，以及法律、法规或者食品安全标准规定应当标明的其他事项。

《中华人民共和国 食品安全法》第五条第三款规定由国务院卫生行政部门会同国务院食品药品监督管理部门制定并公布食品安全国家标准。《标签通则》是由原卫生部 2011 年发布并于 2012 年 4 月 20 日实施的关于预包装食品标签标示问题的食品安全国家标准。其中第 2.1 条规定，预包装食品是预先定量包装或者制作在包装材料和容器中的食品，包括预先定量包装以及预先定量制作在包装材料和容器中并且在一定量限范围内具有统一的质量或体积标示的食品。第 2.2 条规定食品标签是食品包装上的文字、图形、符号及一切说明物。第 2.3 条规定配料是指在制造或加工食品时使用的，并存在（包括以改性的形式存在）于产品中的任何物质，包括食品添加剂。因此，该品牌人参晶属于预包装食品，其在配料表中标示“鲜人参”的表述属于预包装食品标签。

2. 预包装食品标签标示问题的法律适用分析

《中华人民共和国 食品安全法》第七十一条第二款规定：食品和食品添加剂的标签、说明书应当清楚、明显，生产日期、保质期等事项应当显著标注，容易辨识。《标签通则》对标签的基本要求中也规定了标签应清晰、醒目、持久，应使消费者购买时易于辨认和识读。第 3.4 条规定：预包装食品标签的所有内容应真实、准确。不得以虚假、夸大、使消费者误解或欺骗性的文字、图形等方式介绍食品，也不得利用字号大小或色差误导消费者。第 3.5 条规定：不应直接或以暗示性的语言、图形、符号，误导消费者将购买的食品或食品的某一性质与另一产品混淆。第 4.1.2.1 条规定：预包装食品应在食品标签的醒目位置，清晰地标示反映食品真实属性的专用名称。

食品标签的基本功能是公布食品的名称、配料、净含量、批号、生产者、生产日期等内容，告知消费者该食品的质量特性、安全特性，以及食用、饮用说明等信息。消费者作为社会生活中不特定的多数人，教育背景各异，文化程度也不同，对同一词汇（如“鲜人参”）的理解也会因人而异。不能以生产者自身现有的专业知识推定广大消费者全部知晓“野生人参是国家重点一级保护野生植物，且不可以用于普通食品，出售的产品只要写人参的，肯定是人工种植”这类专业知识。

一般来说，对食品标签所标示的内容，应当以不特定多数人按照其朴素常识作出的通常性理解为标准，判断食品标签内容是否会引起消费者的误解。《标签通则》第 4.1.2.3 条规定，为不使消费者误解或者混淆食品的真实属性、物理状态或制作方法，可以在食品名称前或食品名称后附加相应的词或短语。如干燥的、浓缩的、复原的、熏制的、油炸的、粉末的、粒状的等。若原告希望表达其产品是新鲜非干品的人参，完全可以通过在食品名称前或食品名称后附加相应的不会引起消费者误解的词组或短语的方式达成，而仅用“鲜”字表达新鲜非干品之意，无法排除由此引发的被误认为是野生品的可能性。

本案中人参晶产品配料表中仅标注“鲜人参”，而没有明确标注为人工种植人参，通常至少导致两种理解：一种为原告（生产商T公司）诉称的意指新鲜非干品的人参，另一种为本案被告（市场监管部门）接到投诉举报所称的无法根据“鲜人参”明确辨识是否是野生人参。由此可见“鲜人参”的标签标识容易让消费者在购买此种产品时产生误解。一般来说，“鲜人参”的表述不能排除消费者理解为野生人参的可能性。

预包装食品标签标识目的是要使消费者明确知晓相关食品的一些生产情况及功能。如果标签标识不能起到明示作用，反而使消费者陷入新的迷惑之中，预包装食品标签的作用则形同虚设，由此引发消费者对预包装食品标签的误解。

3. 本案预包装食品标签标识不适用瑕疵条款

T公司在诉讼中认为其标注“鲜人参”的行为属于标签标识不规范，是标签瑕疵问题，应给予行政指导或责令改正即可。2015年修订的《中华人民共和国食品安全法》中增加了食品标签瑕疵除外条款，其中第一百二十五条第二款规定生产经营的食品、食品添加剂的标签、说明书存在瑕疵但不影响食品安全且不会对消费者造成误导的，由县级以上人民政府食品药品监督管理部门责令改正；拒不改正的，处二千元以下罚款。

由此可见，《中华人民共和国食品安全法》中规定的食品标签存在瑕疵的情形是指：不规范标注行为对食品安全无影响，实践中未发现因食用该产品导致的不良反应；当事人无主观故意，不会影响消费者的知情权和选择权，亦未因此引发消费者的误解。具体情形包括但不限于：①标签文字使用中出现错别字，但该错别字不产生错误理解，例如：“营养成分”被标注为“营养成份”。②标签文字使用繁体字，但该繁体字不产生错误理解。立法者对于食品生产经营过程中，食品标签存在瑕疵，但不影响食品安全且不会对消费者造成误导的行为给予了区分解释，并在法律责任上认定为轻微违法行为，给予一定程度的容忍。

三、案例启示

预包装食品标签是预包装食品的外在标识，反映预包装食品一定的特性，包括预包装食品包装上的文字、图形、符号及一切说明物，是消费者选择预包装食品的参考。食品标签是向消费者传递产品信息的载体，是食品安全的重要组成部分。食品标签应使用能够帮助消费者理解食品真实属性的名称或通俗名称，不应使用使消费者误解或混淆的表述方式。

在本案人参晶产品的标签配料表中，将新资源食品人参（人工种植）标注为鲜人参的行为，虽然不影响食品安全，但是不能完全排除对消费者造成误导，以为是野生人参，因此本案中不宜适用预包装食品标签瑕疵条款。消费者作为不具备专业知识的不特定受众，其理解程度因人而异，不能以消费者应当不会产生误解为由而放任食品标签不规范、不严格的现象。食品生产者应当严格按照法律规定对其生产食品的标签进行规范化、标准化，从根源上杜绝令消费者产生误解的可能性。

练习与思考

你觉得是否应该在预包装食品标签标注含糖总量?

建议预包装食品标签标注含糖总量。

我国是糖尿病大国，糖尿病人群已达 1.14 亿，但糖尿病的治疗现状却十分堪忧，存在知晓率低、治疗率低、治疗达标率低、并发症却高的情况。主要原因之一是由于社会对于控糖的义务并没有尽到。在居民的日常生活中，预包装食品多数没有营养标签或者没有标记糖含量。此外，在已有的营养配料表中，糖有 60 多个不同的名字，很多添加物本质上也是糖，食品配料表上的真正总含糖量很模糊。尤其是在糖尿病以及其他慢性病人需要的低糖饮食环境，如果不强制标注糖含量，会对国民控制糖分摄入造成极大的困扰和不便。

当前，我国现行的国家标准《食品安全国家标准 预包装食品标签通则》（GB 7718—2011）和《食品安全国家标准 预包装食品营养标签通则》（GB 28050—2011）并没有要求标注糖的总含量。为了逐步降低直至去除食品中额外糖类的添加，减少心血管疾病的患病风险，并进一步降低肥胖病、糖尿病等代谢性疾病发病率，建议：

一、及时修改相应国家标准，强制性标注营养标签并明示糖的总含量。有关部门要引导企业规范商品包装上的内容标识，推广糖类摄入量过高的健康危害知识。

具体包括：在食品包装背面的营养信息中应明确列出“总含糖量”，包括水果、蔬菜和普通乳制品中天然存在的糖，以及制造商添加的“添加糖”；在一些高糖的食物包装上，应注明此种含量的糖约合多少茶匙数量的白砂糖；此外，在高糖的食物包装上，提供健康建议标签，如过多的糖分摄入会导致龋齿、肥胖，增加心血管疾病风险，等。

二、按照相应标准，严格抽检预包装食品标注含糖总量的真实情况。有关部门不仅要在厂家送检与产品出厂抽查环节进行检查，还要在流通领域加大抽检力度，并对大中小城市的超市和小零售点的食品开展检查。

三、尽快研究制定低糖食品专项标准。针对如此发病规模，主管部门应加强对低糖人群的饮食结构研究，并加紧制定专门针对此类人群的食品标准，例如低碳水化合物、低糖等相应食品标准，加强对市场上糖尿病人代餐食品的监管。

第五章

食品进出口包装与标签设计的要素

学习目标

1. 了解食品进出口包装与标签设计的主要内容及主要原则；
2. 能简述标签设计的若干技巧；
3. 能初步设计食品标签。

基本概念

标签设计　标签设计主要内容　标签设计主要原则

第一节　食品进出口包装与标签设计的主要内容

随着相应食品安全国家标准的相继出台，消费者对食品安全的关注度也不断提高，作为食品安全的重要组成部分预包装食品标签的设计制作也日显重要。食品标签的主要作用有：保护消费者的知情权；指导消费者选购食品，发挥促销作用；生产商通过标签向消费者进行承诺；防止假冒，维护生产者的合法权益；为市场管理和监督提供执法依据等。

食品标签的设计须符合相关法律法规的要求。食品标签相关的法律法规主要有《中华人民共和国食品安全法》《中华人民共和国产品质量法》《中华人民共和国广告法》《中华人民共和国工业产品生产许可证管理条例实施办法》《食品标识管理规定》《定量包装商品计量监督管理办法》等，相关食品安全国家标准有《食品安全国家标准 预包装食品标签通则》（GB 7718—2011）、《食品安全国家标准 食品添加剂使用标准》（GB 2760—2014）、《食品安全国家标准 预包装食品营养标签通则》（GB 28050—2011）。在设计或者检验预包装食品标签时主要以上面提到的相关法律法规和标准为依据。另外，需具备食品生产相关资质，且能在食品标签上得以体现，同时能够正确标识。

进出口包装与标签设计的主要内容列表如下：

序号	进出口包装与标签设计的主要内容项目
1	标签张贴位置
2	基本要求
3	食品名称
4	配料表
5	配料的定量标示
6	净含量和规格
7	生产者、经销者的名称、地址和联系方式
8	日期标示
9	贮存条件
10	食品生产许可证编号
11	产品标准代号
12	其他标示内容
13	非直接提供给消费者的预包装食品标签标示内容
14	标示内容的豁免
15	推荐标示内容
16	其他

在第四章中，具体介绍了《食品安全国家标准 预包装食品标签通则》（GB7718—2011）的每条法规内容，在本章节将就标签张贴位置、基本要求、食品名称、配料表、配料的定量标示、净含量和规格等进出口包装与标签设计的主要内容按项目做总结陈述。

一、标签张贴位置

预包装食品包装物或包装容器上容易被观察到的版面。

《食品安全国家标准 预包装食品标签通则》（GB 7718—2011）实施指南中明确指出：

通常应选择面积最大的一面作为展示版面，或其中的一个面作为主要展示版面。图 5-1 所示为某款牛奶的中文食品标签，图 5-2 所示为某进口食品的正面标签和背面中文标签。

产品信息

配料：生牛乳
产品类型：全脂灭菌乳
产品标准号：GB 25190
保质期：6个月
贮存条件：常温密闭保存

营养成分表

项目	每100 mg	NRV%
能量	309 kJ	4%
蛋白质	3.6 g	6%
脂肪	4.4 g	7%
碳水化合物	5.0 g	2%
钠	65 mg	3%
钙	120 mg	15%

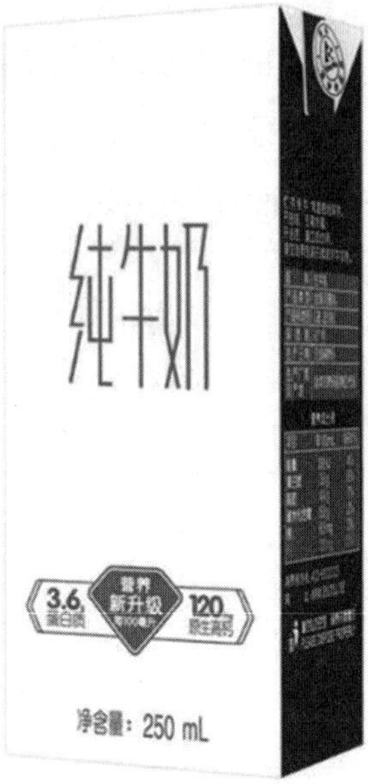

图 5–1　某款牛奶的中文食品标签（图片源自盒马 App）

图 5–2　某进口食品的正面标签和背面中文标签（图片源自盒马 App）

二、基本要求

《食品安全国家标准 预包装食品标签通则》（GB 7718—2011）对于基本要求规定如下：

应符合法律、法规的规定，并符合相应食品安全标准的规定。

应清晰、醒目、持久，应使消费者购买时易于辨认和识读。

应通俗易懂、有科学依据，不得标示封建迷信、色情、贬低其他食品或违背营养科学常识的内容。

应真实、准确，不得以虚假、夸大、使消费者误解或欺骗性的文字、图形等方式介绍食品，也不得利用字号大小或色差误导消费者。

不应直接或以暗示性的语言、图形、符号，误导消费者将购买的食品或食品的某一性质与另一产品混淆。

不应标注或者暗示具有预防、治疗疾病作用的内容，非保健食品不得明示或者暗示具有保健作用。

不应与食品或者其包装物（容器）分离。

应使用规范的汉字（商标除外）。具有装饰作用的各种艺术字，应书写正确，易于辨认。可以同时使用拼音或少数民族文字，拼音不得大于相应汉字。可以同时使用外文，但应与中文有对应关系（商标、进口食品的制造者和地址、国外经销者的名称和地址、网址除外）。所有外文不得大于相应的汉字（商标除外）。如图 5-3 所示。

预包装食品包装物或包装容器最大表面面积大于 35 cm^2 时（最大表面面积计算方法见《食品安全国家标准 预包装食品标签通则》的附录 A），强制标示内容的文字、符号、数字的高度不得小于 1.8 mm。

一个销售单元的包装中含有不同品种、多个独立包装可单独销售的食品，每件独立包装的食品标识应当分别标注。

若外包装易于开启识别或透过外包装物能清晰地识别内包装物（容器）上的所有强制标示内容或部分强制标示内容，可不在外包装物上重复标示相应的内容；否则应在外包装物上按要求标示所有强制标示内容。

图 5–3　Milk chocolate cookie 翻译为“牛奶巧克力饼干”是否符合基本要求？（图片源自美国沃尔玛超市网站）

三、食品名称

《食品安全国家标准 预包装食品标签通则》（GB 7718—2011）对于食品名称规定如下：

应在食品标签的醒目位置，清晰地标示反映食品真实属性的专用名称。

当国家标准、行业标准或地方标准中已规定了某食品的一个或几个名称时，应选用其中的一个，或等效的名称。

无国家标准、行业标准或地方标准规定的名称时，应使用不使消费者误解或混淆的常用名称或通俗名称。

标示“新创名称”“奇特名称”“音译名称”“牌号名称”“地区俚语名称”或“商标名称”时，应在所示名称的同一展示版面标示 4.1.2.1 规定的名称。

当“新创名称”“奇特名称”“音译名称”“牌号名称”“地区俚语名称”或“商标名称”含有易使人误解食品属性的文字或术语（词语）时，应在所示名称的同一展示版面邻近部位使用同一字号标示食品真实属性的专用名称。

例如，不规范名称：*** 牌香脆华夫卷，应该改为规范名称：*** 牌香脆华夫卷（饼干）。

当食品真实属性的专用名称因字号或字体颜色不同易使人误解食品属性时，也应使用同一字号及同一字体颜色标示食品真实属性的专用名称。

为不使消费者误解或混淆食品的真实属性、物理状态或制作方法，可以在食品名称前或食品名称后附加相应的词或短语。如干燥的、浓缩的、复原的、熏制的、油炸的、粉末的、粒状的等。如图 5-5、图 5-6 所示。

图 5–5　该款方便面标注为“油炸”，以体现标示食品真实属性（图片源自盒马 App）

图 5–6　该款方便面标注为“非油炸”，以体现标示食品真实属性（图片源自盒马 App）

四、配料表

配料表应以“配料”或“配料表”为引导词。当加工过程中所用的原料已改变为其他成分（如酒、酱油、食醋等发酵产品）时，可用“原料”或“原料与辅料”代替“配料”“配料表”，如图 5-7 所示，并按本标准相应条款的要求标示各种原料、辅料和食品添加剂。加工助剂不需要标示。

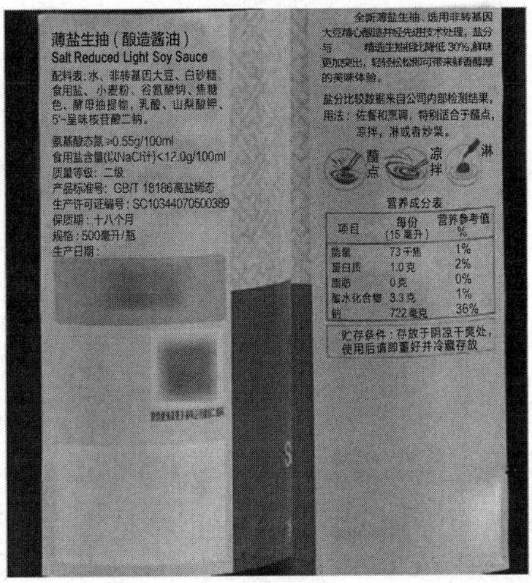

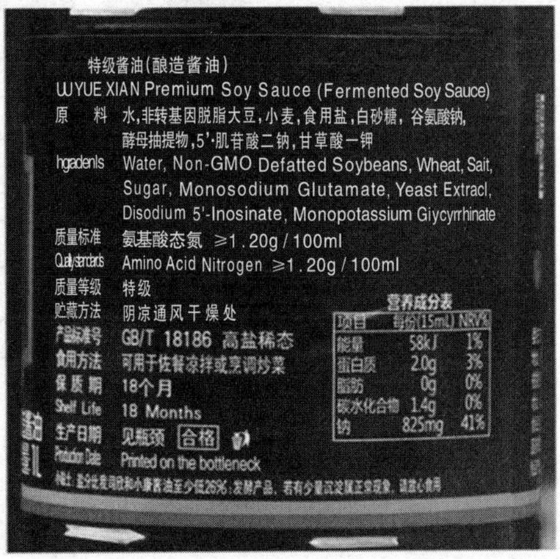

图 5–7　某款酱油标示为“配料表”，另一款酱油标示为“原料”，都是正确的标示（图片源自盒马 App）

各种配料应按制造或加工食品时加入量的递减顺序一一排列；加入量不超过 2% 的配料可以不按递减顺序排列。

如果某种配料是由两种或两种以上的其他配料构成的复合配料（不包括复合食品添加剂），应在配料表中标示复合配料的名称，随后将复合配料的原始配料在括号内按加入量的递减顺序标示。当某种复合配料已有国家标准、行业标准或地方标准，且其加入量小于食品总量的 25% 时，不需要标示复合配料的原始配料。

食品添加剂应当标示其在 GB 2760—2014 中的食品添加剂通用名称。食品添加剂通用名称可以标示为食品添加剂的具体名称，也可标示为食品添加剂的功能类别名称并同时标示食品添加剂的具体名称或国际编码（INS 号）。在同一预包装食品的标签上，应选择 GB 2760—2014 附录 B 中的一种形式标示食品添加剂。当采用同时标示食品添加剂的功能类别名称和国际编码的形式时，若某种食品添加剂尚不存在相应的国际编码，或因致敏物质标示需要，可以标示其具体名称。食品添加剂的名称不包括其制法。加入量小于食品总量 25% 的复合配料中含有的食品添加剂，若符合 GB 2760—2014 规定的带入原则且在最终产品中不起工艺作用的，不需要标示。

例如，常见的食品添加剂的具体名称或国际编码有碳酸氢钠、膨松剂（碳酸氢钠）、膨松剂（500ii）。如图 5-8 所示。

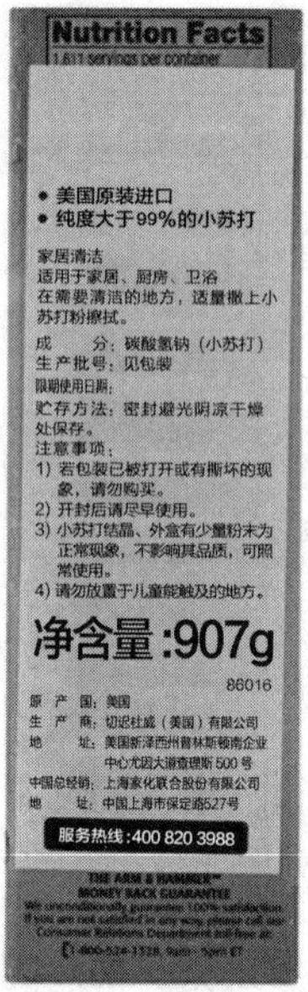

图 5–8　碳酸氢钠的另一个更常见的名称，就是小苏打（图片源自盒马 App）

在食品制造或加工过程中，加入的水应在配料表中标示。在加工过程中已挥发的水或其他挥发性配料不需要标示。

可食用的包装物也应在配料表中标示原始配料，国家另有法律法规规定的除外。

下列食品配料，可以选择如下的方式标示。

配料类别	标示方式
各种植物油或精炼植物油，不包括橄榄油	"植物油"或"精炼植物油"；如经过氢化处理，应标示为"氢化"或"部分氢化"
各种淀粉，不包括化学改性淀粉	"淀粉"
加入量不超过 2% 的各种香辛料或香辛料浸出物（单一的或合计的）	"香辛料""香辛料类"或"复合香辛料"
胶基糖果的各种胶基物质制剂	"胶姆糖基础剂""胶基"
添加量不超过 10% 的各种果脯蜜饯水果	"蜜饯""果脯"
食用香精、香料	"食用香精""食用香料""食用香精香料"

五、配料的定量标示

如果在食品标签或食品说明书上特别强调添加了或含有一种或多种有价值、有特性的配料或成分，应标示所强调配料或成分的添加量或在成品中的含量。如图 5-9 所示。

如果在食品的标签上特别强调一种或多种配料或成分的含量较低或无时，应标示所强调配料或成分在成品中的含量。

食品名称中提及的某种配料或成分而未在标签上特别强调，不需要标示该种配料或成分的添加量或在成品中的含量。

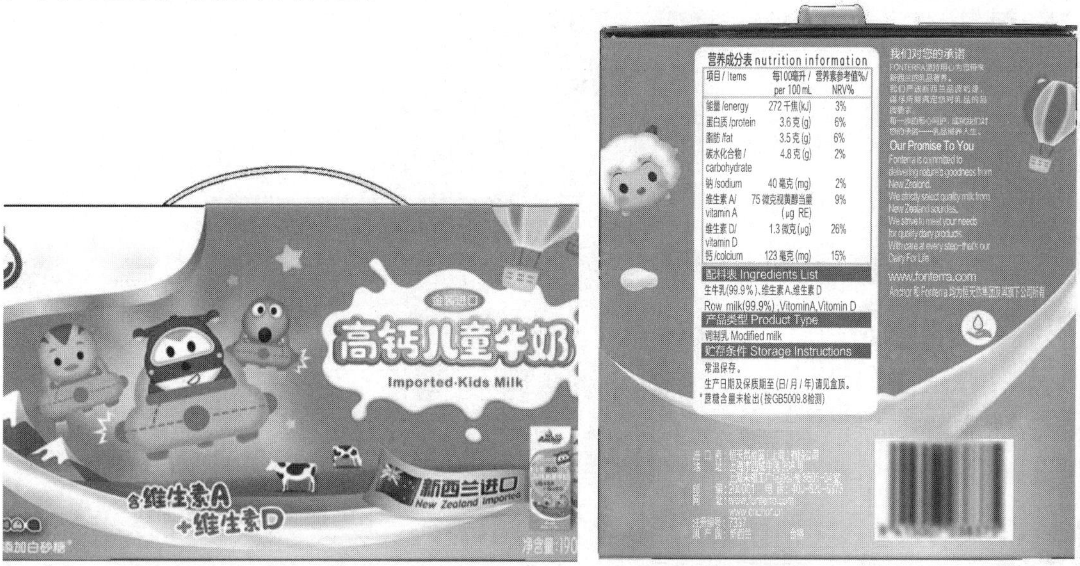

图 5-9 某款高钙牛奶上标示了钙含量，以符合要求（图片源自盒马 App）

六、净含量和规格

净含量的标示应由净含量、数字和法定计量单位组成。

应依据法定计量单位，按以下形式标示包装物（容器）中食品的净含量：

计量方式	净含量（Q）的范围	计量单位
体积	Q<1 000 mL；$Q \geqslant$ 1 000 mL	毫升（mL）（ml）；升（L）（l）
质量	Q<1 000 g；$Q \geqslant$ 1 000 g	克（g）；千克（kg）

净含量字符的最小高度符合如下要求：

净含量（Q）的范围	字符的最小高度 / mm
$Q \leqslant$ 50 mL；$Q \leqslant$ 50 g	2
50 mL<$Q \leqslant$ 200 mL；50 g<$Q \leqslant$ 200 g	3
200 mL<$Q \leqslant$ 1 L；200 g<$Q \leqslant$ 1 kg	4
Q>1 kg；Q>1 L	6

净含量应与食品名称在包装物或容器的同一展示版面标示。如图 5-10 所示。

图 5-10 某款牛奶的净含量标注方式为“净含量：1L”，并且净含量应与食品名称在包装物或容器的同一展示版面标示（图片源自盒马 App）

容器中含有固、液两相物质的食品，且固相物质为主要食品配料时，除标示净含量外，还应以质量或质量分数的形式标示沥干物（固形物）的含量。

同一预包装内含有多个单件预包装食品时，大包装在标示净含量的同时还应标示规格。

规格的标示应由单件预包装食品净含量和件数组成，或只标示件数，可不标示“规格”二字。单件预包装食品的规格即指净含量。

七、生产者、经销者的名称、地址和联系方式

应当标注生产者的名称、地址和联系方式。生产者名称和地址应当是依法登记注册，能够承担产品安全质量责任的生产者的名称、地址。有下列情形之一的，应按下列要求予以标示。

依法独立承担法律责任的集团公司、集团公司的子公司，应标示各自的名称和地址。

不能依法独立承担法律责任的集团公司的分公司或集团公司的生产基地，应标示集团公司和分公司（生产基地）的名称、地址；或仅标示集团公司的名称、地址及产地，产地应当按照行政区划标注到地市级地域。

受其他单位委托加工预包装食品的，应标示委托单位和受委托单位的名称和地址；或仅标示委托单位的名称和地址及产地，产地应当按照行政区划标注到地市级地域。

依法承担法律责任的生产者或经销者的联系方式应标示以下至少一项内容：电话、传真、网络联系方式等，或与地址一并标示的邮政地址。

进口预包装食品应标示原产国国名或地区区名（见图 5-11），以及在中国依法登记注册的代理商、进口商或经销者的名称、地址和联系方式，可不标示生产者的名称、地址和联系方式。

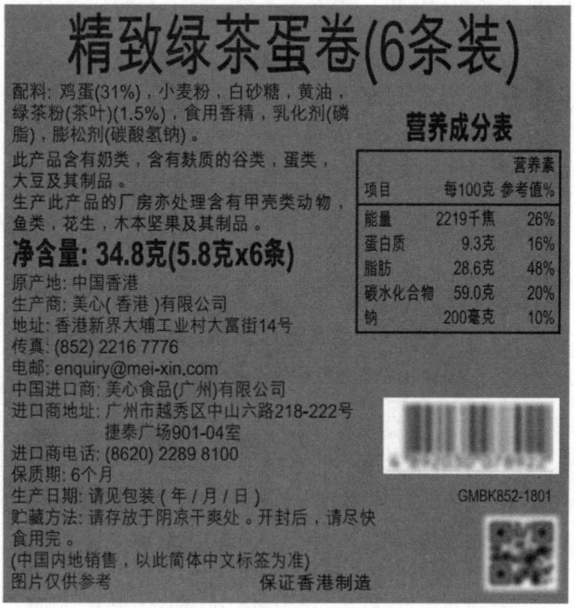

图 5–11　原产自中国香港地区的食品，按规定标注为“中国香港”（图片源自盒马 App）

八、日期标示

应清晰标示预包装食品的生产日期和保质期。如日期标示采用“见包装物某部位”的形式，应标示所在包装物的具体部位。日期标示不得另外加贴、补印或篡改。

当同一预包装内含有多个标示了生产日期及保质期的单件预包装食品时，外包装上标示的保质期应按最早到期的单件食品的保质期计算。外包装上标示的生产日期应为最早生产的单件食品的生产日期，或外包装形成销售单元的日期；也可在外包装上分别标示各单件装食品的生产日期和保质期。

应按年、月、日的顺序标示日期，如果不按此顺序标示，应注明日期标示顺序。

日期的标示可以有如下形式：2010 年 3 月 20 日；2010/03/20；20100320 等

保质期可以有如下标示形式：

最好在……之前食（饮）用；……之前食（饮）用最佳；……之前最佳；

此日期前最佳……；此日期前食（饮）用最佳……；

保质期（至）……；保质期 ×× 个月（或 ×× 日，或 ×× 天，或 ×× 周，或 × 年）。

九、贮存条件

预包装食品标签应标示贮存条件（见图 5-12）。

贮存条件可以标示“贮存条件”“储藏条件”“储藏方法”等标题，或不标示标题。贮存条件可以有如下标示形式：

常温（或冷冻，或冷藏，或避光，或阴凉干燥处）保存；

× ×～× × ℃保存；

请置于阴凉干燥处；常温保存，开封后需冷藏；

温度：≤ × × ℃，湿度：≤ × × %。

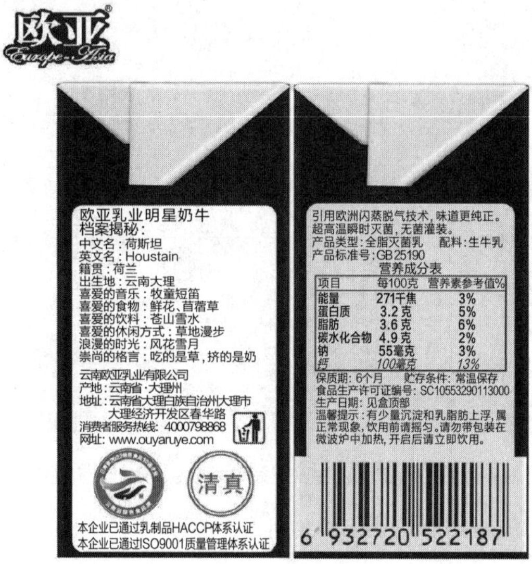

图 5-12　某款牛奶食品标签上的“贮存条件”（图片源自盒马 App）

十、食品生产许可证编号

预包装食品标签应标示食品生产许可证编号的，标示形式按照相关规定执行。

十一、产品标准代号

在国内生产并在国内销售的预包装食品（不包括进口预包装食品）应标示产品所执行的标准代号和顺序号。

十二、其他标示内容

主要是辐照食品、转基因食品、特殊膳食类食品和专供婴幼儿的主辅类食品的标示注意事项。

比如，经电离辐射线或电离能量处理过的食品，应在食品名称附近标示“辐照食品”。经电离辐射线或电离能量处理过的任何配料，应在配料表中标明。

对于转基因食品，转基因食品的标示应符合相关法律、法规的规定。

对于特殊膳食类食品和专供婴幼儿的主辅类食品，应当标示主要营养成分及其含量，标示方式按照 GB 13432—2013 执行。

其他预包装食品如需标示营养标签，标示方式参照相关法规标准执行。

对于质量（品质）等级，食品所执行的相应产品标准已明确规定质量（品质）等级的，应标示质量（品质）等级。

十三、非直接提供给消费者的预包装食品标签标示内容

非直接提供给消费者的预包装食品标签应按照相应要求标示食品名称、规格、净含量、生产日期、保质期和贮存条件，其他内容如未在标签上标注，则应在说明书或合同中注明。

十四、标示内容的豁免

下列预包装食品可以免除标示保质期：酒精度大于等于 10% 的饮料酒；食醋；食用盐；固态食糖类；味精。如图 5-13 所示，虽然食醋不强制要求标示保质期，但大部分商品都标示了保质期。

当预包装食品包装物或包装容器的最大表面面积小于 10 cm^2 时，可以只标示产品名称、净含量、生产者（或经销商）的名称和地址。

图 5-13　虽然食醋不强制要求标示保质期，但大部分商品都标示了保质期（图片源自盒马 App）

十五、推荐标示内容

主要指批号、食用方法、致敏物质等内容。

对于批号，根据产品需要，可以标示产品的批号。

对于食用方法，根据产品需要，可以标示容器的开启方法、食用方法、烹调方法、复水再制方法等对消费者有帮助的说明。如图 5-14 所示。

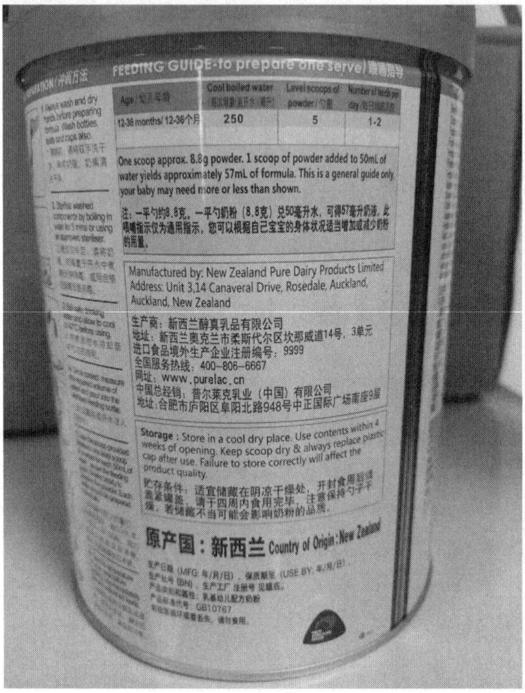

图 5-14　某进口奶粉包装上标示中文食用方法（图片源自盒马 App）

对于致敏物质，以下食品及其制品可能导致过敏反应，如果用作配料，宜在配料表中使用易辨识的名称，或在配料表邻近位置加以提示：

序号	提示内容
1	含有麸质的谷物及其制品（如小麦、黑麦、大麦、燕麦、斯佩耳特小麦或它们的杂交品系）
2	甲壳纲类动物及其制品（如虾、龙虾、蟹等）
3	鱼类及其制品
4	蛋类及其制品
5	花生及其制品
6	大豆及其制品
7	乳及乳制品（包括乳糖）
8	坚果及其果仁类制品

另外，如加工过程中可能带入上述食品或其制品，宜在配料表临近位置加以提示。如图 5-15 所示。

图 5-15 某进口商品的中文标签上标示致敏物质（图片源自盒马 App）

十六、其他

按国家相关规定需要特殊审批的食品，其标签标识按照相关规定执行。

第二节 食品进出口包装与标签设计的主要原则

预包装食品标签的设计检验可以从基本要求、食品名称、配料表、配料定量标示、净含量和规格，以及生产者经销者的名称、地址和联系方式、日期标示、贮存条件、食品生产许可证编号、产品标准代号、其他标示内容、非直接提供给消费者的预包装食品标签标示内容、标示内容的豁免、推荐标示内容、其他等方面入手。

一、基本要求

确保所设计标示的内容符合法律法规的要求，这是标签设计或者检验的前提条件。其次所标示的内容要醒目并且易于辨认，以避免误导消费者。不能标注预防疾病等内容。标示内容要使用规范的汉字，规范的汉字是指简体字（繁体字就属于不规范的汉字）。可以使用外文，但须与中文有对应关系且外文不得大于相应的汉字（见图 5-16），这里需要注意的是商标不受字体及大小的限制。当包装物最大表面积大于 35 cm^2 时，强制标示内容的高度不小于 1.8 mm。

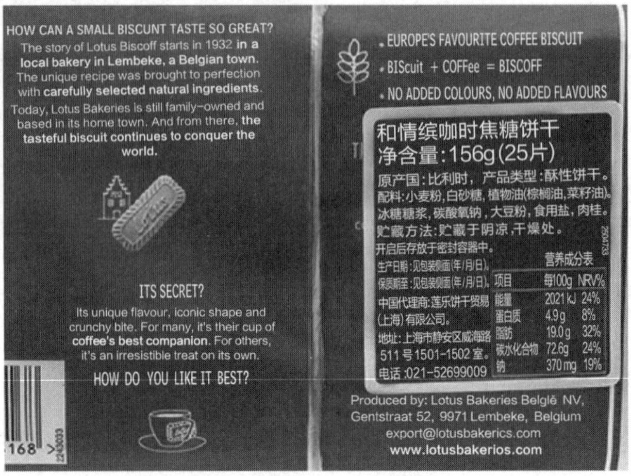

图 5-16　某进口食品的中英文标签对照，请留意中文和外文字体大小（图片来源于盒马 App）

二、食品名称

要标注在食品标签的醒目位置，且能反映出食品的真实属性。如在相应的标准中有该食品名称的出处，要使用标准中的名称或者等效的名称。如标准没有规定相应的名称，要使用通俗易懂且不能使消费者产生误解混淆的名称，如图 5-17 所示。为了反映出食品的真实属性、物理状态或制作方法，可在食品名称前附加相应的词或者短语。

图 5-17　某进口的食品包装能直接看到食品本身，食品名称直接命名为“金菠萝”，都是为了通俗易懂且不使消费者产生误解混淆（图片来源于盒马 App）

三、配料表及配料定量标示

须以配料、配料表为引导词，以配料加入量递减的顺序进行排列，如果加入量不超过 2% 的配料可以不按递减的顺序排列。复合配料在配料表中标示复合配料名称的同时应标示复合配料的原始配料，特殊情况不需标注。食品添加剂的名称要使用 GB 2760—2014 中的食品添加剂通用名称，标示方法参照 GB 2760—2014 执行。植物油或精炼植物油、淀粉、香辛料或香辛料浸出物、胶基物质制剂、果脯蜜饯水果、食用香精、香料的标示方法要参照 GB 7718—2011 中表 1 的标示方法进行标示。如在食品标签中进行了功能强调或者含量强调时，要标示所强调配料的含量，仅仅提及而未进行强调某种配料时，无须标示配料的含量。如图 5-18 所示。

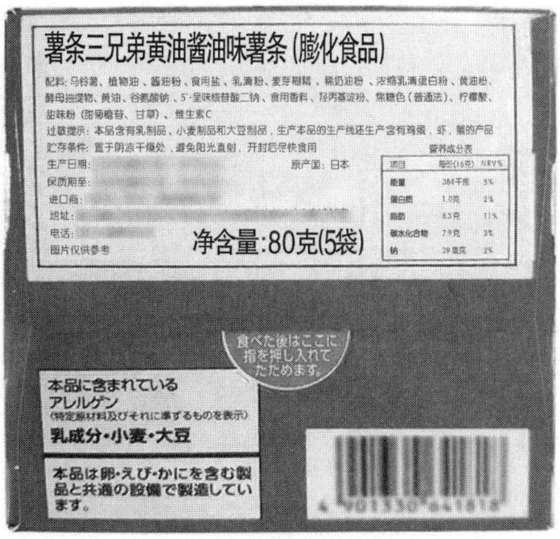

图 5–18　某进口食品的配料表述方式，以配料加入量递减的顺序进行排列（图片来源于盒马 App）

四、净含量和规格

要使用法定计量单位进行标示，计量单位的选择按照 GB 7718—2011 表 2 的规定选择。净含量字符最小高度，要符合 GB 7718—2011 表 3 的要求。净含量应与食品名称在包装物的同一展示版面展示，多个单件组成的大包装还应标注规格。固液两态组成的以固态物为主的食品还应标示沥干物或者固形物的含量。如图 5-19 所示。

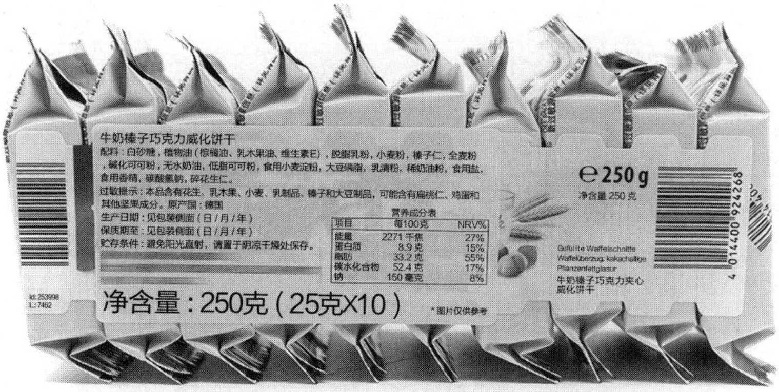

图 5–19　某进口食品标示的中英文净含量和规格（图片来源于盒马 App）

五、生产者、经销者的名称、地址和联系方式

生产者应依法注册，能够承担产品安全质量责任。对于集团公司，集团公司的分公司、

子公司、生产基地，本着谁依法独立承担法律责任标注谁的原则进行名称、地址和联系方式的标示。委托加工的预包装食品要标注委托单位，或委托单位和受委托单位同时标注名称和地址。产地标注到地市级地域；进口预包装食品应标注原产国或者地区名。如图 5-20 所示。

图 5-20　某进口食品标示的制造商名称地址、经销商名称地址等信息（图片来源于盒马 App）

六、日期标示、贮存条件、食品生产许可证编号、产品标准代号

要清晰标示预包装食品的生产日期和保质期，且日期标示不得加贴、补印或者篡改。当内含多个标示日期的单件预包装食品时，外包装标示的保质期以最早到期的单件食品保质期计算。贮存条件要参照 GB 7718—2011 附录 C 的要求进行标示。食品生产许可证编号、产品标准代号的标示按照相关规定的要求进行标示即可。图 5-21 所示为某进口食品标示的贮存条件等信息。

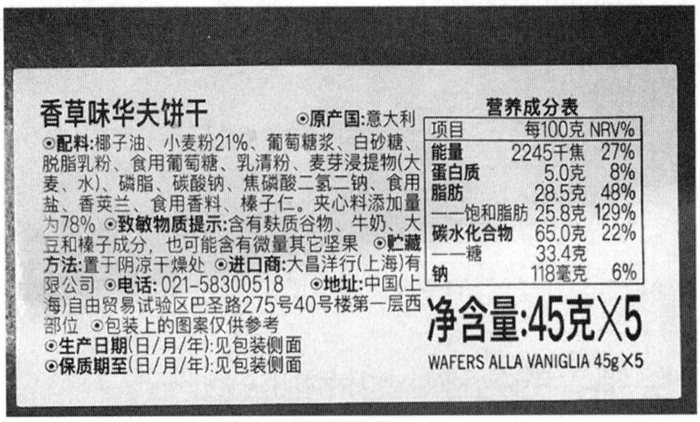

图 5-21　某进口食品标示的贮存条件等信息（图片来源于盒马 App）

七、其他标示内容

包括辐照食品、转基因食品、营养标签和质量等级4项内容的标示。经电离辐射线或电离能量处理过的食品或者配料都应在对应的名称附近标示“辐照食品”。转基因食品的标示要符合相关法律法规的规定。对于营养标签的标示，特殊膳食类食品标示方法参照《食品安全国家标准 预包装特殊膳食用食品标签》（GB 13432—2013）执行，其他预包装食品的标示参照《食品安全国家标准 预包装食品营养标签通则》（GB 28050—2011）执行，掌握5个核心营养素的标示方法。根据食品生产所执行的产品标准标示质量（品质）等级即可。非直接提供给消费者的预包装食品标签按要求标示食品名称、规格、净含量、生产日期、保质期和贮存条件，其他内容应至少在说明书或合同中注明。

八、标示内容的豁免

酒精度大于10%的饮料酒、食醋、食用盐、固态食糖类和味精保质期可免标示，最大表面积小于10 cm^2 的包装物可只标示产品名称、净含量、生产者（或经销商）的名称和地址。

九、推荐标示内容

包括批号、食用方法和致敏物质。食品或者制品、配料可能导致过敏反应的宜在临近位置加以提示，以下几种食品或者制品可能导致过敏反应：含有麸质的谷物及其制品；甲壳纲类动物及其制品；鱼类及其制品；蛋类及其制品；花生及其制品；大豆及其制品；乳及乳制品；坚果及其果仁类制品等。如果在加工中带入致敏物质，宜在配料附近标示。需特殊审批食品的标签标识需按照有关规定执行。图5-22所示为某进口食品标志的致敏物质等信息。

图5-22　某进口食品标示的致敏物质等信息（图片来源于盒马App）

第三节 食品进出口包装与标签设计的主要技巧

在第二节中，主要介绍了基本要求，食品名称，配料表，配料定量标示，净含量和规格，以及生产者经销者的名称、地址和联系方式，日期标示，贮存条件，食品生产许可证编号，产品标准代号，其他标示内容，非直接提供给消费者的预包装食品标签标示内容，标示内容的豁免，推荐标示内容，其他等方面，解读了标签设计的主要原则。在本节，将进一步展开，通过问答的方式，介绍预包装食品标签设计中的相关技巧。

一、预包装食品标签设计中有关必须标示内容的技巧

1. 预包装食品标签上必须标注哪些内容？

答：食品名称，配料表，净含量和规格，生产者和（或）经销者的名称、地址和联系方式，生产日期和保质期，贮存条件，食品生产许可证编号，产品标准代号及其他需要标示的内容。

2. 食品标签上标注的文字内容有顺序要求吗？

答：没有顺序要求，企业按照要求标注即可。

3. 食品标签是否可以使用外文 / 繁体字 / 拼音 / 少数民族文字？

答：可以使用外文 / 繁体字 / 拼音 / 少数民族文字，但应与中文有对应关系，且不得大于相应的汉字。

4. 食品名称是否可以使用商标名称？

答：可以。但应在所示名称的同一展示版面标示反映食品真实属性的专用名称。

5. 食品名称可以使用不同字号或字体颜色来标示吗？

答：如果不同字号或字体颜色易使人误解食品属性，则应该使用同一字号及同一字体颜色标示食品名称。

6. 如何避免食品标签上的名称产生误解？

答：（1）应选用国家标准、行业标准或地方标准中已规定的专用名称。

（2）当使用的商品名称含有易使人误解食品属性的文字或术语（词语）时，应在所示名称的同一展示版面邻近部位使用同一字号标示食品真实属性的专用名称。

（3）如果因字号或字体颜色不同而易使人误解时，应使用同一字号及同一字体颜色标示食品真实属性的专用名称。

7. 单一配料的预包装食品是否需要标示配料表?

答：单一配料的预包装食品应当标示配料表。

8. 配料表引导词可以标示“原料”或“原料与辅料”吗？引导词是不是必须使用“配料”或“配料表”？

答：一般是标示为“配料”或“配料表”，当加工过程中所用的原料已改变为其他成分（如酒、酱油、食醋等发酵产品）时，可标示“原料”或“原料与辅料”。

9. 配料间的分隔方式有哪些?

答：配料间可以用逗号、分号、空格等易于分辨的方式分隔。

10. 配料表排列顺序的要求是什么?

答：各种配料应按制造或加工食品时加入量的递减顺序一一排列；加入量不超过 2% 的配料可以不按递减顺序排列。

11. 配料是按照加入量的质量还是体积来进行排序?

答：按照食品配料加入的质量或重量计，按递减顺序一一排列。

12. 复合配料中含有的复合配料，需要展开吗?

答：没有硬性规定，企业可选择标示。

13. 使用复合配料需要展开标示吗?

答：当该复合配料加入量≥ 25% 时或该复合配料没有国家标准、行业标准或地方标准时，需要标示复合配料的原始配料，当同时满足该复合配料有国家标准、行业标准或地方标准，且加入量＜ 25% 时，不需要展开标示。

14. 食品添加剂在配料表中怎么标示?

答：在同一预包装食品的标签上，所使用的食品添加剂可以选择以下三种形式之一进行标示：一是全部标示食品添加剂的具体名称；二是全部标示食品添加剂的功能类别名称以及国际编码（INS 号），如果某种食品添加剂尚不存在相应的国际编码，或因致敏物质标示需要，可以标示其具体名称；三是全部标示食品添加剂的功能类别名称，同时标示具体名称。

15. 是否必须建立“食品添加剂”项？

答：不强制要求建立“食品添加剂”项。

16. 复配食品添加剂如何标示?

答：应当在食品配料表中一一标示在终产品中具有功能作用的每种食品添加剂。

17. 加工助剂如何标示?

答：加工助剂不需要标示。

18. 酶制剂如何标示？

答：酶制剂如果在终产品中已经失去酶活力的，不需要标示；如果在终产品中仍然保持酶活力的，应按照食品配料表标示的有关规定，按制造或加工食品时酶制剂的加入量，排列在配料表的相应位置。

19. 食品中菌种如何标示？

答：预包装食品中使用可用于食品的菌种的，应当如实标注菌种名称，企业可同时在预包装食品上标注相应菌株号及菌种含量。

20. 什么情况下要对配料或成分进行定量标识？

答：一是如果在食品标签或说明书上强调含有某种或多种有价值、有特性的配料或成分，应同时标示其添加量或在成品中的含量；二是如果在食品标签上强调某种或多种配料，或成分含量较低或无时，应同时标示其在终产品中的含量。

21. 配料中使用了山楂片、蔓越莓干等果脯蜜饯，必须标识具体的果脯蜜饯名称吗？

答：当各类果脯蜜饯添加量不超过 10% 时，可以标示为“蜜饯”“果脯”，不需要把具体的果脯蜜饯标示出来。

22. 葡萄酒中的二氧化硫需要标示吗？

答：使用了二氧化硫的葡萄酒应当标示，应当标示为二氧化硫，或标示为微量二氧化硫及含量。

23. 配料中的淀粉，必须标示具体的淀粉名称吗？

答：可以选择标示具体的淀粉名称，如：食用玉米淀粉等；也可以直接标示为“淀粉”。

24. 配料中植物油，必须标示具体的植物油名称吗？

答：可以选择标示具体来源的植物油，如：大豆油等；也可以直接标示为“植物油”。

25. 如果配料中添加了水，是否必须标注“水”？

答：在食品制造或加工过程中，加入的水应在配料表中标示。在加工过程中已挥发的水不需要标示。

26. 食品名称中提及的某种配料，需要标示该配料的具体含量？

答：如果该配料未在标签上特别强调，不需要标示含量。

27. 净含量标识有什么要求？

答：（1）净含量标示由净含量、数字和法定计量单位组成；

（2）标示位置应与食品名称在包装物或容器的同一展示版面；

（3）所有字符高度（以字母 L、k、g 等计）应符合 GB 7718—2011 的 4.1.5.4 的要求；

（4）“净含量”与其后的数字之间可以用空格或冒号等形式区隔；

（5）“法定计量单位”分为体积单位和质量单位；

（6）固态食品只能标示质量单位，液态、半固态、黏性食品可以选择标示体积单位或质量单位。

28. 净含量可以用斤或公斤标识吗？

答：不可以，应使用法定计量单位。法定计量单位：克（g）、千克（kg）、升（L）、毫升（mL）（ml）。

29. 净含量的字符高度有什么具体要求？

答：净含量≤50 g，字符高度不小于 2 mm。

30. 净含量应该标示在什么位置？

答：与食品名称在同一展示版面标示。

31. 固、液两相食品的净含量应该怎么标注？

答：固、液两相物质的食品，且固相物质为主时，应标示净含量及固形物的含量。

32. 形态不固定的食品，如蜂蜜、食用油等需要标注固形物含量吗？

答：不需要标注固形物含量，只需标示净含量。

33. 赠送装或促销装预包装食品，净含量如何标示？

答：（1）分别标示销售部分的净含量和赠送部分的净含量，如“净含量：200 克＋赠 25 克”；（2）标示销售部分和赠送部分的总净含量并同时用适当的方式标示赠送部分的净含量。如“净含量：225 克（200 克＋送 25 克）”。

34. 一礼盒内含有多种食品，净含量如何标识？

答：同一礼盒多种产品，应分别标示其净含量。

如“净含量：200 克（A 产品 40 克 ×3，B 产品 40 克 ×2）”。

35. 生产地址应该标注营业执照地址，还是生产许可地址？

答：独立生产的产品，生产地址使用生产许可证上的生产地址。委托加工的产品，委托方的地址使用营业执照上的地址。

36. 委托加工产品的生产者信息如何标示？可以只标注委托方信息吗？

答：标示委托双方的名称和地址，或只标示委托方信息，但目前各地监管部门对此有另行规定的，应按其规定标示。建议企业标注委托双方的信息。

37.QQ 号、微信号算联系方式吗？

答：QQ 号和微信不算有效联系方式，建议标示热线、手机号、固定电话、传真等。

38. 必须标注“产地”吗？

答：特定情况下必须标注：（1）委托产品，只标示委托方信息时；（2）分公司生产，只标示集团公司信息的情况。其他情况企业选择标注。

39. 产地可以只标示到省级吗？

答：不可以，应标注到地市级地域。

40. 生产日期和保质期是必须标注的吗？

答：生产日期是必须标注的。保质期也是需要标注的，除了下例可以免除标示的预包装食品：酒精度大于等于 10% 的饮料酒、食醋、食用盐、固态食糖类、味精。

41. 生产日期可以标注为“见包装”吗？

答：小包装产品可以，但体积较大的产品，建议标明具体的部位，以便于消费者查看。

42. 生产日期必须按照年月日的顺序标示吗？

答：可以按照其他形式标示生产日期。

43. 销售单元包含若干不同生产日期及保质期的独立包装食品时，外包装上的生产日期和保质期如何标示？

答：有三种标示方法：

（1）在外包装分开标示；（2）外包装生产日期为生产当天日期，保质期为单件最早到期的日期；（3）外包装生产日期为最早生产的单件食品的生产日期，保质期为最早到期的日期。

44. 生产日期可以另外加贴吗？哪种情况下，生产日期可以加贴？

答：不可以单独加贴，如果整个标签采用不干胶加贴在食品包装上的形式是可以的。

45. 保质期可以标注为“1、4 季度 60 天，2、3 季度 30 天”吗？

答：不可以，以季度为标准无法判断产品的具体贮存条件。

46. 分装产品的生产日期和保质期如何标示？

答：生产日期为产品包装日期，保质期为原料的原保质期。

47. 标注的保质期与企业标准中规定的要求不一致怎么办？

答：标签上的保质期应与执行标准规定的保质期一致。如果因为工艺优化等原因致使保质期发生了改变，应修改企业标准，并确保标签上的保质期与标准规定的保质期一致。

48. 白砂糖、食用盐需要标注保质期吗？

答：不需要标注保质期。

49. 生产日期可以标示“包装日期”“罐装日期”吗？

答：不可以，只能标示为生产日期。

50. 保质期是否可以标注为“××× 日期之前食用最佳”？

答：可以。

51. 预包装食品必须标注贮存条件吗？

答：预包装食品必须标注贮存条件。

52. 同一产品，可以标示两种贮存方式吗？

答：可以，但是需要清晰标注不同贮存条件下的保质期。

53. 贮存条件只能标示为“贮存条件”吗？

答：不是，可以标示为“贮存条件”“储藏条件”“储藏方法”等标题。

54. 贮存条件可以标示“××℃”的形式吗？

答：可以。

二、预包装食品标签设计中有关选择性标示内容的技巧

1. 致敏物质应标示在包装的哪个部位？

答：应标示在配料表邻近部位。

2. 原料中带入的致敏物质如何描述？

答：应标示为“可能含有”等。

3. 哪些原料属于致敏物质？

答：含有麸质的谷物及其制品（如小麦、黑麦、大麦、燕麦、斯佩耳特小麦或它们的杂交品系）；甲壳纲类动物及其制品（如虾、龙虾、蟹等）；鱼类及其制品；蛋类及其制品；花生及其制品；大豆及其制品；乳及乳制品（包括乳糖）；坚果及其果仁类制品。

4. 配料中不含某种致敏物质，但同一车间或同一生产线上还生产含有该致敏物质的其他食品，使得致敏物质可能被带入该食品的情况是否需要标注致敏物质？

答：鼓励企业标注。

5. 食用方法属于推荐性标示，速冻产品是否需要标示食用方法？

答：速冻产品应按照标准要求标示烹调方法。

6. 怎样判断标签上是否需要标注产品的食用方法？

答：查阅产品的执行标准，执行标准上要求标注食用方法的则需要标注。

7. 哪些食品需要标注食用方法？

答：速冻食品、固体饮料、饮料浓浆等有特殊规定的产品。

8. 必须标注产品质量等级吗？

答：执行标准中有分等级的应标示。

9. 产品执行标准中没有规定质量等级，可以标注质量等级吗？

答：不可以。

10. 产品类别属于质量等级吗？

答：不属于。

11. 质量等级一定要标注为“一级”“二级”吗？可以标注为“合格品”吗？

答：质量等级应该按照产品执行标准的规定来标注，规定了“一级”就标注为“一级”，规定了“合格品”就标注为“合格品”。

12. 大豆油使用了转基因大豆，标签应如何标示？

答：应标示为“转基因大豆加工品”。

13. 哪些食品类别存在转基因食品？

答：大豆种子、大豆、大豆粉、大豆油、豆粕；玉米种子、玉米、玉米油、玉米粉；油菜种子、油菜籽、油菜籽油、油菜籽粕；棉花种子；番茄种子、鲜番茄、番茄酱。

14. 使用了花生油，标签上可以标注“使用非转基因花生油”吗？

答：不可以，目前我国没有转基因花生相关产品，不存在非转基因花生。

15. 经电离辐射线或电离能量处理过的食品，需要怎样标示？

答：应在食品名称附近标示“辐照食品”。

16. 配料中添加了经过辐照的原料，应如何标示？

答：应在配料表中如实标注。

17. 哪些食品可以进行辐照处理？

答：熟畜禽肉类；花粉；干果果脯类；香辛料类；新鲜水果、蔬菜类；猪肉；冷冻包装畜禽肉类；豆类、谷类及其制品。

18. 所有食品都可以进行辐照加工吗？

答：不是。

三、预包装食品营养标签设计中标示内容的技巧

1. 营养标签包含哪些内容？

答：营养成分表、营养声称和营养成分功能声称。

2. 营养标签可以使用外文吗？

答：可以使用外文，但是必须有对应的中文标示，外文字体不得大于中文。

3. 营养素的数值，可以直接使用市场同类产品的数据进行标示吗？

答：不可以，应通过检测或计算的方式得到营养标签的相关信息。

4. 营养标签的核心营养素是什么？

答：蛋白质、脂肪、碳水化合物和钠。

5. 对核心营养素进行醒目标示的方法有哪些？

答：加大、加粗、使用斜体、改变颜色等。

6. 茶叶需要标示营养成分表吗？

答：茶叶属于可食用比例较小的食品，可以豁免强制标示营养成分表，但代用茶和含茶制品建议标注营养成分表。

7. 豁免强制标示营养标签的预包装食品有哪些？

答：(1) 生鲜食品，如包装的生肉、生鱼、生蔬菜和水果、禽蛋等；

(2) 乙醇含量≥ 0.5% 的饮料酒类；

(3) 包装总表面积< 100 cm^2 或最大表面面积≤ 20 cm^2 的预包装食品；

(4) 重复使用玻璃瓶包装的食品；

(5) 现制现售食品；

(6) 包装饮用水；

(7) 每日食用量≤ 10 g 或≤ 10 mL 的预包装食品，如调味品、甜味料、香辛料、可食用比例较小的食品等。

8. 饮用水含有很多矿物质，需要标示营养成分吗？

答：不需要，碘化物、硒、溶解性总固体含量等不属于营养成分。

9. 新鲜的鸡蛋和肉类，干香菇、木耳和水果干需要标识营养标签吗？

答：属于生鲜类食品，不需要标示。

10. 食用糖、食盐、香辛料和淀粉需要标示营养标签吗？

答：不需要，此类产品属于日摄入量较小，按照每日食用量< 10 g 或< 10 mL 的预包装食品豁免标示。

11. 酱腌菜、复合调味料和酱油等日摄入量比较小，可以不标注营养标签吗？

答：需要标示。酱腌菜类的钠含量较高，属于单项营养素摄入量高的食品，应标示营养标签。

12. 饮料酒中添加了营养强化剂，需要标示营养成分吗？

答：需要。

13. 什么情况下，必须标示反式脂肪酸的含量？

答：配料中含有或添加了氢化油的情况，需标示反式脂肪酸的含量。

14. 产品中添加了益生菌，需要在营养成分表中进行标示吗？

答：益生菌不属于营养素，不用标示。

15. 方便面中含有调料包，其营养标签如何标示？

答：(1) 标示包装内食品营养成分的平均含量；

(2) 分别标示各食品的营养成分含量，共有信息可共用。

16. 奶粉、固体饮料等需要冲调食用的产品，应如何标示其营养成分？

答：按照冲调前或冲调后标示都可以。

17. 产品配料中添加了氢化和（或）部分氢化油脂，但是营养成分表中氢化油脂的数值为 0，是不是错误标示？

答：氢化油所占比例很小，反式脂肪酸含量小于“0”界限值的情况下，没有问题。

18. 营养成分表由哪些部分构成？

答：表头、营养成分名称、含量、NRV% 和方框。

19. 如何获取营养素的含量值？

（1）送到检测机构进行检测；

（2）利用原料的营养成分或可信赖的食物成分数据库数据，根据配方计算得出。

20. 如何判定营养数值的准确性？

答：以企业确定营养标签成分数值的方法作为判定依据。

21. 如何计算营养素参考值%（NRV%）？

答：营养成分含量；参考值 ×100%。

22. 除了以每 100 g 或每 100 mL 来标示营养成分表，可以使用每份吗？

答：可以。“份”是企业依据产品特点或推荐量设定的，每包、每袋、每支、每罐等均可作为 1 份，也可将 1 个包装分成多份，但应标明每份的具体含量。

23. 营养成分表中能量、蛋白质、脂肪、碳水化合物和钠分别保留几位小数？

答：能量和钠保留为整数，蛋白质、脂肪、碳水化合物保留 1 位小数。

24. 什么是含量声称？

答：对食品中各营养成分的含量水平的描述和声明。例如：含有膳食纤维、高钙、低钠、无糖。

25. 含量声称的标准用语有哪些？

答：不含、无，极低，低，含有，来源，富有，高等，包括附录中的同义语。

26. 什么产品可以声称富含“多种维生素”？

答：产品中必须有三种及以上的维生素含量符合声称要求。

27. 产品可以声称“低盐”吗？

答：符合声称要求的可以。

28. 含量声称和比较声称有什么不同？

答：声称的依据和声称用语不同。

29. 某营养成分可不可以随便标示其含量声称？

答：不可以。该营养成分的含量需要满足一定的含量要求和限制性条件才可以进行含量声称。

30. 什么情况下可以声称“低能量”？

答：能量含量≤ 170 kJ/100 g（固体）或≤ 80 kJ/100 mL（液体），且满足限制性条件：脂肪提供的能量≤总能量的 50%。

31. 可以同时标示比较声称和含量声称吗？

答：可以。只要同时符合相应的要求时可以同时使用两种声称方式。

32. 如何选择比较声称时的参考食品？

答：参考食品（基准食品）应为消费者熟知、容易理解的同类或同一属类食品。

33. 什么是营养成分功能声称？

答：对某营养成分可以维持人体正常生长、发育和正常生理功能等作用的描述和声明。

34. 什么情况下可以对蛋白质进行营养功能声称？

答：蛋白质的含量必须满足含量声称或者比较声称的情况下。

35. 营养功能声称的用语可以根据自己产品特性标示吗？

答：只可以使用 GB 28050—2011 标准中规定的声称用语，不得随意修改。

36. 营养成分功能声称应该标示在标签哪个位置？

答：标签的任意位置，但字号不得大于食品名称和商标。

37. 同一个产品可以使用多个营养成分功能声称吗？

答：在符合声称条件下，可以使用多个。

38. 能量的营养成分功能声称的标准用语有哪些？

答：人体需要能量来维持生命活动。机体的生长发育和一切活动都需要能量。适当的能量可以保持良好的健康状况。能量摄入过高、缺少运动与超重和肥胖有关。

39. 蛋白质的营养成分功能声称的标准用语有哪些？

答：蛋白质是人体的主要构成物质并提供多种氨基酸。蛋白质是人体生命活动中必需的重要物质，有助于组织的形成和生长。蛋白质有助于构成或修复人体组织。蛋白质有助于组织的形成和生长。蛋白质是组织形成和生长的主要营养素。

40. 脂肪的营养成分功能声称的标准用语有哪些？

答：脂肪提供高能量。每日膳食中脂肪提供的能量比例不宜超过总能量的 30%。脂肪是人体的重要组成成分。脂肪可辅助脂溶性维生素的吸收。脂肪提供人体必需脂肪酸。

41. 碳水化合物的营养成分功能声称的标准用语有哪些？

答：碳水化合物是人类生存的基本物质和能量主要来源。碳水化合物是人类能量的主要来源。碳水化合物是血糖生成的主要来源。膳食中碳水化合物应占能量的 60% 左右。

42. 钠的营养成分功能声称的标准用语有哪些？

答：钠能调节机体水分，维持酸碱平衡。成人每日食盐的摄入量不超过 6 g。钠摄入过高有害健康。

四、预包装食品营养标签设计中的其他技巧

1. 食品标签可以采取吊牌的形式吗？

答：可以，但需要保证吊牌不与食品或其包装物分离。

2. 是否可以在标签上标注“止渴生津”之类的广告词？

答：不可以。食品标签不应标注或暗示具有预防、治疗疾病作用的内容，非保健食品不得明示或暗示具有保健作用。

3. 包装上可以标注“地方特产”之类的广告词？

答：如果有相关文件可以证明该产品是地方特产则可以标注，反之则不能。

4. 是否可以标注“采用绿色原料”之类的广告词？

答：如果原料确实为绿色食品且有相关证明则可以标注，反之则不能。

5. 大包装中含有多个可独立销售的产品时，外包装应该怎么标示？

答：外包装属于易于开启或者透过外包装能看到内包装的强制标示内容的，外包装不需要重复标示；相反情况则需要按照要求标示所有标示内容。

6. 果冻的标签有什么特殊要求？

答：在醒目位置处，用白底（或黄底）红字标示警示语和食用方法，且文字高度不应小于 3 mm。

7. 速冻面米制品有哪些特殊要求？

答：除强制性标示外，还应按照执行标准规定标明速冻、生制或熟制、即食或非即食及烹调加工方式。

8. 白酒能标示专供、特供吗？

答：不准生产特供、专供、特制、特需等字样的白酒。

9. 在标签上使用了未注册的商标，会不会被处罚？

答：商标未经注册也可以使用，但是其行为不受法律保护。在使用未注册商标时要注意有没有类似的注册商标，会不会涉及商标侵权的行为。

10. 一个产品能够使用两个注册商标吗？

答：企业可以根据需要在产品上使用两个商标。企业可以将一个注册商标使用在自己公司全部产品上，用以区别其他企业的产品；同时可以在其产品上使用一个产品专属的商

标，用来区别自己公司其他类产品。

11. 食品标签上的文字有字符高度要求吗？

答：有，标签上的文字、符号、数字的高度不得小于 1.8 mm。

12. 大包装内含有多个小包装食品，必须在外包装上标示每个独立包装的食品标签吗？

答：一般要在大包装上分别标注每件独立包装的食品标签，如果外包装易于开启识别或透过外包装可以清晰地识别标签，可以不在外包装上重复标示。

13. 非直接提供给消费者的预包装食品标签应该怎么标示？

答：非直接提供给消费者的预包装食品标签应标示食品名称、规格、净含量、生产日期、保质期和贮存条件。

14. 进口预包装食品是否必须标注中文标签？

答：需要。

15. 进口预包装食品标签是否适用 GB 7718—2011 预包装食品标签通则？

答：适用。

16. 进口预包装食品标签是否需要标识原产国或地区区名？

答：需要。

17. 进口预包装食品标签需要标注在中国依法登记注册的代理商、进口商或经销者的名称、地址和联系方式？

答：需要标注。

18. 所有的进口预包装食品标签都需要标示营养成分表？

答：需要，根据 GB 28050—2011 的不符合豁免情况的按规定需要标示。

19. 进口预包装食品标签需要标示产品标准代号和质量等级吗？

答：进口预包装食品可免于标示相关产品标准代号和质量（品质）等级。

20. 包装内含有非食用物质时，包装如何标示？

答：使用“警示用语”对产品说明。

21. 食品可以在名称或标签上宣称“营养”吗？

答：可以。

22. 如何做到食品标签的清晰醒目？

答：字体背景与底色采用对比的颜色来标示。

23. 进口预包装食品可以使用该产品境外生产商注册的商品条码？

答：可以。

24. 未经过绿色食品认证的产品，标签上能否使用绿色食品的标准？

答：绿色食品标准是一种行业标准，通过绿色食品认证的企业可以自主选择是否标注。

但该产品质量必须符合绿色食品的标准要求，且未经过认证不得使用绿色食品的标志。

25. 企业名称变更后，旧版包装还能使用吗？

答：企业名称变更后，新旧版包装混合使用过渡期为 6 个月。

第四节 实践指导

一、实践内容

设计进口“稀奶油”“再制干酪”的中文食品标签。

二、实践步骤

1. 调查超市中进口“稀奶油”“再制干酪”的中文食品标签样式；
2. 检索有关“稀奶油”“再制干酪”的标准；
3. 探讨“稀奶油”“再制干酪”的储藏方法如何撰写；
4. 根据给定要素设计中文标签。

三、实践要求

1. 调研实践要有明确目标；
2. 讨论态度要认真；
3. 完成设计进口“稀奶油”“再制干酪”的中文食品标签。

“稀奶油”给定素材：

× × × × 牌稀奶油

配料：牛奶、白砂糖、乳化剂（单、双甘油脂肪酸酯）、增稠剂（卡拉胶）

脂肪含量：36%

原产国：智利

生产商：× × × × ×

地址：× × × × × ×

电话：× × × × × ×

储藏方法：2~8 ℃冷藏保存

生产日期：见盒顶（年 / 月 / 日）

保质期至：见盒顶（年 / 月 / 日）

营养成分表

项目		
能量	1 417 kJ	17%
蛋白质	2.0 g	3%
脂肪	36.0 g	60%
碳水化合物	3.0 g	1%
钠	46 mg	2%

经销商：×××××

地址：××××××

电话：××××××

净含量：1 L

“再制干酪”给定素材：

×××× 牌再制干酪

净含量：1 kg

产品类型：再制干酪

配料：干酪［稀奶油、牛乳、发酵乳杆菌（Lactobacillus fermentium）］、水、黄油、乳蛋白、六偏磷酸钠、磷酸三钠、食盐。

原产国：法国

储藏方法：低于 15 ℃冷藏，请勿冷冻。

生产日期：年 月 日

保质期至：年 月 日

经销商：×××××

地址：××××××

电话：××××××

营养成分表

项目		
能量	1 465 kJ	17%
蛋白质	8.0 g	13%
脂肪	35.0 g	58%
– 饱和脂肪	25.0 g	125%
– 反式脂肪	1.0 g	
碳水化合物	2.0 g	1%
钠	824 mg	41%
钙	58 mg	7%

拓展阅读

区域全面经济伙伴关系协定（RCEP）2022年1月1日正式生效，部分进口食品将享受零关税

工程科技Ⅰ辑 / 经济与管理科学工业经济 / 经济与管理科学贸易经济 /
中国食品，2022年1期

2022年1月1日，RCEP将对文莱、柬埔寨、老挝、新加坡、泰国、越南、中国、日本、新西兰和澳大利亚10国正式生效。韩国也将于2月1日加入生效实施中。

根据时任商务部新闻发言人高峰介绍，RCEP生效当日，中国与东盟、澳大利亚、新西兰之间的立即零关税比例将超过65%，与韩国相互之间立即零关税比例将分别达到39%和50%。

中国与日本是新建立自贸关系，相互立即零关税比例将分别达到25%和57%。最终，86%的日本出口至中国的产品将实现零关税，同时中国出口至日本88%的产品将享受零关税待遇。高峰表示，降税完成后，中国从东盟进口的椰子汁、菠萝制品、纸制品，从日本进口的电磁炉、电烤箱以及大部分机械设备、仪器仪表、汽车零部件，都将逐步免除关税。同时，中国对日本出口的机电产品、仪器仪表、纺织服装、部分水产品和蔬菜等也将逐步享受零关税待遇。

据介绍，在服务贸易方面，RCEP成员国总体上均承诺开放超过100个服务贸易部门，涵盖金融、电信、交通、旅游、研发等。跨境电商、互联网金融、在线办公、在线教育、在线问诊、网上交易会等新业态新模式将迎来更大发展机遇。

在原产地规则方面，RCEP成员国企业生产过程中所使用的其他成员国原产材料，均可视为本地的原产材料，从而可以累积增加原产价值成分比例，使成员国间出口产品更容易达到享受关税优惠的门槛。

“RCEP原产地累积规则将有力推动区域内生产成本最小化和贸易效率最优化，有利于加强区域内产业链供应链合作，也将有力提升区域内消费者的获得感、幸福感。”高峰说。

食品安全有哪些通用标准

经济与管理科学/宏观经济管理与可持续发展/

中国海关，2022年1期

根据《中华人民共和国食品安全法》第九十二条规定，进口的食品、食品添加剂、食品相关产品应当符合我国食品安全国家标准。因此，海关从事进口食品检验检测等相关工作人员、进口食品境外出口商、境外生产企业和进口商应知悉我国的食品安全相关国家标准，确保进口食品质量安全。本文将简要介绍目前我国食品安全方面现行有效的11项通用国家标准。

1. 食品标签、标识相关通用国家标准

《食品安全国家标准 预包装食品标签通则》（GB 7718—2011）：该标准适用于直接提供给消费者的预包装食品标签和非直接提供给消费者的预包装食品标签，不适用于为预包装食品在储藏运输过程中提供保护的食品储运包装标签、散装食品和现制现售食品的标识。

《食品安全国家标准 预包装食品营养标签通则》（GB 28050—2011）：该标准适用于预包装食品营养标签上营养信息的描述和说明，不适用于保健食品及预包装特殊膳食用食品的营养标签标示。

《食品安全国家标准 预包装特殊膳食用食品标签》（GB 13432—2013）：该标准适用于预包装特殊膳食用食品的标签（含营养标签）。

《食品安全国家标准 食品添加剂标识通则》（GB 29924—2013）：该标准适用于食品添加剂的标识，食品营养强化剂的标识参照该标准使用，不适用于为食品添加剂在储藏运输过程中提供保护的储运包装标签的标识。

2. 食品中有毒有害物质限量相关通用国家标准

《食品安全国家标准 食品中真菌毒素限量》（GB 2761—2017）：该标准规定了食品中黄曲霉毒素B1、黄曲霉毒素M1、脱氧雪腐镰刀菌烯醇、展青霉素、赭曲霉毒素A及玉米赤霉烯酮的限量指标。

《食品安全国家标准 食品中污染物限量》（GB 2762—2017）：该标准规定了食品中铅、镉、汞、砷、锡、镍、铬、亚硝酸盐、硝酸盐、苯并［a］芘、N-二甲基亚硝胺、多氯联苯、

3-氯-1，2-丙二醇的限量指标。

《食品安全国家标准 食品中兽药最大残留限量》（GB 31650—2019）：该标准规定了动物性食品中阿苯达唑等104种（类）兽药的最大残留限量；规定了醋酸等154种允许用于食品动物，但不需要制定残留限量的兽药；规定了氯丙嗪等9种允许作治疗用，但不得在动物性食品中检出的兽药。该标准适用于与最大残留限量相关的动物性食品。

《食品安全国家标准 食品中农药最大残留限量》（GB 2763—2021）：该标准规定了食品中2,4-滴丁酸等564种农药10 092项最大残留限量。该标准已于2021年9月3日实施。

《食品安全国家标准 预包装食品中致病菌限量》（GB 29921—2021）：该标准规定了预包装食品中致病菌包括沙门氏菌、金黄色葡萄球菌、单核细胞增生李斯特氏菌、致泻大肠埃希氏菌、副溶血性弧菌、克罗诺杆菌属（阪崎肠杆菌）等指标及其限量要求和检验方法，不适用于执行商业无菌要求的食品、包装饮用水、饮用天然矿泉水。该标准已于2021年11月22日实施。

3. 其他相关食品安全通用国家标准

《食品安全国家标准 食品添加剂使用标准》（GB 2760—2014）：该标准规定了食品添加剂的使用原则、允许使用的食品添加剂品种、使用范围及最大使用量或残留量。

《食品安全国家标准 食品营养强化剂使用标准》（GB 14880—2012）：该标准规定了食品营养强化的主要目的、使用营养强化剂的要求、可强化食品类别的选择要求以及营养强化剂的使用规定。该标准适用于食品中营养强化剂的使用，国家法律、法规和（或）标准另有规定的除外。

练习与思考

请阅读如下案例，思考如下问题：

1、你有没有见过不带中文标签的进口食品？这样的食品能否合法销售？

2、如果你是方先生，你下次在购买进口食品前，会关注进口食品的哪些信息？

网购进口食品安全吗

刘更超 张夏意北京日报/2020年/12月/2日/第014版 新知周刊·法制

很多人喜欢网购进口食品，认为其性价比高，质量可靠。但事实真的如此吗？在司法实践中，进口食品领域是网售食品安全案件的高发区。那么，网购进口食品安全方面有哪些突出的法律问题？消费者又该如何防范？

案例：预包装进口鹅肝酱中文标签不实怎么办？

酷爱鹅肝酱的方先生在一家店铺一次性购买了 15 罐，收货后，他想进一步了解鹅肝酱的进货来源，就对产品标签上标注的国内经销商进行查证，发现竟然无法查实经销商名称。他认为，鹅肝酱的进货来源肯定不靠谱，于是将店铺诉至法院。

法官释疑：

预包装进口食品中文标签问题非常常见，而且涉诉量很大。根据《中华人民共和国食品安全法》第九十七条的规定，进口的预包装食品、食品添加剂应当有中文标签。标签应当载明食品的原产地以及境内代理商的名称、地址、联系方式。预包装食品没有中文标签或者标签不符合规定的，不得进口。店铺作为销售者，应当履行食品经营者的法定义务。上述案件中，店铺并不了解进口食品的基本知识和产品信息，加贴中文标签的经销商信息又不实，且无法作出合理解释，此种情形下，法院认定方先生购买的鹅肝酱存在着严重的食品安全隐患，不符合我国食品安全标准。

所谓预包装食品，《中华人民共和国食品安全法》中给出的定义是“预先定量包装或者制作在包装材料、容器中的食品”。说到预包装食品标签问题，最常见也是最易被发现的问题是进口食品没有中文标签，还有一类是漏标的情况，就是进口食品标签上未标注生产日期，营养成分，原产地，境内代理商的名称、地址、联系方式等事项；最后一类是标注错误的情况，这种最难被发现。可能有人不以为意，认为“不就是个标签嘛，又不影响食用”。其实，标签非常重要，一方面能让消费者了解到产品资质信息，包括产品的原产地，境内代理商名称、地址、联系方式等，另一方面也是消费者知晓产品的配料、保质期、储存及食用方法等重要信息最直观、最有效的途径。在审判实践中，有一些标签违法案件的背后，就是不良商家打着进口食品的幌子售卖“三无”与假冒产品，因此消费者必须保持警惕。

法官提醒，对于进口商来说，要建立境外出口商、境外生产企业审核制度，对进口商品是否符合我国食品安全国家标准进行重点审核，如实记录进口食品名称、规格、数量、生产或进口批号、境外出口商和购货者名称、地址及联系方式、交货日期等内容。网络平台中的店铺、商家要审查进口商、境外出口商或代理商的资质，仔细查验进口食品有无中文标签、报关单、入境货物检验检疫证明，并进一步查询进口的食品是否属于国家禁止进口的食品，中文标签及检验检疫证明材料的货物品名、规格、批号是否对应等，只有把这些问题都查验清楚，才能说是履行了经营者的查验义务。

第六章

食品进口标签审核流程与操作

学习目标

1. 了解食品进口流程；
2. 能简述标签设计的步骤；
3. 能举例标签审核中的注意事项。

基本概念

标签制作　标签审核

第一节　食品进口流程

一、海关如何处置不合格进口食品

进口食品入境后，应存放在海关指定或认可的场所，海关依据进出口商品检验相关法律法规，对进口食品实施合格评定。经海关评定合格的，准予进口。但是，近年来随着进口食品数量的增加，不合格进口食品的检出率也呈现上升趋势。严格按照程序做好不合格进口食品的处置工作，是维护国门安全的重要举措。

1. 不合格进口食品的定义及其判定依据

不合格进口食品，即不符合中国食品安全国家标准和相关检验检疫要求的进口食品。

进口食品应当符合中国食品安全国家标准和相关检验检疫要求。食品安全国家标准公布前，按照现行食用农产品质量安全标准、食品卫生标准、食品质量标准和有关食品的行业标准中强制执行的标准实施检验；尚无食品安全国家标准的食品，依照国务院卫生行政部门出具的许可证明文件的要求进行检验。

处置程序通常为以下五点：

一是证据收集。由现场海关负责收集现场查验记录、抽样记录、实验室检验检疫结果、当事人提供的各种单证以及其他相关资料等，为提交审批做好准备。收集证据材料应及时、合法、全面、客观。

二是申报。由现场海关根据查验结果、实验室检验检疫结果、其他相关检验检疫结果以及危害程度等，提出处理意见，填报不合格进口食品检验检疫处理审批表，附上有关证据材料，报上级主管部门审批。

三是审批。经上级主管部门审查不合格，事实清楚、证据全面、判定依据准确、拟采取的处理方式恰当、实施时限合理的，通过审批并提出审批意见。

经检验检疫不合格的，出具不合格证明。涉及安全、健康、环境保护项目不合格的，由海关书面通知食品进口商，责令其销毁或者退运；其他可以进行技术处理的项目，可在海关的监督下进行技术处理，经重新检验通过合格评定要求后，方可销售、使用；不能在规定时间内完成技术处理或者经技术处理仍不合格的，由海关责令食品进口商销毁或者退运。

四是出具单证。审批后，需进行技术处理的，现场海关应及时出具检疫处理通知书，并责令企业按要求完成技术处理。

五是不合格信息报送。现场海关按有关规定及时填报不合格信息上报表，内容应详细、准确、规范，并及时在不合格系统内完成录入工作。

2. 后续监管

在不合格进口食品处置流程结束后，监管工作并未完结，海关还应对不合格进口食品的销毁或退运情况，做好现场监督处理记录，并经当事人或见证人签名确认。现场海关应建立不合格食品管理档案，将查验记录、实验室检测结果、不合格进口食品处理审批表等相关材料保管 3 年。

2022 年 1 月 1 日起正式实施的《中华人民共和国进出口食品安全管理办法》第三十四条规定，境外发生食品安全事件可能导致中国境内食品安全隐患，或者海关实施进口食品监督管理过程中发现不合格进口食品，或者发现其他食品安全问题的，海关总署和经授权的直属海关可以依据风险评估结果对相关进口食品实施提高监督抽检比例等控制措施。

二、进口食品农产品检验检疫通关流程（见图 6-1）

流程是检验检疫业务最基本的运作支撑点。中国电子检验检疫业务系统（以下简称ECIQ）是覆盖全国各级检验检疫机构及其工作人员的操作系统。

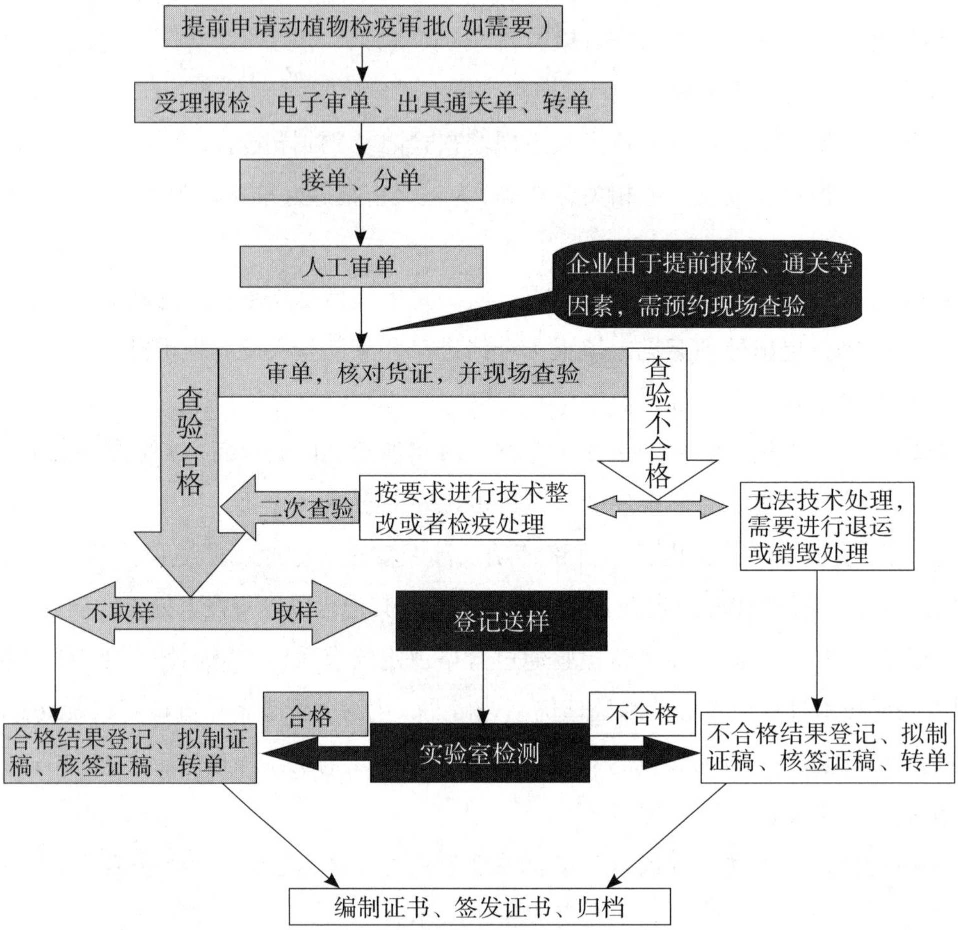

图 6-1　进口食品农产品检验检疫通关流程图

1. 动植物检疫审批

依据《中华人民共和国进出境动植物检疫法》及其实施条例以及国家有关规定对需要审批的产品，办理检疫审批。

2. 受理报检

由检务部门对报检材料进行审核，对符合要求的，受理企业报检、签发通关单发送海关，然后转单至施检部门。

3. 接单和分单

由施检部门安排专人及时接单并分到各科，由科长根据科室人员分工和工作量合理分单。

4. 审单核放

施检接单后对报检单据进行完整性、真实性审核，按接单顺序对货物放行。对于需要办理检疫许可的还要通过许可证核销系统核销本批报检的使用数量，审核合格后与企业联系，确认现场查验时间。

5. 现场查验

运输工具和货物外包装经检疫处理后，施检人员在入境口岸或检验检疫部门指定或认可的监管场所对货物进行现场查验，并填写记录。现场查验内容主要包括货物检验、货物检疫、货物鉴定、木质包装检疫、集装箱检疫、卫生检疫等。查验合格后，根据国家市场监督管理总局文件要求和 ECIQ 主干系统检验标记，抽样送实验室检测；不需要抽样检测的直接予以放行。现场查验不合格的，出具不合格证明；涉及安全、健康、环保项目不合格的，责令当事人销毁或出具退货通知；其他项目不合格，可在检验检疫机构监督下进行技术处理，重新检验合格后，方可销售、使用。图 6-2 所示为进口食品化妆品进出口商备案系统，该系统已与“互联网 + 海关”一体化平台集成。

图 6–2 进口食品化妆品进出口商备案系统

6. 取送样

进口食品农产品依据《年度国家进口食品安全监督抽检计划》《专项进口食品安全监督抽检计划》《国门生物安全检测计划》《年度进出口食用农产品和饲料安全风险监控计划实施方案》和 ECIQ 主干系统检验标记实施抽样检验。施检人员填写相关取送样单，将样品送至实验室进行检测。

7. 实验室检测根据送检项目出具实验室检测报告

最长时限为 10 个工作日（送至省外的检测，以实际检测为准）。

8. 结果

现场查验结果处置。或经实验室检测合格的予以放行，检测不合格的处置同现场查验。

9. 结果登记、拟制证稿、转单

根据现场查验情况和送检结果，在 ECIQ 系统中进行结果登记并拟制证稿；对检出疫情的，在疫情信息上报系统中登记。检出不合格的货物，同时上报风险预警及不合格系统。最后将整票单据转至检务部门。

10. 出证及归档

检务制证人员完成缮制并核签证书后归档。

第二节　进口食品标签审核流程

一、具体步骤

1. 查找适用的法律法规或标准

常见的标准有 GB 7718—2011《食品安全国家标准 预包装食品标签通则》(GB 7718—2011)(见图 6-3)或者《食品安全国家标准 预包装食品营养标签通则》(GB 28050—2011)等。

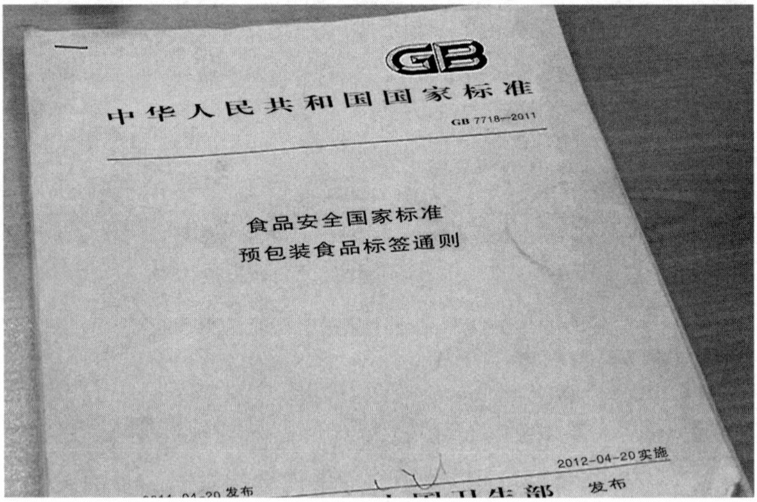

图 6-3 《食品安全国家标准 预包装食品标签通则》(GB 7718—2011)

在具体操作中，首先要对货物的分类做到准确无误，然后方能找到正确的适用标准。

2. 找出标准规章中与标签相关条款及要求，审核食品标签

逐条审核的内容至少有如下这些：

序号	进出口包装与标签设计的主要内容项目	审核是否通过（是 / 否）
1	标签张贴位置	
2	基本要求	
3	食品名称	
4	配料表	
5	配料的定量标示	
6	净含量和规格	
7	生产者、经销者的名称、地址和联系方式	
8	日期标示	
9	贮存条件	
10	食品生产许可证编号	
11	产品标准代号	
12	其他标示内容	
13	非直接提供给消费者的预包装食品标签标示内容	
14	标示内容的豁免	
15	推荐标示内容	
16	其他	

3. 审核完毕后，打印出样张

审核完毕后，打印样张，经公司经理认可后，交由进口商再次确认。确认无误，就可使用。如图 6-4 所示。

图 6–4　打印完毕的进口食品标签（说明：拍摄于元初国际物流有限公司自贸区办公室）

二、乳制品进口食品标签审核流程

1. 查找适用的法律法规或标准

以乳制品为例，分为液态乳、发酵乳、乳粉、炼乳及其调制产品、无水奶油、稀奶油、干酪、再制干酪。

适用的规范有《食品安全国家标准 生乳》（GB 19301—2010）、《食品安全国家标准 巴氏杀菌乳》（GB 19645—2010）、《食品安全国家标准 灭菌乳》（GB 25190—2010）、《食品安全国家标准 调制乳》（GB 25191—2010）。

2. 找出标准规章中与标签相关条款及要求，审核食品标签

《食品安全国家标准 巴氏杀菌乳》（GB 19645—2010）规定：应在产品包装主要展示面上紧邻产品名称的位置，使用不小于产品名称字号且字体高度不小于主要展示面高度五分之一的汉字标注“鲜牛（羊）奶”或“鲜牛（羊）乳”。如图 6-5 所示。

图 6-5 某巴氏杀菌乳标签

《食品安全国家标准 灭菌乳》（GB 25190—2010）规定：仅以生牛（羊）乳为原料的超高温灭菌乳应在产品包装主要展示面上紧邻产品名称的位置，使用不小于产品名称字号且字体高度不小于主要展示面高度五分之一的汉字标注“纯牛（羊）奶”或“纯牛（羊）乳”。

全部用乳粉生产的灭菌乳应在产品名称紧邻部位标明“复原乳”或“复原奶”；在生牛（羊）乳中添加部分乳粉生产的灭菌乳应在产品名称紧邻部位标明“含 ××% 复原乳”或“含 ××% 复原奶”。

“复原乳”或“复原奶”与产品名称应标识在包装容器的同一主要展示版面；标识的“复原乳”或“复原奶”字样应醒目，其字号不小于产品名称的字号，字体高度不小于主要展示版面高度的五分之一。

《食品安全国家标准 调制乳》（GB 25191—2010）规定：全部用乳粉生产的调制乳应在产品名称紧邻部位标明“复原乳”或“复原奶”；在生牛（羊）乳中添加部分乳粉生产的调制乳应在产品名称紧邻部位标明“含 ××% 复原乳”或“含 ××% 复原奶”。

“复原乳”或“复原奶”与产品名称应标识在包装容器的同一主要展示版面；标识的“复原乳”或“复原奶”字样应醒目，其字号不小于产品名称的字号，字体高度不小于主要展示版面高度的五分之一。

3. 审核完毕后，打印出样张

三、冷冻饮品、蜜饯标签进口食品标签审核流程

1. 查找适用的法律法规或标准

冷冻饮品可分为：

1. 冷冻饮品
2. 冰淇淋类
3. 全乳脂冰淇淋
4. 清型全乳脂冰淇淋
5. 组合型全乳脂冰淇淋
6. 半乳脂冰淇淋
7. 清型半乳脂冰淇淋
8. 组合型半乳脂冰淇淋
9. 植脂冰淇淋
10. 清型植脂冰淇淋
11. 组合型植脂冰淇淋
12. 雪泥类（冰霜类）
13. 清型雪泥

续表

14. 组合型雪泥
15. 雪糕类
16. 清型雪糕
17. 组合型雪糕
18. 冰棍类（棒冰类）
19. 清型冰棍
20. 组合型冰棍
21. 甜味冰类
22. 食用冰类
23. 其他类

产品涉及的主要食品标准及规章：

1.《食品安全国家标准 冷冻饮品和制作料》（GB 2759—2015）
2.《冷冻饮品分类》（GB/T 30590—2014）
3.《冷冻饮品 冰淇淋》（GB/T 31114—2014）
4.《冷冻饮品 雪糕》（GB/T 31119—2014）
5.《冷藏、冷冻食品物流包装、标志、运输和储存》（GB/T 24616—2019）
6.《冷冻饮品 雪泥》（SB/T 10014—2008）
7.《冷冻饮品 冰棍》（SB/T 10016—2008）
8.《冷冻饮品 食用冰》（SB/T 10017—2008）
9.《冷冻饮品 甜味冰》（SB/T 10327—2008）

2. 找出标准规章中与标签相关条款及要求，审核食品标签

对于冰淇淋类产品：原果汁含量不低于 2.5% 的产品，可以标明“×× 果汁冰淇淋”；原果汁含量低于 2.5% 的产品不得标为“×× 果汁冰淇淋”，应标为“×× 果味冰淇淋”；含水果果肉（或果块）的产品，可以标为“×× 水果冰淇淋”。

对于雪泥类产品：原果汁含量不低于 2.5% 的产品，可以标明“×× 果汁雪泥”；原果汁含量低于 2.5% 的产品不得标为“×× 果汁雪泥”，应标为“×× 果味雪泥”；含水果果肉（或果块）的产品，可以标为“×× 水果雪泥”。

对于雪糕类产品：原果汁含量不低于 2.5% 的产品，可以标明“×× 果汁雪糕”；原果汁含量低于 2.5% 的产品不得标为“×× 果汁雪糕”，应标为“×× 果味雪糕”；含水果果肉（或果块）的产品，可以标为“×× 水果雪糕”。

对于冰棍类产品：原果汁含量不低于 2.5% 的产品，可以标明“×× 果汁冰棍”；原果汁含量低于 2.5% 的产品不得标为“×× 果汁冰棍”，应标为“×× 果味冰棍”；含水果果肉（或果块）的产品，可以标为“×× 水果冰棍”。

营养成分表必须标注。

清晰地标示反映食品真实属性的专用名称。

3. 审核完毕后，打印出样张

四、干坚果标签进口食品标签审核流程

1. 查找适用的法律法规或标准

干坚果可分为：

1. 坚果与籽类食品：以坚果、籽类或其籽仁等为主要原料，经加工制成的食品。
2. 坚果：具有坚硬外壳的木本类植物的籽粒，包括核桃、板栗、杏核、扁桃核、山核桃、香榧、夏威夷果、松子等。
3. 籽类：瓜、果、蔬菜、油料等植物的籽粒，包括葵花籽、西瓜籽、南瓜子、花生、蚕豆、豌豆、大豆等。
4. 籽仁（含坚果）：坚果、籽类去除外壳后的部分。
5. 生干坚果与籽类食品：经过清洗、筛选、去壳或干燥等处理，未经熟制工艺的坚果与籽类食品。
6. 熟制坚果与籽类食品：以坚果、籽类或其籽仁为主要原料，添加或不添加辅料，经烘炒、油炸、蒸煮或其他等熟制加工工艺制成的食品。

产品涉及的主要食品标准及规章：

1.《葵花籽》（GB/T 11764—2022）
2.《食品安全国家标准 坚果与籽类食品》（GB 19300—2014）
3.《坚果与籽类食品质量通则》（GB/T 22165—2022）

2. 找出标准规章中与标签相关条款及要求，审核食品标签

坚果名称应使用标准规定的名称。

3. 审核完毕后，打印出样张

五、油脂及油料标签进口食品标签审核流程

1. 查找适用的法律法规或标准

油脂及油料可分为：

食用菜籽油 Rapeseed Oil
食用大豆油 Soybean Oil
橄榄油 Olive Oil
花生油 Peanut Oil
食用葵花籽油 Sunflower Oil

以大豆油为例，产品涉及的主要食品标准及规章：

1.《大豆油》（GB/T 1535—2017）
2.《食品安全国家标准 植物油》（GB 2716—2018）

2. 找出标准规章中与标签相关条款及要求，审核食品标签

来自美洲的大豆油可能为转基因大豆制作，需要关注是否进行转基因标识。

3. 审核完毕后，打印出样张

六、糖果标签进口食品标签审核流程

1. 查找适用的法律法规或标准

糖果可分为：

硬质糖果类（硬糖类）
酥质糖果类（酥糖类）
焦香糖果类（太妃糖类）
凝胶糖果类
奶糖糖果类（奶糖类）
胶基糖果类
充气糖果类
压片糖果类
流质糖果类
膜片糖果类

以巧克力为例，产品涉及的主要食品标准及规章：

1.《食品安全国家标准 巧克力、代可可脂巧克力及其制品》(GB 9678. 2—2014)
2.《巧克力及巧克力制品(含代可可脂巧克力及代可可脂巧克力制品)通则》(GB/T 19343—2016)

2. 找出标准规章中与标签相关条款及要求，审核食品标签

可能导致过敏反应的食品及其制品如果用作配料，宜在配料表中使用易辨识的名称，或在配料表邻近位置加以提示。

审核巧克力时注意区分产品属性是否属于代可可脂巧克力，代可可脂添加量超过 5% 的产品应命名为代可可脂巧克力。

巧克力成分含量不足 25% 的制品不应命名为巧克力制品。

3. 审核完毕后，打印出样张

七、粮谷及制品进口食品标签审核流程

1. 查找适用的法律法规或标准

粮谷及制品可分为：

小麦粉 wheat flour
意大利面 pasta
麦片类 Cereals
方便面 instant noodles
面包

以小麦粉为例，产品涉及的主要食品标准及规章：

1.《小麦粉》(GB 1355—2021)
2.《食品安全国家标准 粮食》(GB 2715—2016)
3.《高筋小麦粉》(GB/T 8607—1988)
4.《低筋小麦粉》(GB/T 8608—1988)
5.《营养强化小麦粉》(GB/T 21122—2007)

2. 找出标准规章中与标签相关条款及要求，审核食品标签

营养强化小麦粉应按 GB 1355—2021 及 GB/T 21122—2007 中 6.1 的规定标注产品类别和质量等级，并应符合 GB 7718—2011 的规定，且产品标签上应标明“营养强化小麦粉”名称。

营养强化小麦粉应以不低于某值的形式标示添加的营养强化剂的名称和含量。维生素类、氨基酸及含氮化合物类营养强化剂，在保质期内，其损失率不应大于标称值的 20%，且实测含量应在 GB 14880—2012 规定的范围内。

营养强化小麦粉产品保质期应不低于 3 个月。

3. 审核完毕后，打印出样张

八、糕点饼干进口食品标签审核流程

1. 查找适用的法律法规或标准

糕点饼干可分为：

糕点
饼干

以糕点为例，产品涉及的主要食品标准及规章：

1.《食品安全国家标准 糕点、面包》（GB 7099—2015）
2.《糕点术语》（GB/T 12140—2007）
3.《月饼质量通则》（GB 19855—2023）
4.《糕点通则》（GB/T 20977—2007）

2. 找出标准规章中与标签相关条款及要求，审核食品标签

产品名称应反映其真实属性，莲蓉类月饼应标示“纯莲蓉月饼”或“莲蓉月饼”，蔬菜类月饼应选择标示含量超过馅料总量 25% 或含量最高的蔬菜名称。

几种月饼混装时，在标明“新创名称”“奇特名称”“牌号名称”或“商标名称”之后，应分别标注盒内月饼的具体名称。

配料中必须标注：豆蓉（沙）类月饼应标示是何种豆制作的豆蓉（沙）；果仁类月饼应标示所用每一种果仁的名称；水果类月饼应标示使用的水果名称。

以某种配料命名月饼时，配料表中必须标注该配料含量。

生产日期以最早生产的月饼的生产日期为准。

产品包装上要标明冷加工或热加工。

当多种月饼产品混装一盒时，可以用一个包括所有产品的总配料清单，亦可使用每个产品各自的配料清单。

3. 审核完毕后，打印出样张

九、蜂产品进口食品标签审核流程

1. 查找适用的法律法规或标准

蜂产品可分为：

蜂花粉 bee pollen
蜂蜜 honey
蜂王浆 royal jelly

以蜂花粉为例，产品涉及的主要食品标准及规章：

1.《蜂花粉》(GB/T 30359—2021)
2.《食品安全国家标准 花粉》(GB 31636—2016)

2. 找出标准规章中与标签相关条款及要求，审核食品标签

经电离辐射线或电离能量处理过的食品，应在食品名称附近标示“辐照食品”。

3. 审核完毕后，打印出样张

十、调味品类进口食品标签审核流程

1. 查找适用的法律法规或标准

调味品类可分为：

味精 M.S.G.
食醋 Vinegar
酱油 Soy Sauce
酱 Sauce
沙拉酱 Salad dressing
果酱
花生酱
番茄酱、番茄调味酱及番茄酱罐头
水产调味品
蚝油
调味糖浆

以味精为例，产品涉及的主要食品标准及规章：

1.《食品安全国家标准 味精》（GB 2720—2015）
2.《谷氨酸钠（味精）》（GB/T 8967—2007）
3.《卫生部办公厅关于味精归属及标识有关问题的复函》（卫办监督函〔2011〕998 号）

2. 找出标准规章中与标签相关条款及要求，审核食品标签

醒目标出“食醋”或“甜醋”。

食醋总酸的含量应大于或等于 3.5 g / 100 mL，应标明产品类别和总酸的含量。

3. 审核完毕后，打印出样张

十一、特殊膳食类进口食品标签审核流程

1. 查找适用的法律法规或标准

特殊膳食类可分为：

婴儿配方食品 Infant formula
较大婴儿和幼儿配方食品 Older infants and young children formula
特殊医学用途婴儿配方食品
婴幼儿谷类辅助食品 Cereal-based complementary foods for infants and young children
婴幼儿罐装辅助食品 Canned complementary foods for infants and young children

以婴儿配方食品为例，产品涉及的主要食品标准及规章：

1.《食品安全国家标准 婴儿配方食品》（GB 10765—2021）
2.《食品安全国家标准 较大婴儿配方食品》（GB 10766-2021）
3.《食品安全国家标准 幼儿配方食品》（GB 10767-2021）

2. 找出标准规章中与标签相关条款及要求，审核食品标签

基本的营养成分指标应符合标准中相关的规定。如果在产品中选择添加或标签中标示含有可选择的营养成分中的一种或多种成分，其含量也应符合相应指标的规定。

有关产品使用、配制指导说明及图解、贮存条件应在标签上明确说明。当包装最大表面积小于 100 cm^2 或产品质量小于 100 g 时，可以不标示图解。

指导说明应该对不当配制和使用不当可能引起的健康危害给予警示说明。

0~6 月龄婴儿配方食品中不应对其必需成分进行声称。

3. 审核完毕后，打印出样张

十二、饮料进口食品标签审核流程

1. 查找适用的法律法规或标准

饮料可分为：

1. 果蔬汁类及其饮料 fruit/vegetable juices and beverage
2. 果蔬汁（浆）fruit/vegetable juice（puree）
3. 浓缩果蔬汁（浆）concentrated fruit/vegetable juice（puree）
4. 果蔬汁（浆）类饮料 fruit/vegetable juice（puree）beverage
5. 蛋白饮料 protein beverage
6. 含乳饮料 milk beverage
7. 植物蛋白饮料 plant protein beverage
8. 复合蛋白饮料 mixed protein beverage
9. 其他蛋白饮料 other protein beverage
10. 碳酸饮料（汽水）carbonated beverage
11. 特殊用途饮料 beverage for special uses
12. 运动饮料 sports beverage
13. 营养素饮料 nutritional beverage
14. 能量饮料 energy beverage
15. 电解质饮料 electrolyte beverage
16. 其他特殊用途饮料 other special usage beverage
17. 风味饮料 flavored beverage
18. 茶（类）饮料 tea beverage
19. 咖啡（类）饮料 coffee beverage
20. 植物饮料 botanical beverage
21. 固体饮料 solid beverage
22. 其他类饮料 other beverage

以碳酸饮料为例，产品涉及的主要食品标准及规章：

1.《饮料通则》（GB 10789—2015）
2.《碳酸饮料（汽水）》（GB/T 10792—2008）

2. 找出标准规章中与标签相关条款及要求，审核食品标签

果汁型碳酸饮料应在标签上标识果汁含量。

可溶性固形物含量低于 5% 的碳酸饮料可声称“低糖”。

3. 审核完毕后，打印出样张

十三、酒类进口食品标签审核流程

1. 查找适用的法律法规或标准

酒类可分为：

啤酒 beer
葡萄酒 wines
果酒 fruit wine
黄酒 Chinese rice wine
清酒 sake
白酒 Chinese spirits
白兰地 brandy
威士忌 whisky
伏特加 vodka
朗姆酒 rum
配制酒 blended alcoholic beverage

以啤酒为例，产品涉及的主要食品标准及规章：

1.《食品安全国家标准 发酵酒及其配制酒》(GB 2758—2012)
2.《啤酒》(GB 4927—2008)
3.《饮料酒术语和分类》(GB/T 17204—2021)

2. 找出标准规章中与标签相关条款及要求，审核食品标签

产品必须标注原麦汁浓度，以“原麦汁浓度”为标题，并以柏拉图度符号“°P”为单位。

应以“%vol”为单位标示酒精度，“葡萄酒和其他酒精度大于等于 10 %vol 的发酵酒及其配制酒可免于标示保质期”。“果酒（葡萄酒除外）应标示原果汁含量，以‘××%’标示。”

产品应标示警示语“过量饮酒有害健康”。

玻璃瓶装啤酒标签中应标注警示语“切勿撞击，防止爆瓶”。

应注意产品的原麦汁浓度与酒精度的对应关系。

无醇啤酒应标注营养成分表。

3. 审核完毕后，打印出样张

十四、其他类进口食品标签审核流程

1. 查找适用的法律法规或标准

其他类可分为：

果冻 jelly
膨化食品 puffed food

以果冻为例，产品涉及的主要食品标准及规章：

1.《食品安全国家标准 果冻》(GB 19299—2015)
2.《果冻》(GB/T 19883—2018)

2. 找出标准规章中与标签相关条款及要求，审核食品标签

标签中必须标注分类名称：果味型果冻、果汁型果冻、果肉型果冻、含乳型果冻、其他型果冻。

凝胶果冻应在外包装和最小食用包装的醒目位置处，用白底（或黄底）红字标示安全警示语和食用方法，且文字高度应不小于 3 mm。安全警示语和食用方法可采用下列方式标示，例如：“勿一口吞食；三岁以下儿童不宜食用，老人儿童须监护下食用。”

“布丁”应同时标示“含乳型果冻”；果汁型果冻应标示原果汁含量；果肉型果冻应标示果肉含量。

称量销售产品的标签可以不标示净含量。

3. 审核完毕后，打印出样张

第三节 进口食品标签审核注意事项

进口食品和出口食品标签审核过程中，需要特别留意过去几年常见的进出口食品被扣留或销毁的原因。以此借鉴，并在制作标签的过程中高度重视。本节重点介绍近几年来，食品出口美国被扣留的常见原因、食品出口欧盟被扣留的常见原因、食品出口日本被扣留的常见原因，以及进境食品退运或销毁的常见原因，供食品标签审核时注意。

一、食品出口美国被扣留的常见原因

食品出口美国被扣留的常见原因按涉及因素可分为：质量指标、微生物、污染物、食品添加剂、农药、兽药、非法添加、标签、其他类等。现列举如下：

1. 质量指标

产品分类	蔬菜及其制品→干燥蔬菜
产品名称	蘑菇和其他真菌产品，完整的（带盖），N.E.C
制造商	***Foods Co. Ltd.
通报时间	2021-02-26
不合格原因	该产品似乎全部或部分含有污秽或腐烂的物质
判定结果	不合格
备注	拒绝进口

产品分类	水产及其制品→生鲜（冻）水产品
产品名称	鲑鱼（驼背鲑，银鲑，王鲑，红眼鲑等）
制造商	***PRODUCTS CO.LTD.
通报时间	2021-02-25
不合格原因	该产品似乎全部或部分含有污秽或腐烂的物质
判定结果	不合格
备注	拒绝进口

产品分类	水果及其制品→水果干
产品名称	中国红枣（枣子，酸枣），干果或酱
制造商	***Development co.Ltd.
通报时间	2021-02-20
不合格原因	该产品似乎全部或部分含有污秽或腐烂的物质
判定结果	不合格
备注	拒绝进口

产品分类	蔬菜及其制品→酱腌菜
产品名称	蘑菇及其他菌类制品、片及茎、切片。
制造商	***CO.LTD.
通报时间	2021-01-20
不合格原因	该产品似乎全部或部分含有污秽或腐烂的物质
判定结果	不合格
备注	拒绝进口

2. 微生物

产品分类	水产及其制品→水产加工品
产品名称	熟小龙虾
制造商	***Seafood Co.Ltd.
通报时间	2021-03-09
不合格原因	因产品含有李斯特菌而未检扣留
判定结果	不合格
备注	自动扣留

产品分类	调味品→香辛料调味品
产品名称	辣椒（辣椒，红辣椒），完整的（香料）
制造商	***PRODUCTS CO.LTD.
通报时间	2021-02-09
不合格原因	该产品含有沙门氏菌
判定结果	不合格
备注	拒绝进口

产品分类	水果及其制品→鲜果
产品名称	椰子
制造商	***CO.LTD.
通报时间	2020-08-11
不合格原因	由于存在微生物污染对椰子未经检查给予扣留
判定结果	不合格
备注	扣留

3. 污染物

产品分类	水果及其制品→蜜饯
产品名称	梅干
制造商	***Co.Ltd.
通报时间	2021-01-27
不合格原因	因铅导致干果未经检查被拘留
判定结果	不合格
备注	拒绝进口

产品分类	蛋及蛋制品→再制蛋
产品名称	皮蛋
制造商	***Co.Ltd.
通报时间	2020-09-01
不合格原因	因受重金属污染而未对食品未经检查给予扣留
判定结果	不合格
备注	拒绝进口

产品分类	糖果和巧克力制品→糖果
产品名称	姜糖
制造商	***TRADING .CO.
通报时间	2019-07-29
不合格原因	铅
判定结果	不合格
备注	自动扣留

4. 食品添加剂

产品分类	水产及其制品→生鲜（冻）水产品
产品名称	鳗鱼
制造商	***CO.LTD.
通报时间	2021-02-26
不合格原因	该产品含有不安全食品添加剂
判定结果	不合格
备注	拒绝进口

产品分类	水产及其制品→水产加工品
产品名称	虾和对虾（裹着面包糠的）
制造商	***Co.Ltd.
通报时间	2021-01-20
不合格原因	该产品含有不安全的食品添加剂
判定结果	不合格
备注	拒绝进口

产品分类	糖果和巧克力制品→糖果
产品名称	山楂糖
制造商	***FOOD.CO.
通报时间	2020-06-25
不合格原因	疑含不安全色素添加剂
判定结果	不合格
备注	拒绝进口

5. 农药

产品分类	水果及其制品→鲜果
产品名称	葡萄柚
制造商	***CO.
通报时间	2021-03-24
不合格原因	因含有农药残留而对农产品未检扣留
判定结果	不合格
备注	自动扣留

产品分类	蔬菜及其制品→酱腌菜
产品名称	芥末菜（叶和茎蔬菜）
制造商	***Co.Ltd.
通报时间	2020-09-22
不合格原因	根据《食品、药品和化妆品法》第 801（a）（3）节的规定，该物品可能会被拒绝入境，因为该物品似乎含有或含有农药化学残留物，导致该物品被《食品、药品和化妆品法》第 402（a）（2）（B）节所指的掺假
判定结果	不合格
备注	西海岸区

产品分类	水产及其制品→生鲜（冻）水产品
产品名称	罗非鱼
制造商	***Co.Ltd.
通报时间	2022-02-16
不合格原因	因未经批准的药物而未经水产养殖海鲜产品的身体检查而拘留
判定结果	不合格
备注	恩诺沙星（Enrofloxacin）等

6. 兽药

产品分类	水产及其制品→生鲜（冻）水产品
产品名称	黄鱼
制造商	***Co.Ltd.
通报时间	2021-02-24
不合格原因	使用未经批准的新兽药，将对水产养殖产品安全产生影响
判定结果	不合格
备注	自动扣留

产品分类	水产及其制品→生鲜（冻）水产品
产品名称	虾
制造商	***Co.Ltd.
通报时间	2020-09-03
不合格原因	有新的动物药物
判定结果	不合格
备注	不安全的食品添加剂未经检查给予扣留

产品分类	水产及其制品→生鲜（冻）水产品
产品名称	鳗鱼
制造商	***Food.
通报时间	2019-02-22
不合格原因	疑含新的动物药物
判定结果	不合格
备注	拒绝进口

7. 非法添加

产品分类	粮食及其制品→其他类
产品名称	大米蛋白
制造商	***Co.Ltd.
通报时间	2021–03–25
不合格原因	由于存在三聚氰胺和 / 或三聚氰胺类似物而对产品未检扣留
判定结果	不合格
备注	自动扣留

产品分类	粮食及其制品→其他类
产品名称	玉米粉
制造商	***Co.Ltd.
通报时间	2021–01–14
不合格原因	因含有三聚氰胺及 / 或类似物被扣留
判定结果	不合格
备注	扣留

产品分类	糖果和巧克力制品→糖果
产品名称	巧克力糖块，不含坚果和水果
制造商	***CO.LTD.
通报时间	2020–12–29
不合格原因	该产品含有有毒或有害物质，可能使该物品损害健康
判定结果	不合格
备注	拒绝进口

8. 标签

产品分类	茶叶及相关制品→绿茶
产品名称	绿茶
制造商	***Co.Ltd.
通报时间	2021–02–26
不合格原因	标签标识错误。要求出现在标签上的相关信息未显著标示，或标签未包括 21 CFR 101.15（c）（1）中规定的所有英语信息

续表

判定结果	不合格
备注	拒绝进口

产品分类	保健食品→其他类
产品名称	维生素、矿物质、蛋白质和非传统的人类和动物饮食产品
制造商	***Co.Ltd.
通报时间	2021-02-16
不合格原因	标签标识错误。因为食品补充剂标签上没有列出补充剂的每种食品成分的名称和产品名称以及每种成分的数量，或就此类膳食成分的专有混合物而言，混合物中所有膳食成分的总量
判定结果	不合格
备注	拒绝进口

产品分类	粮食及其制品→小麦制品
产品名称	面条，捞面
制造商	***CO.LTD.
通报时间	2021-02-10
不合格原因	标签没有使用英文标识，违反了 21 C.F.R.801.15（C）（1）
判定结果	不合格
备注	拒绝进口

9. 其他类

产品分类	肉及肉制品→其他类
产品名称	生产商所有食品
制造商	***Co.Ltd.
通报时间	2021-03-04
不合格原因	因产品公司拒绝 FDA 外国机构检验而未检扣留
判定结果	不合格
备注	自动扣留

产品分类	特殊膳食食品→婴幼儿配方食品
产品名称	液体浓缩配方产品
制造商	***Co.Ltd.
通报时间	2021-02-24
不合格原因	因该生产商未主动联系 FDA 机构进行检验，视为拒绝检疫商品，因此该公司产品无法提供卫生保证而未经检查扣留
判定结果	不合格
备注	FDA 自动扣留

二、食品出口欧盟被扣留的常见原因

食品出口欧盟被扣留的常见原因按涉及因素可分为：质量指标、微生物、生物毒素、污染物、食品添加剂、农药、兽药、非法添加、标签、放射性指标、转基因、其他类等。现列举如下：

1. 质量指标

产品分类	水产及其制品→水产加工品
产品名称	烤紫菜海藻
通报国	德国
通报时间	2021-03-25
不合格原因	来自中国的经波兰烤紫菜海藻中的碘含量高（75.7 mg / kg-ppm）
措施	退出市场
判定结果	拒绝进口

产品分类	水产及其制品→生鲜（冻）水产品
产品名称	冷冻鲭鱼
通报国	意大利
通报时间	2020-07-22
不合格原因	组胺（2 464 mg/kg）
措施	通知国未分销 / 没收
判定结果	不合格

产品分类	糖果和巧克力制品→糖果
产品名称	糖果
通报国	卢森堡
通报时间	2020-02-03
不合格原因	酸度高
措施	尚未获得分销信息 / 官方扣留
判定结果	不合格

2. 微生物

产品分类	肉及肉制品→其他类
产品名称	鸡肉卷
通报国	瑞典
通报时间	2021-02-12
不合格原因	鸡肉卷中肠杆菌数量过高（24 500 CFU/g）
措施	重新派遣
判定结果	不合格

产品分类	调味品→香辛料调味品
产品名称	辣椒
通报国	荷兰
通报时间	2021-02-04
不合格原因	辣椒粉中含有沙门氏菌（含量 / 25 g）
措施	官方扣押
判定结果	不合格

产品分类	蔬菜及其制品→干燥蔬菜
产品名称	木耳
通报国	芬兰
通报时间	2020-02-20
不合格原因	沙门氏菌
措施	产品未在市场销售 / 官方扣留
判定结果	不合格

3. 生物毒素

产品分类	炒货及坚果制品→坚果籽类
产品名称	花生
通报国	荷兰
通报时间	2020-09-24
不合格原因	黄曲霉毒素（B1 = 11；总含量 = 11 μg / kg-ppb）
措施	拒绝入境
判定结果	不合格

产品分类	调味品→香辛料调味品
产品名称	辣椒
通报国	德国
通报时间	2020-06-17
不合格原因	赭曲霉毒素 A（39 μg/kg）
措施	分销至其他成员国 / 退回至发货人
判定结果	不合格

产品分类	水果及其制品→水果干
产品名称	葡萄干
通报国	波兰
通报时间	2019-12-19
不合格原因	赭曲霉毒素 A（25.26 μg/kg）
措施	产品未在市场销售 / 重新派送
判定结果	不合格

4. 污染物

产品分类	蔬菜及其制品→鲜菜
产品名称	大蒜
通报国	荷兰
通报时间	2021-03-08
不合格原因	镉（0.071 mg / kg-ppm）

续表

措施	通知发货人
判定结果	不合格

产品分类	调味品→酱油
产品名称	酱油
通报国	葡萄牙
通报时间	2020-02-26
不合格原因	单氯丙二醇（79 μg/kg）
措施	尚未获得分销信息 / 从消费者处召回
判定结果	不合格

产品分类	其他食品→其他食品
产品名称	银杏叶
通报国	德国
通报时间	2019-06-07
不合格原因	二噁英
措施	分销至其他成员国 / 退出市场
判定结果	不合格

5. 食品添加剂

产品分类	水产及其制品→水产加工品
产品名称	有机螺旋藻片
通报国	爱沙尼亚
通报时间	2020-10-28
不合格原因	有机螺旋藻片中未声明亚硫酸盐（22 mg / kg-ppm）
措施	重新贴标签
判定结果	不合格

产品分类	调味品→复合调味品
产品名称	草莓糖浆
通报国	斯洛伐克
通报时间	2020-03-26

续表

不合格原因	违禁使用色素 E124 – 胭脂红 A（58.6 mg/kg）
措施	通知国未分销 / 退出市场
判定结果	不合格

产品分类	水果及其制品→水果干
产品名称	枸杞
通报国	斯洛伐克
通报时间	2018–10–19
不合格原因	农药残留：啶虫脒；未授权物质双甲脒；未授权物质虫螨威；苯甲酸
措施	通知国未分销 / 退出市场
判定结果	不合格

6. 农药

产品分类	水果及其制品→鲜果
产品名称	柚子
通报国	荷兰
通报时间	2021–01–20
不合格原因	柚子中有未经授权的毒死蜱（0.029 mg / kg–ppm）
措施	通知发货人
判定结果	不合格

产品分类	茶叶及相关制品→绿茶
产品名称	茶叶
通报国	波兰
通报时间	2020–10–19
不合格原因	未经许可的物质唑虫酰胺（0.44 mg / kg–ppm）；呋虫胺（0.037 mg / kg–ppm；氟氯氰菊酯（0.094 mg / kg–ppm）
措施	重新派遣
判定结果	不合格

产品分类	粮食及其制品→其他类
产品名称	紫薯

续表

通报国	荷兰
通报时间	2020-07-01
不合格原因	毒死蜱（0.13 mg/kg）；咪鲜胺（0.97 mg/kg）；未授权物质多菌灵（1.6 mg/kg）
措施	分销至其他成员国 / 退出市场
判定结果	不合格

7. 兽药

产品分类	水产及其制品→生鲜（冻）水产品
产品名称	冷冻罗非鱼
通报国	西班牙
通报时间	2019-10-25
不合格原因	磺胺嘧啶残留量超过最大残留限量（576 μg/kg）
措施	产品未在市场销售 / 未被授权进口
判定结果	不合格

产品分类	速冻食品→速冻调制食品
产品名称	鸡肉串
通报国	荷兰
通报时间	2017-12-08
不合格原因	检出阿奇霉素
措施	销售状况不明，召回
判定结果	不合格

产品分类	肉及肉制品→鲜（冻）肉
产品名称	冷冻去骨兔肉
通报国	比利时
通报时间	2016-12-22
不合格原因	未经批准的物质诺氟沙星（24 μg/kg-ppb）
措施	在其他国家销售
判定结果	不合格

8. 非法添加

产品分类	其他食品→其他食品
产品名称	食品补充剂
通报国	德国
通报时间	2020-12-18
不合格原因	经爱沙尼亚从美国进口的食品补充剂中的违禁物质 1,3- 二甲基戊胺（DMAA）
措施	被操作员扣留
判定结果	不合格

产品分类	水果及其制品→水果干
产品名称	干枸杞
通报国	德国
通报时间	2019-11-25
不合格原因	未授权物质尼古丁（0.39 mg/kg）
措施	通知国未分销 / 扣留
判定结果	不合格

产品分类	蔬菜及其制品→干燥蔬菜
产品名称	干牛肝菌
通报国	意大利
通报时间	2019-11-22
不合格原因	未授权物质尼古丁（4.8 mg/kg）；未授权物质残杀威（2.7 mg/kg）；未授权物质胺菊酯（1.3 mg/kg）
措施	仅限通知国分销 / 退出市场
判定结果	不合格

9. 标签

产品分类	保健食品→其他类
产品名称	营养食品，食品补充剂
通报国	斯洛文尼亚
通报时间	2020-08-13
不合格原因	维生素 D3 中牛磺酸含量过高；维生素 B5 标签不完整（淀粉未标记）

续表

措施	产品未在市场销售 / 销毁
判定结果	不合格

产品分类	水果及其制品→水果干
产品名称	杨梅干
通报国	丹麦
通报时间	2019-03-20
不合格原因	标签不充分
措施	通知国未分销 / 退出市场
判定结果	不合格

产品分类	炒货及坚果制品→坚果籽类
产品名称	葵花籽
通报国	英国
通报时间	2018-01-18
不合格原因	未声称花生过敏原
措施	召回
判定结果	不合格

10. 放射性指标

产品分类	调味品→香辛料调味品
产品名称	辣椒粉
通报国	罗马尼亚
通报时间	2015-08-03
不合格原因	经过放射线辐射
措施	销售限于通报国 / 撤出市场
判定结果	不合格

产品分类	水产及其制品→干制水产品
产品名称	蓝鳕鱼干
通报国	英国
通报时间	2015-05-11

续表

不合格原因	经过放射线辐射
措施	销售限于通报国 / 拒绝进口
判定结果	不合格

产品分类	保健食品→其他类
产品名称	红曲提取物
通报国	意大利
通报时间	2015-04-27
不合格原因	经过放射线辐射
措施	尚未投放市场 / 产品遣回
判定结果	不合格

11. 转基因

产品分类	食品添加剂→食品添加剂
产品名称	食品酶
通报国	法国
通报时间	2020-12-23
不合格原因	酶中未经授权的转基因（微生物 DNA）
措施	从收件人处撤回
判定结果	不合格

产品分类	速冻食品→速冻面米食品
产品名称	冷冻饭团
通报国	英国
通报时间	2019-09-20
不合格原因	未经授权的转基因
措施	产品未在市场销售 / 重新派送
判定结果	不合格

12. 其他类

产品分类	肉及肉制品→酱卤肉制品
产品名称	冷冻烤鸭

续表

通报国	德国
通报时间	2020–11–25
不合格原因	缺乏来自中国的冷冻烤鸭的公共卫生进入文件（CHED）
措施	退回发货人
判定结果	不合格

产品分类	罐头→蔬菜罐头
产品名称	竹笋罐头
通报国	荷兰
通报时间	2020–02–11
不合格原因	异物：塑料碎片
措施	分销至其他成员国 / 从收货人处撤回
判定结果	不合格

三、食品出口日本被扣留的常见原因

食品出口日本被扣留的常见原因按涉及因素可分为：质量指标、微生物、生物毒素、食品添加剂、农药、兽药、非法添加、转基因、其他类等。现列举如下：

1. 质量指标

产品分类	粮食及其制品→大米
产品名称	粳精米
通报时间	2020–08–19
不合格原因	发生结块、发霉及异臭
措施	废弃、退运等（产品被全部保管）
判定结果	不合格

2. 微生物

产品分类	蔬菜及其制品➔其他类
产品名称	加热后摄食冷冻食品（冷冻前未加热）：花椰菜
通报时间	2021–01–08
不合格原因	成分规格不合格（E.coli　阳性）

续表

措施	废弃、退运等（产品被全部保管中）
判定结果	不合格

3. 生物毒素

产品分类	炒货及坚果制品→坚果籽类制品
产品名称	炒花生
通报时间	2021–02–08
不合格原因	检出黄曲霉毒素 31 μg/kg（B1：26.6，B2：4.8）
措施	废弃、退运等措施（产品全部被保管）
判定结果	不合格

产品分类	糖果和巧克力制品→糖果
产品名称	糖果类
通报时间	2020–06–05
不合格原因	检出黄曲霉毒素 55 μg/kg （B1：49.4，B2：5.5）
措施	命令检查
判定结果	不合格

产品分类	其他食品→其他食品
产品名称	肉豆蔻
通报时间	2018–04–28
不合格原因	检出黄曲霉毒素 278 μg/kg
措施	命令检查
判定结果	不合格

4. 食品添加剂

产品分类	蔬菜及其制品→酱腌菜
产品名称	盐腌蔬菜：腌莲藕
通报时间	2021–03–17
不合格原因	使用标准不合格（检出二氧化硫 0.039 g/kg）
措施	废弃、退运等措施（产品全部被保管）
判定结果	不合格

产品分类	调味品→酿造酱
产品名称	调味料（豆瓣酱）
通报时间	2020-12-18
不合格原因	使用标准不合格（使用山梨酸 （对象外使用））（在原材料豆瓣酱中使用）
措施	废弃、退运等（产品被全部保管）
判定结果	不合格

产品分类	炒货及坚果制品→坚果籽类制品
产品名称	煎炸产品：葵花籽
通报时间	2020-10-29
不合格原因	指定外添加剂（检出甜蜜素 17 μg/g ）
措施	废弃、退运等（产品被全部保管）
判定结果	不合格

5. 农药

产品分类	蔬菜及其制品→其他类
产品名称	加热后摄食冷冻食品（冷冻前未加热）：西兰花
通报时间	2021-03-26
不合格原因	农药残留量超标［检出腐霉利 0.04 ppm（0.04 mg/kg）］
措施	废弃、退运等措施（产品全部被保管）
判定结果	不合格

产品分类	蔬菜及其制品→鲜菜
产品名称	生鲜洋葱
通报时间	2020-12-25
不合格原因	成分规格不合格［检出噻虫嗪 0.03 ppm（0.03 mg/kg）］
措施	废弃、退运等（产品被全部保管）
判定结果	不合格

产品分类	蔬菜及其制品→其他类
产品名称	加热后摄食冷冻食品（冷冻前未加热）：马铃薯
通报时间	2020-11-18

续表

不合格原因	农药残留量超标［检出盖草能 0.03 ppm（0.03 mg/kg）］
措施	废弃、退运等（产品被全部保管）
判定结果	不合格

6. 兽药

产品分类	水产及其制品→生鲜（冻）水产品
产品名称	养殖活甲鱼
通报时间	2021-02-16
不合格原因	成分规格不合格［检出恩诺沙星 0.02 ppm（0.02 mg/kg）］
措施	废弃、退运等措施（产品全部被保管）
判定结果	不合格

产品分类	蜂产品→蜂王浆
产品名称	蜂王浆粉
通报时间	2017-09-29
不合格原因	检出土霉素 0.02 ppm（0.02 mg/kg）
措施	自主检查
判定结果	不合格

产品分类	水产及其制品→生鲜（冻）水产品
产品名称	冷冻养殖剥皮虾
通报时间	2015-09-19
不合格原因	成分规格不合格［检出呋喃唑酮 0.002 ppm（0.002 mg/kg）］
措施	监控检查
判定结果	不合格

7. 非法添加

产品分类	饮料→风味饮料
产品名称	糖浆（棕色糖浆）
通报时间	2019-11-21
不合格原因	使用基准不合格（使用乙酰磺胺钾 0.50 g / kg）；使用基准不合格（硅树脂 0.224 g / kg）

续表

措施	行政检查
判定结果	不合格

产品分类	保健食品→其他类
产品名称	健康食品：β－丙氨酸（β－ALANINE）
通报时间	2019-07-24
不合格原因	含有指定外添加物（L-天冬氨酸，α－脱羧酶）
措施	行政检查
判定结果	不合格

产品分类	水产及其制品→生鲜（冻）水产品
产品名称	冷冻金枪鱼鱼片
通报时间	2017-08-18
不合格原因	检出指定外添加剂：一氧化碳 1 010 μg/kg
措施	自主检查
判定结果	不合格

8. 转基因

产品分类	粮食及其制品→大米制品
产品名称	干面：DRIED RICE NOODLES
通报时间	2020-12-22
不合格原因	成分规格不合格（未经安全性审查的转基因大米（63 Bt 米）阳性
措施	废弃、退运等（产品被全部保管）
判定结果	不合格

产品分类	粮食及其制品→大米制品
产品名称	干面：米粉（RICE STICK）
通报时间	2015-06-10
不合格原因	成分规格不合格（未经安全性审查转基因大米（63 Bt 米、NNBt 米及 CpTI 米）阳性）
措施	自主检查
判定结果	不合格

9. 其他类

产品分类	蔬菜及其制品→干燥蔬菜
产品名称	干燥生姜
通报时间	2019-08-16
不合格原因	制造、加工及调理基准不合格（放射线照射）
措施	监控检查
判定结果	不合格

产品分类	水产及其制品→生鲜（冻）水产品
产品名称	冷冻兔头鲀
通报时间	2015-12-26
不合格原因	有毒鱼混入（河豚）
措施	命令检查
判定结果	不合格

四、进境食品退运或销毁的常见原因

进境食品退运或销毁的常见原因按涉及因素可分为：质量指标、微生物、生物毒素、污染物、食品添加剂、农药、兽药、非法添加、标签、放射性指标、转基因、其他类等。现列举如下：

1. 质量指标

产品分类	酒类→其他类
产品名称	格拉斯梨白兰地酒
通报时间	2021-02-01
产地	德国
不合格原因	甲醇含量不符合国家标准要求
措施	退运或销毁
判定结果	不合格

产品分类	酒类→葡萄酒及果酒
产品名称	瓦豪杏白兰地酒（蒸馏酒）
通报时间	2021-02-01

续表

产地	奥地利
不合格原因	甲醇含量不符合国家标准要求
措施	退运或销毁
判定结果	不合格

产品分类	炒货及坚果制品→坚果籽类制品
产品名称	开心果
通报时间	2021-02-01
产地	伊朗
不合格原因	产品霉变
措施	退运或销毁
判定结果	不合格

2. 微生物

产品分类	炒货及坚果制品→坚果籽类制品
产品名称	盐焗开心果
通报时间	2021-02-01
产地	美国
不合格原因	霉菌超标
措施	退运或销毁
判定结果	不合格

产品分类	茶叶及相关制品→代用茶
产品名称	丹特牌五谷茶
通报时间	2021-01-01
产地	韩国
不合格原因	霉菌超标
措施	退运或销毁
判定结果	不合格

产品分类	水果及其制品→蜜饯
产品名称	楼上原味脆榴莲干
通报时间	2021-01-01
产地	泰国
不合格原因	大肠菌群超标
措施	退运或销毁
判定结果	不合格

3. 生物毒素

产品分类	炒货及坚果制品→坚果籽类
产品名称	花生仁
通报时间	2020-04-01
产地	塞内加尔
不合格原因	黄曲霉毒素 B1 超标
措施	退运或销毁
判定结果	不合格

产品分类	酒类→葡萄酒及果酒
产品名称	葡萄园之花红葡萄酒
通报时间	2018-09-01
产地	意大利
不合格原因	赭曲霉毒素 A 超标
措施	退运或销毁
判定结果	不合格

产品分类	方便食品→其他类
产品名称	家乐氏全麦维原味即食谷物
通报时间	2017-11-01
产地	泰国
不合格原因	脱氧雪腐镰刀菌烯醇超标
措施	退运或销毁
判定结果	不合格

4. 污染物

产品分类	水产及其制品→生鲜（冻）水产品
产品名称	冻旭蟹（老虎蟹）
通报时间	2021-02-01
产地	泰国
不合格原因	镉超标
措施	退运或销毁
判定结果	不合格

产品分类	酒类→葡萄酒及果酒
产品名称	高定 - 里韦萨特 1986
通报时间	2021-02-01
产地	法国
不合格原因	铅超标
措施	退运或销毁
判定结果	不合格

产品分类	水产及其制品→生鲜（冻）水产品
产品名称	红金眼鲷
通报时间	2021-01-01
产地	日本
不合格原因	甲基汞超标
措施	退运或销毁
判定结果	不合格

5. 食品添加剂

产品分类	饮料→固体饮料
产品名称	FORMOTIVA 三肌酸苹果酸粉黑加仑味
通报时间	2021-02-01
产地	波兰
不合格原因	超范围使用食品添加剂安赛蜜；超范围使用食品添加剂三氯蔗糖；超范围使用食品添加剂胭脂红

续表

措施	退运或销毁
判定结果	不合格

产品分类	酒类→葡萄酒及果酒
产品名称	三世荣耀莫斯卡托桃红葡萄酒
通报时间	2021-02-01
产地	澳大利亚
不合格原因	超范围使用食品添加剂山梨酸
措施	退运或销毁
判定结果	不合格

产品分类	水产及其制品→干制水产品
产品名称	干扇贝
通报时间	2021-02-01
产地	日本
不合格原因	超限量使用食品添加剂磷酸及磷酸盐
措施	退运或销毁
判定结果	不合格

6. 农药

产品分类	调味品→香辛料调味品
产品名称	枯茗子
通报时间	2021-02-01
产地	印度
不合格原因	丙溴磷超标
措施	退运或销毁
判定结果	不合格

产品分类	蔬菜及其制品→鲜菜
产品名称	鲜辣椒
通报时间	2018-03-01
产地	越南

续表

不合格原因	涕灭威超标
措施	退运或销毁
判定结果	不合格

产品分类	茶叶及相关制品→绿茶
产品名称	海森优品水果味锡兰红
通报时间	2016-01-01
产地	斯里兰卡
不合格原因	检出毒虫畏
措施	退运或销毁
判定结果	不合格

7. 兽药

产品分类	肉及肉制品→鲜（冻）肉
产品名称	牛腰脊肉
通报时间	2020-09-01
产地	澳大利亚
不合格原因	氯霉素超标
措施	退运或销毁
判定结果	不合格

产品分类	水产及其制品→生鲜（冻）水产品
产品名称	冷冻锯缘青蟹
通报时间	2019-12-01
产地	缅甸
不合格原因	呋喃西林代谢物超标
措施	退运或销毁
判定结果	不合格

产品分类	蜂产品→蜂蜜
产品名称	维尼蜂蜜

续表

通报时间	2018-06-01
产地	吉尔吉斯斯坦
不合格原因	检出氯霉素
措施	退运或销毁
判定结果	不合格

8. 非法添加

产品分类	饮料→果蔬汁饮料
产品名称	杨协成雪梨川贝饮料
通报时间	2020-11-01
产地	马来西亚
不合格原因	检出非食用添加物川贝母提取液
措施	退运或销毁
判定结果	不合格

产品分类	酒类→葡萄酒及果酒
产品名称	尚维娜起泡葡萄酒
通报时间	2019-12-01
产地	斯洛伐克
不合格原因	超范围使用食品添加剂金箔
措施	退运或销毁
判定结果	不合格

产品分类	糕点→热加工糕点
产品名称	小卷毛牌香蕉山药饼干
通报时间	2018-07-01
产地	澳大利亚
不合格原因	超范围使用食品添加剂富马酸
措施	退运或销毁
判定结果	不合格

9. 标签

产品分类	糖果和巧克力制品→糖果
产品名称	玉米须压片糖果
通报时间	2021-02-01
产地	美国
不合格原因	标签不合格
措施	退运或销毁
判定结果	不合格

产品分类	酒类→葡萄酒及果酒
产品名称	古典莉莉赤霞珠梅洛红葡萄酒
通报时间	2021-02-01
产地	澳大利亚
不合格原因	标签不合格
措施	退运或销毁
判定结果	不合格

产品分类	糖果和巧克力制品→巧克力
产品名称	闻绮榛子牛奶巧克力小砖（巧克力制品）
通报时间	2021-02-01
产地	意大利
不合格原因	标签不合格
措施	退运或销毁
判定结果	不合格

10. 放射性指标

产品分类	饮料→包装饮用水
产品名称	爱德思含气天然矿泉水
通报时间	2016-12-01
产地	法国
不合格原因	总 β 放射性超标
措施	退运或销毁
判定结果	不合格

11. 转基因

产品分类	豆及豆制品→非发酵豆制品
产品名称	三秒铃铃卷（豆皮）
通报时间	2021-02-01
产地	马来西亚
不合格原因	检出未标示的转基因成分 CaMV35S 启动子 、NOS 终止子、CP4-EPSPS 基因
措施	退运或销毁
判定结果	不合格

产品分类	食用油脂及其制品→食用植物油
产品名称	初榨的低芥子酸菜籽油
通报时间	2021-01-01
产地	哈萨克斯坦
不合格原因	检出未经批准的转基因成分 CTP2-CP4-EPSPS
措施	退运或销毁
判定结果	不合格

产品分类	食用油脂及其制品→食用植物油
产品名称	初榨菜籽油
通报时间	2020-10-01
产地	俄罗斯
不合格原因	检出未经批准的转基因成分 CTP2 - CP4 - EPSPS、pCaMV35S 外源基因
措施	退运或销毁
判定结果	不合格

12. 其他类

产品分类	水产及其制品→生鲜（冻）水产品
产品名称	冻鱼鳍
通报时间	2021-02-01
产地	马来西亚
不合格原因	包装不合格
措施	退运或销毁
判定结果	不合格

产品分类	水产及其制品→生鲜（冻）水产品
产品名称	冻生南美白虾
通报时间	2021-02-01
产地	厄瓜多尔
不合格原因	检出动物疫病
措施	退运或销毁
判定结果	不合格

产品分类	肉及肉制品→鲜（冻）肉
产品名称	冷冻鸡爪
通报时间	2021-02-01
产地	美国
不合格原因	货证不符
措施	退运或销毁
判定结果	不合格

第四节 实践指导

一、实践内容

设计进口糖果的中文食品标签

二、实践步骤

1. 调查超市中进口糖果的中文食品标签样式；
2. 检索有关糖果的标准；
3. 探讨糖果的添加剂成分的撰写要点；
4. 根据给定要素设计中文标签。

三、实践要求

1. 调研实践要有明确目标；

2. 讨论态度要认真；

3. 完成设计进口糖果的中文食品标签。

参考素材：见图 6-5、图 6-6。

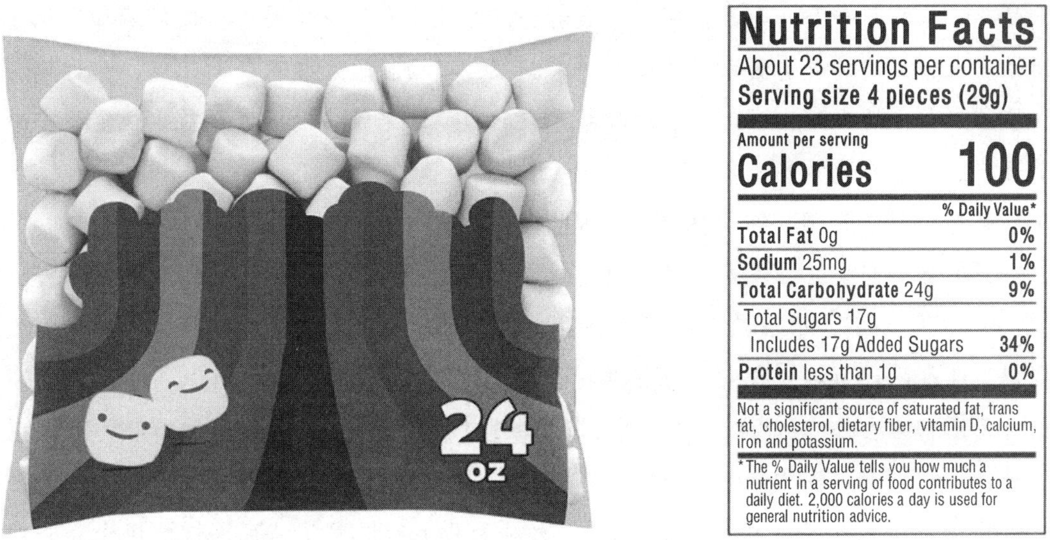

图 6–5　进口食品棉花糖（图片来源于沃尔玛超市网站）

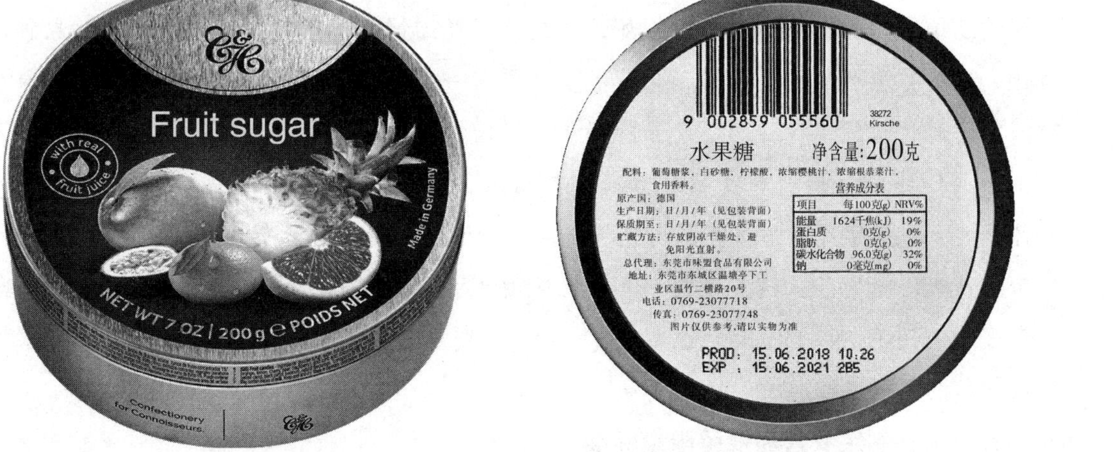

图 6–6　进口食品水果糖（图片来源于沃尔玛超市网站）

拓展阅读

国外如何进行食品安全监管

社会科学Ⅰ辑 / 经济与管理科学 / 宏观经济管理与可持续发展 /
经济与管理科学 · 工业经济 / 检察风云 2021 年 22 期

近年来，食品安全问题日益突出。随着经济全球化和国际贸易、跨国旅游和文化交流的迅速发展，无论是发达国家，还是发展中国家，都面临着新技术、新工艺、新材料在农业和食品工业中的广泛应用而产生的食品污染问题，越来越多的国家日益重视食品安全监督管理，有针对性地调整和完善食品安全管理体系。

1. 欧盟：从“农田”到“餐桌”全程监控

欧盟的食品安全立法较为严密、完备，制定了《农产品质量管理法》《畜产品加工处理法》《欧盟食品及饲料安全管理法》和《食品卫生法》等涉及食品安全的法律，为保障食品安全提供了详细的行为规范和充分的法律依据。

除了严密立法，欧盟建立了“可溯性”体系，对食品的生产、加工和流通实行全程监控。由于食品从“农田”到“餐桌”经历的环节较多，只要有一个环节出现安全隐患，产品就有可能成为不安全产品。2002 年，欧盟首次对食品生产提出了“可溯性”概念，并颁布《欧盟食品及饲料安全管理法规》，以法规形式对食品等关系公众健康的产品强制实行全程监控。

可追溯性系统覆盖了从“农田”到“餐桌”的全产业链。按照规定，欧盟及其主要成员国建立了统一的食品可追溯数据库，该数据库详细记载生产链中被监控食品对象移动的轨迹，以此监测食品的生产和销售状况。只要某一个点发生质量安全事件，就可以通过记录或标识进行追溯，找到问题食品的根源。以肉制品为例，在数据库里，多年来欧盟采用 EAN · UCC 系统对猪肉等食品进行跟踪与溯源。在欧盟等发达国家，动物养殖场规模一般都很大，一头猪可能是在德国出生、在意大利生长、在法国屠宰和分割、在比利时储存、在希腊销售，猪的产业链条之长、环节之多由此可见一斑。由于供应链各个环节的参与方都遵守和使用 EAN · UCC 系统，一旦某一环节发生猪肉制品质量安全问题，就可以根据该数据库做全程监控分析。

2. 日本：制定农兽药残留限量标准

根据《食品卫生法》和《食品安全基本法》，日本厚生劳动省颁布了 2 000 多个农产品质量标准和 1 000 多个农药残留标准。

2006年实施的《食品残留农业化学品肯定列表制度》规定，禁止含有未设定最大残留限量标准的食品流通。据了解，日本原先已制定残留标准的农兽药只有350种，而世界上实际使用的农兽药数量有700多种。按照日方原规定，对于没有制定残留限量标准的农兽药，即使发现市场上某种食品中的残留量较高，也没有理由处罚和禁止其销售。2004年8月公布的“肯定列表”修改和制定了669种农药、添加剂和动物用药残留标准，对没有制定残留限量标准的农兽药设定“统一标准”，数值非常低，仅为0.01 μg/g。专业人士指出，这实际上就是禁止尚未制定农兽药残留限量标准的食品进入日本。

食品安全监管方面，日本对于食品安全违法违规的处罚非常严厉，一旦企业故意违法违规，就会进入社会道德体系黑名单，企业就会彻底垮台，这是日本食品安全得以维护的重要原因。但进入21世纪，日本相继爆发了多起重大食品安全事故，如“森永砒霜奶事件”等。随着日本食品安全事件的频发，日本政府不断强化食品安全监管，在法律体系、监管机构、监管措施等方面进行了重构和创新，取得了较好的成效。

3. 澳大利亚：食客随意“光顾”厨房

“在澳大利亚的餐厅就餐，你会发现要去洗手间，必经过厨房。”为什么要这样设计呢？在澳大利亚，客人完全可以去厨房实地“考察”。事实上，为了方便食客“监督”，设计方把厨房安排在通往厕所的路上。澳洲食品卫生管理人员表示：“每一间餐厅都必须接受包括顾客在内的监督。”“除了遵守食品规章外，所有餐饮单位必须雇佣食品卫生监察员，他们主要负责监管餐厅的进货和卫生情况，包括监督食品的保质期、厨房设施的清洁程度等。”

20世纪90年代，由于世界范围内食品安全事件频发，澳大利亚也出现过多起食物中毒事件，这些事件引起澳政府的高度重视，陆续颁布了《食品法案》和《食品安全条例》等法律法规。2000年12月《澳新食品标准法典》颁布。如果违反了这些规定，除了受到经济制裁，还将被记录在州政府的食品安全法违法“黑名单”上，严重的还将受到刑事处罚，处罚一次就足以让其终生翻不了身。

4. 美国：灌溉用水须保持清洁

美国于1997年制定了“总统食品安全行动计划”，1998年组建了总统食品安全委员会。

近年来，美国食品药品监督管理局先后发布了《农产品安全标准条例》《食品预防控制措施条例》《公共健康安全及生物恐怖主义的预防及对策法案》，以及《第三方审核员认证条例》等。其中，《农产品安全标准条例》几乎适用所有的蔬菜和水果，内容涉及农产品种植、采摘、包装及存放的标准，比如灌溉用水须保持清洁、牲畜不能下田，工人的手必须洗干净等。

尽管美国编织了严密的食品安全体系，然而，食品不安全事件依然接连不断。据美国食品药品监督管理局（FDA）估计，美国每年大约有 4 800 万例因食品卫生问题导致的食源性疾病，相当于每 6 个美国人中就有 1 人患病，其中约 12.8 万人需要住院治疗，由此导致的死亡案例也达 3 000 人以上。其中，沙门氏菌是每年约 100 万人患病的元凶。2020 年，当地媒体报道，美国又出现沙门氏菌爆发事件，美国疾控中心称，该事件波及 43 个州，至少有 640 人感染。

5. 英国：建立食品追踪召回机制

英国是近代最早关注食品安全的国家，有媒体把英国誉为现代食品安全立法的先行者。早在 1860 年英国就出台了《地方当局反食品和饮料掺假议会法》，到因为疯牛病的爆发于 1999 年颁布的《食品标准法》。从《食品法》《食品安全法》等横向法规，到《食品接触塑料材料和物品法规》《食品标签法规》《食品添加剂法规》等纵向法规，英国形成了一个各部门分工合作、紧密联系的食品安全监管体系。

进入 21 世纪，为了监测食品的生产和销售状况，英国建立了食品追踪召回机制，并出台《食品标签法规》等专门法规，有效监管和控制有害食品的流通。当发生重大食品安全事故时，地方主管部门可以立即调查并确定可能受事故影响的范围，实现及时通知公众，紧急收回已流通食品，同时将有关资料送交卫生部作出应急处理，以实现对消费者利益最大限度的保护。

从立法和监管角度来看，英国似乎拥有了一套“世界上最严格的食品安全制度”，但依然不能完全杜绝食品安全问题的发生。2001 年 9 月，英国爆发了口蹄疫，危机持续了 11 个月，欧盟国家肉类市场全面萎缩，饲养户和商场损失惨重。2005 年 6 月，英国食品标准局发现市售的鲑鱼中含有强致癌性的“孔雀石绿”，消费者再次陷入恐慌。2013 年 1 月，英国发生牛肉掺假事件，这场被称为“牛肉丑闻”的风波给食品监管者们进一步敲响了警钟。

6. 法国：畜肉上市要携带“身份证”

除了执行欧盟的法律，在政府监管方面，法国政府在保证动植物及其产品的卫生安全、质量监管方面还制定了自己的法规。

据报道，法国畜肉上市的时候都要携带自己的“身份证”，证件上应标明其来源和去向。具体说来，在饲养过程中，法国供食用的牛、羊、猪等牲畜的耳朵上必须挂上一个标签牌，这个标签记录着该牲畜在欧盟范围内的所有信息。根据这个智能电子标签，监管人员可以看到计算机网络系统对该牲畜进行跟踪监测的详细资料，以便对其从饲养到屠宰销售的全程追踪。此外，屠宰场要保留牲畜的详细资料，并标明被宰杀牲畜的来源。

上述措施不但能降低食品安全事故的发生概率，还能在问题发生后帮助管理人员迅速找到有关食品，设法准确确定禁售危险产品的范围，并通知消费者或负责监测食品的单位和个人。

7. 德国：每一个鸡蛋上印制编号

为了保证食品安全，德国对食品生产和流通的每一个环节都进行严格的检查和监督。比如，每一个鸡蛋上都印有编号。编号是用不易擦除的色素印在蛋壳上，每一个编号隐藏着这枚鸡蛋的重要秘密：这是颗洋鸡蛋还是草鸡蛋呢？生产这颗鸡蛋的母鸡的生活环境大致如何呢？根据这个编号，可以查出鸡蛋来自欧盟什么国家、什么地方、具体的养鸡场，甚至哪一个鸡笼，还能查到母鸡的状态和鸡蛋的种类。有了这个编号，鸡蛋的品质出了问题，食品安全部门就可以直接追查到是哪个饲养场发生了问题。

练习与思考

你会选择“零添加”食品吗？超市里又有哪些“零添加”食品？

不要轻信“零添加”

工程科技Ⅰ辑 / 轻工业手工业 /

经济与管理科学 / 宏观经济管理与可持续发展 /

食品界 2021 年 11 期

近年来，越来越多的食品生产经营企业在自己的产品外包装上标注“零添加”“无添加”等字样，以此来吸引消费者。然而，在业内人士看来，这是一些食品生产经营企业在耍小聪明，有误导消费者之嫌。

1. 多是噱头

随着人们对食品营养安全的关注，越来越多的人不再只关注价格，而是更多地关注食品的标识，包括产品的配料、保质期、营养成分等信息，这也让许多标注“无添加”“零添加”的食品应运而生。

记者近日走访市场发现，目前声称“零添加”类的产品主要针对食品中的糖类、甜味剂、色素、防腐剂、香精香料等食品添加剂及氢化植物油等。在具体产品方面，“零添加”概念涉及的食品种类很广泛，从饮料、调味品到速冻食品、奶制品等不一而足。

在北京市海淀区增光路附近的一家超市内，“零添加”“无添加”字眼的食品在货架上很容易找到。记者在调味品区发现，主打“零添加”概念的品牌不少，如千某味业推出的“0添加酱油”“零添加醋”大面积摆放在货架上。海某、厨某、太某某等品牌也均有“零添加”产品，如海某推出“0金标生抽酱油”“零添加醋”“0金标料酒”等，太某某原味鲜宣称“0添加，所有食材来自熟悉食材”。在饮料区，椰某牌椰汁饮料在其包装用蓝色较大字体标注“敢承诺不加香精、不加色素、不加防腐剂”。

在中国传媒大学附近的一家超市内，记者看到，某全推出的儿童水饺、儿童馄饨在其包装正面明确标注了“全程无添加”。

记者还发现，“无添加”涉及的奶制品也有很多，如简爱酸奶以“无添加”和“其他没了”为卖点，推出“蔗糖没了”“父爱配方”“蔗糖减半”等产品，而0蔗糖系列则宣称做到真正“0蔗糖、0代糖、0添加”。

2. 多是误导

“去超市购物，如果同一类食品，倘若外包装上标注有‘零添加’字眼，更能吸引我的关注。”北京消费者李女士告诉记者。“零添加”就真的没有任何添加剂吗？企业盲目追求“零添加”原因何在呢？

中国政法大学食品药品研究中心主任王青斌在接受记者采访时表示，狭义的“无添加”“零添加”一般指没有添加食品添加剂。企业推出的“无添加”“零添加”乃是一种噱头和营销手段，以此赢得消费者的信任和青睐。食品标识是消费者获取食品相关信息的重要途径，是消费者决定是否购买产品的第一信息源，对其真实性的要求，实际上是对消费者知情权的保护。“零添加”等字样是对消费者的一种误导，将食品添加剂“妖魔化”，加剧消费者对添加剂的恐慌，损害了消费者的知情权。消费者要理性看待食品添加剂，按照国家规定适量使用食品添加剂是安全的。

天津科技大学食品工程学院教授刘会平公开表示，“无添加”是一种噱头，不是科学概念，暗示了“有添加剂就是有害”这样一种结论。其实，只要在标准范围内使用添加剂，都是安全的。

记者了解到，2007年通过的《食品标识管理规定》对“真实准确”“科学合法”“通俗易懂”作了要求，但没有关于添加剂的具体说明，一些企业正是抓住了这个空子，大打擦边球。王青斌表示，目前我国尚无明文规定直接约束“不添加”“不使用”“未添加”式误导性标注。但对于宣称不添加食品添加剂的行为，《食品安全国家标准预包装食品标签通则》（GB 7718—2011）规定此类属于定量标示，应标示所强调的食品添加剂在成品中的含量。记者查看一些食品的标签发现，以调味品为例，目前，千某等产品在标签上都将未添加的防腐剂苯甲酸钠、山梨酸钠等具体名称标示出来，而海某的产品标注为

“0 添加防腐剂、甜味剂、味精、香精香料”等，较为笼统。王青斌表示，对于产品标准本来就不允许添加或者不需要的某种物质，企业为吸引眼球，标榜无添加该种物质的行为会让消费者误以为其他产品含有该种物质，造成不正当竞争。例如，有的酸奶标注“无明胶、无人工色素、无防腐剂”，但其实白色的酸奶不需要添加色素，而不添加明胶可能是因为用了其他的胶类，比如，果胶。中国食品工业协会常务副会长刘治在早前也公开表示，国家对添加剂的类型、用量都有明确规定，个别企业在宣传中抓住消费者心理，宣传产品“零添加”的行为本身就是错误的，2 000 多种食品添加剂在食品加工中是不可或缺的，食品添加剂不应被“妖魔化”。

3. 多是概念

除了常见的“无添加”“零添加”等，目前市场上还有“0 糖、0 卡、0 脂、100% 不含，无糖”等标注方式，这种宣传在饮料产品上比较常见。

记者了解到，《食品安全国家标准 预包装食品营养标签通则》（GB 28050—2011）允许营养声称，规定食品中的能量及蛋白质、脂肪、碳水化合物、维生素、矿物质、膳食纤维等营养成分的含量符合一定的要求，是允许宣称的。

即便如此，消费者对待此类宣传的产品也当提高警惕。以无糖为例，北京大学公共卫生学院营养与食品卫生系主任马冠生教授撰文指出，《食品安全国家标准 预包装食品营养标签通则》（GB 28050—2011）规定，食品声称“无糖”，须满足固体或液体食品中每 100 g 或 100 mL 的含糖量不高于 0.5 g（指所有的碳水化合物），但并非一定是真正意义上的“无糖”。

王青斌认为，对于其他标榜“零”的食物的宣传也要警惕，比如，“零脂肪”的食物可能含糖量比较高，“0 糖”食物即“无糖食物”，“无糖”是指不含蔗糖（甘蔗糖和甜菜糖）和淀粉糖（葡萄糖、麦芽糖、果糖）的甜食品，但可能含其他糖类替代品，比如，麦芽糖醇、山梨醇、木糖醇等。

代糖虽然没热量，但也可能带来风险。“代糖等甜味剂比蔗糖甜 200~300 倍，能刺激大脑产生兴奋，会引导人摄入更多的高热量食物。”北京协和医院临床营养科主任医师陈伟如是说。此外，一些企业也因标注“0 蔗糖”而备受质疑。2021 年 4 月，元气森林曾为“0 蔗糖”宣传致歉。元气森林表示，在产品标示和宣传中，没有说明“0 糖”和“0 蔗糖”的区别，易引发消费者误解。近期，妙飞推出的“0 蔗糖”奶酪棒产品包装以“0 蔗糖”吸引消费者眼球，却含有结晶果糖、聚葡萄糖，甜味剂赤藓糖醇、罗汉果甜苷剂，有误导消费者之嫌。对此，妙飞方面表示，“0 蔗糖”并不是无糖，妙飞采用多种天然成分，在满足身体对营养物质需求的同时，一定程度地控制热量的摄入。

北京营养师协会理事顾中一撰文指出，“0 蔗糖”只能说明食品不含蔗糖，但还是可能会有葡萄糖、麦芽糖、果糖等成分，它们的危害和蔗糖相比并没有更低，所以消费者对这类产品还是要警惕，应该仔细看配料表，就算没有糖，如果食品里本身有淀粉也会造成血糖升高，糖尿病人或高血糖的人更是要仔细分辨。

中国农垦乳业联盟专家组组长宋亮表示，食品打“0蔗糖”概念，实际是一个噱头，如果只是为了在宣传中找到差异点，诋毁对手，那显然不是企业的正当做法，企业应该更多强调产品功能性和营养性。

第七章

进口食品中文标签实训实践指导

学习目标

1. 了解食品进口包装与标签设计实训系统；
2. 掌握食品进口包装与标签设计的流程；
3. 理解食品进口包装与标签设计的主要内容；
4. 认识食品进口包装与标签设计的重要性。

基本概念

标签设计的项目　标签设计的流程　标签设计的要素

第一节　进口商品备案标签实训系统操作手册

一、登录

通过选择班级，输入账号和密码登录进口商品备案标签实训系统，如图 7-1 所示。

图 7-1　进口商品备案标签实训系统登录界面

二、首页

日期便捷查询最近课程安排，如图 7-2 所示。

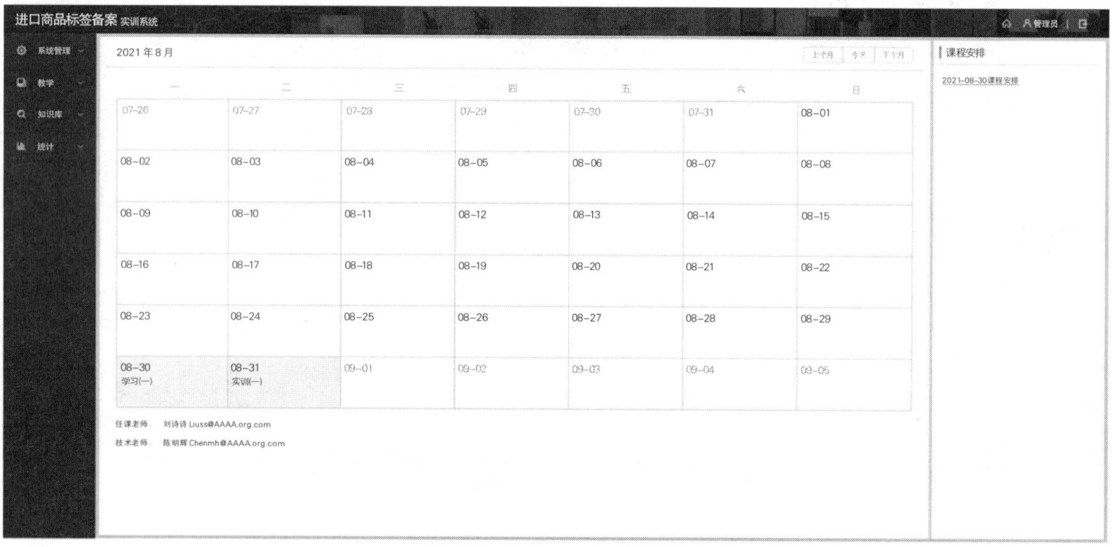

图 7-2　进口商品备案标签实训的课程、日期安排导入界面

三、系统管理

（一）用户管理

手动增、删、改、查教师和学生信息，也可一键导入，如图 7-3 所示。

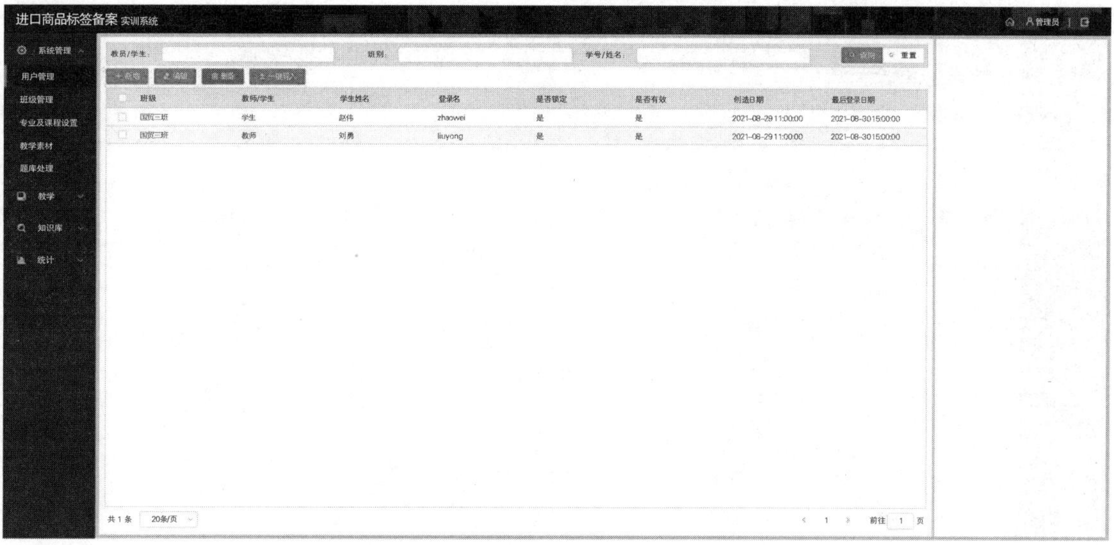

图 7-3　进口商品备案标签实训的教师、学生信息导入界面

（二）班级管理

手动增、删、改、查班级信息，也可一键导入，如图 7-4 所示。

图 7-4　进口商品备案标签实训的班级信息导入界面

（三）专业及课程设置

通过配置方式，为每个专业设置各个环节（学习、实训、考试）的相应课时，以此为模板可以设置专业班级的具体课时，如图 7-5 所示。

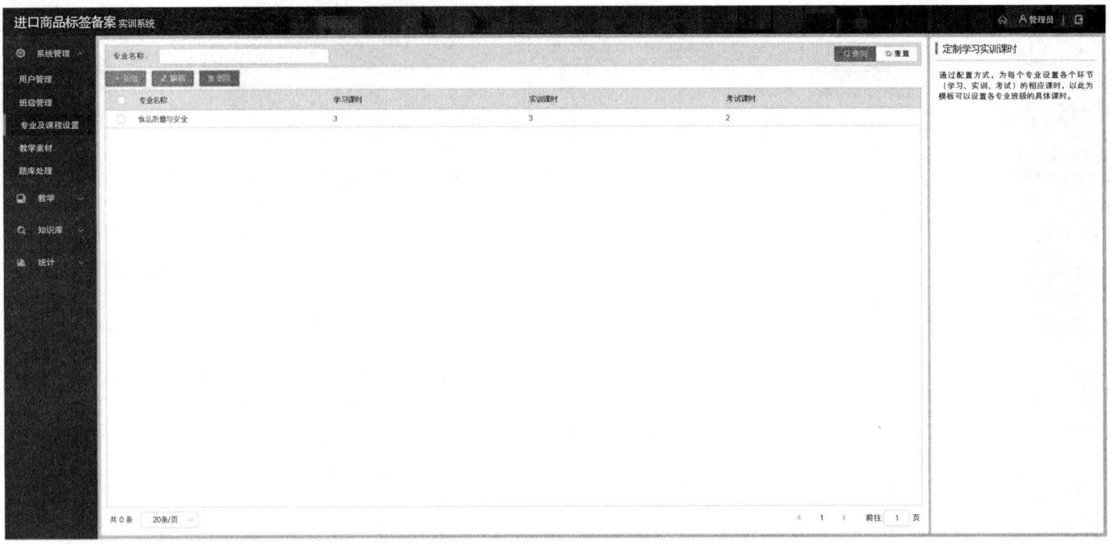

图 7–5　进口商品备案标签实训的课时信息导入界面

四、教学

（一）课程安排

通过专业课时安排班级课程，如图 7-6 所示。

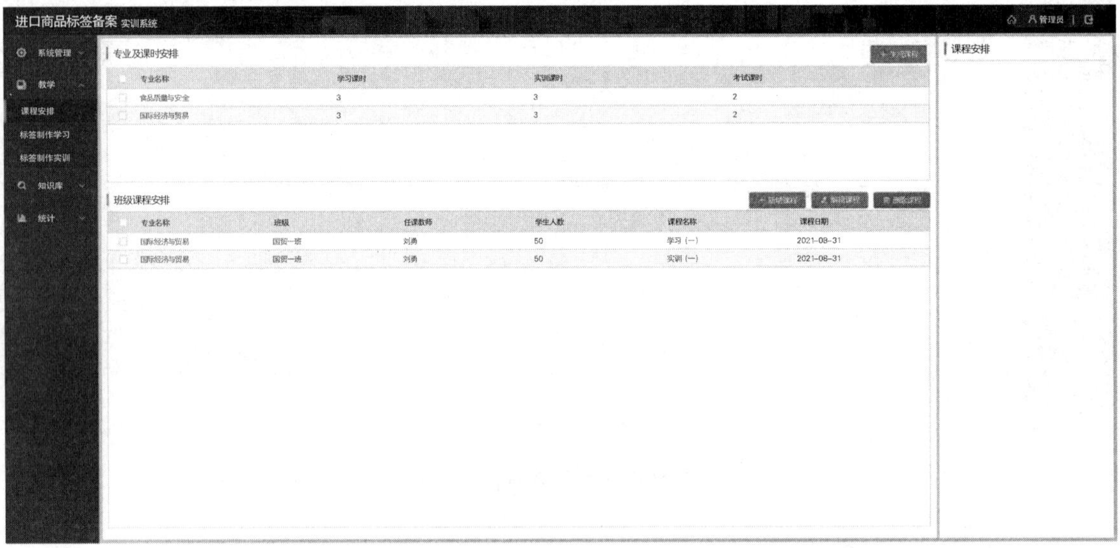

图 7–6　进口商品备案标签实训班级的课程信息导入界面

（二）标签制作学习

通过点击实例内货物列表展示对应的进口标签，如图 7-7 所示。

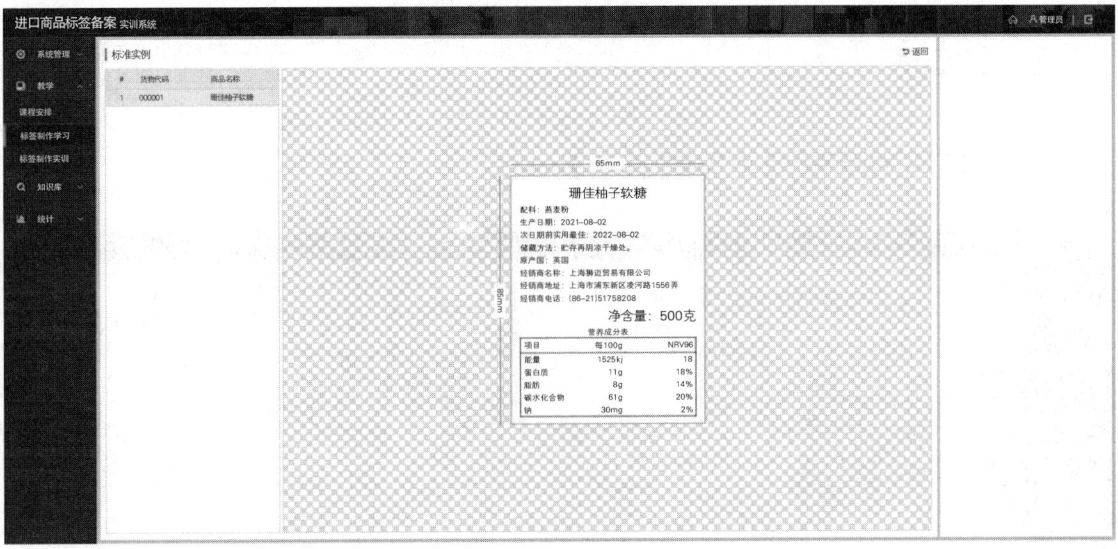

图 7-7　进口商品备案标签的实例

（三）标签制作实训

通过标签设计、标签项目、标签内容录入、标签生成 4 个步骤，完成标签制作实训。如图 7-8 所示。

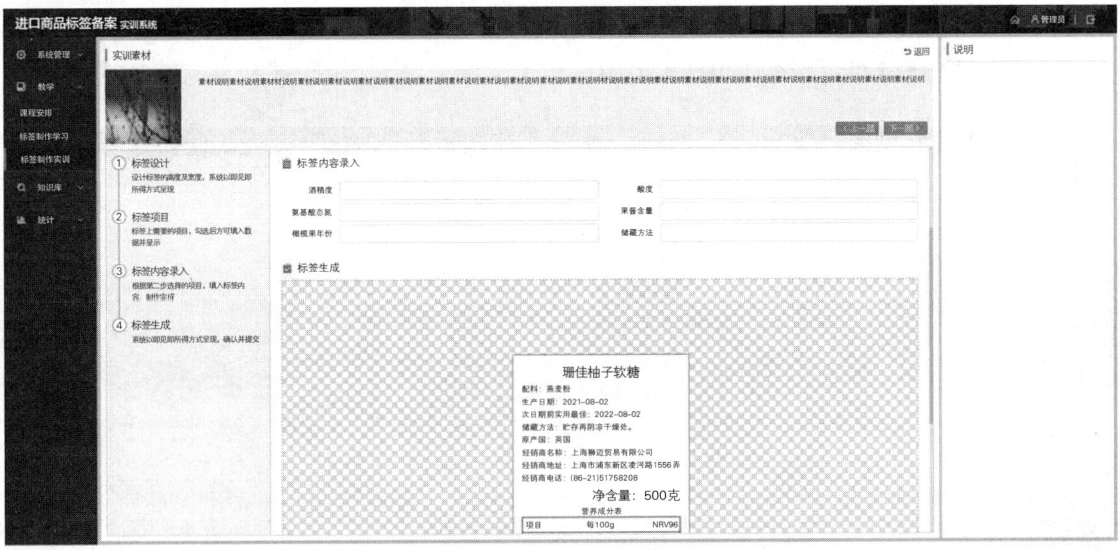

图 7-8　进口商品备案标签实训的界面

五、知识库

（一）食品国际查询（见图 7-9）

图 7-9　进口商品信息查询界面

（二）海关编码查询（见图 7-10）

图 7-10　进口商品海关编码查询界面

六、统计

图 7-11 所示为学生实训成绩查询界面。

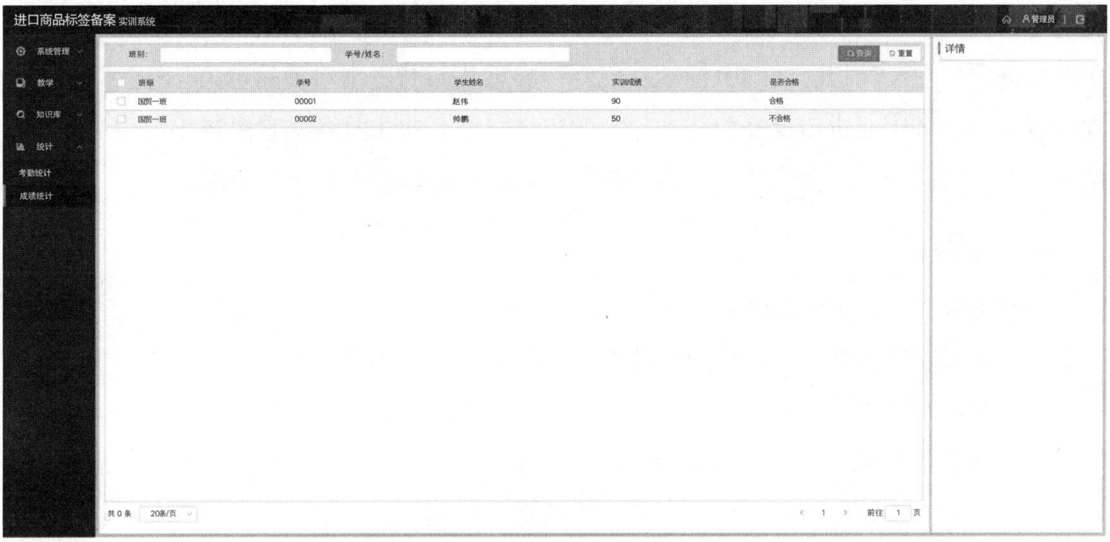

图 7–11 学生实训成绩查询界面

第二节 中文标签实训大纲

一、课程基本信息

表 7-1 所示为“食品进出口包装与标签设计”课程信息。

表 7–1 “食品进出口包装与标签设计”课程信息

课程代码		课程名称（中 / 英）	食品进出口包装与标签设计 Food import and export packaging and label design		
开课学院		适用专业	国际经济与贸易		
学分	1	总学时	24		
课程性质	必修	课程类别	专业教育课程	考核方式	考查
先修课程	国际贸易实务				
选用教材					
网络课程	无				
制定人		审核人		批准人	
制定时间	2021.8	审核时间		批准时间	

课程的编码具有唯一性。编码相同课程相同，编码不同课程不同。不同编码的课程要求使用不同的大纲。

二、课程简介

“食品进出口包装与标签设计”属于国际经济与贸易专业的食品进出口方向课。本课程通过实践教学，主要介绍食品包装与标签设计的基础知识，使学生认识进出口贸易业务中食品进出口包装与标签的国家标准及规则，熟悉我国对进出口食品包装与标签管理的主要内容，了解各国对进口食品包装和标签的审核标准，初步具备对食品进出口包装与标签的设计及审核能力，为食品进出口相关的商贸流通和管理等工作奠定基础。

三、课程目标

课程目标 1：课程思政目标

（1）正确看待包装在食品流通中的作用，包装对食品的保护作用；

（2）正确认识食品标签在食品进出口中的重要性，提升食品安全的意识；

（3）在掌握国际贸易专业知识的前提下，理解食品进出口的规则，明确自身肩负的使命，转变学习观念，认真对待所学专业，为培养“爱国、敬业、诚信、友善”的优秀学生奠定良好基础。

课程目标 2：知识目标、能力目标

（1）掌握本课程各个实践项目的基本要求，达到熟练操作实践项目的能力；

（2）掌握我国对进出口食品包装与标签管理的主要内容，达到具有设计食品标签的基本能力；

（3）掌握国际上主要国家对进口食品包装和标签的审核标准，达到具有熟悉世界主要国家进口食品规则的基本能力；

（4）掌握进出口贸易业务中食品包装与标签的设计及审核能力，达到具有熟练办理食品进出口业务的能力。

四、本课程开设的实验（训）项目（见表 7–2）

表 7–2 “食品进出口包装与标签设计”实训项目

序号	实验（训）项目名称	学时	类型	要求	支撑的课程目标
1	进口红酒标签设计	4	设计型	必做	课程目标 2
2	进口乳制品标签设计	4	设计型	必做	课程目标 2
3	进口坚果类食品标签设计	4	设计型	必做	课程目标 2
4	进口饮料标签设计	4	设计型	必做	课程目标 2
5	进口糖果标签设计	4	设计型	必做	课程目标 2
6	其他类进口食品标签设计	4	设计型	选做	课程目标 2

实验（训）1:（实验（训）名称）进口红酒标签设计

实验（训）目标要求

1. 获取进口红酒基本信息，制定进口红酒标签设计流程；

2. 审核标签内容，发现问题后提出解决方案；

3. 完成进口红酒标签样稿。

实验（训）内容

1. 根据进口商给予的进口红酒的相关信息，收集设计进口红酒标签需要的数据；

2. 根据海关报关要求和商品归类，确定进口红酒标签的标签要素；

3. 根据实物样品，设计规范的进口红酒标签。

实验（训）2:（实验（训）名称）进口乳制品标签设计

实验（训）目标要求

1. 获取进口乳制品基本信息，制定进口乳制品标签设计流程；

2. 审核标签内容，发现问题后提出解决方案；

3. 完成进口乳制品标签样稿。

实验（训）内容

1. 根据进口商给予的进口乳制品的相关信息，收集设计进口乳制品标签需要的数据；

2. 根据海关报关要求和商品归类，确定进口乳制品的标签要素；

3. 根据实物样品，设计规范的进口乳制品标签。

实验（训）3:（实验（训）名称）进口坚果类食品标签设计

实验（训）目标要求

1. 获取进口坚果类食品标签基本信息，制定进口乳制品标签设计流程；

2. 审核标签内容，发现问题后提出解决方案；

3. 完成进口坚果类食品标签样稿。

实验（训）内容

1. 根据进口商给予的进口坚果类食品标签的相关信息，收集设计进口坚果类食品标签需要的数据；

2. 根据海关报关要求和商品归类，确定进口坚果类食品的标签要素；

3. 根据实物样品，设计规范的进口坚果类食品标签。

实验（训）4:（实验（训）名称）进口饮料标签设计

实验（训）目标要求

1. 获取进口饮料标签基本信息，制定进口饮料标签设计流程；

2. 审核标签内容，发现问题后提出解决方案；

3. 完成进口饮料标签样稿。

实验（训）内容

1. 根据进口商给予的进口饮料标签的相关信息，收集设计进口饮料标签需要的数据；

2. 根据海关报关要求和商品归类，确定进口饮料标签的要素；

3. 根据实物样品，设计规范的进口饮料标签。

实验（训）5:（实验（训）名称）进口糖果标签设计

实验（训）目标要求

1. 获取进口糖果标签基本信息，制定进口糖果标签设计流程；

2. 审核标签内容，发现问题后提出解决方案；

3. 完成进口糖果标签样稿。

实验（训）内容

1. 根据进口商给予的进口糖果标签的相关信息，收集设计进口糖果标签需要的数据；

2. 根据海关报关要求和商品归类，确定进口糖果标签的要素；

3. 根据实物样品，设计规范的进口糖果标签。

实验（训）6:（实验（训）名称）其他类进口食品标签设计

实验（训）目标要求

1. 获取有关进口食品标签基本信息，制定有关进口食品标签设计流程；

2. 审核标签内容，发现问题后提出解决方案；

3. 完成有关进口食品标签样稿。

实验（训）内容

1. 根据进口商给予的有关进口食品标签的相关信息，收集设计有关进口食品标签需要的数据；

2. 根据海关报关要求和商品归类，确定有关进口食品标签的要素；

3. 根据实物样品，设计规范的进口食品标签。

五、课程考核

（一）考核要求

（1）完成每个实践项目都要提交实验报告；

（2）每个实践项目，分别以百分制计分，每个项目满分为 100 分；

（3）完成有关《进口食品标签在食品进出口报关中重要性》的调研报告。

最终成绩的构成：

期末考核成绩：实验项目成绩的平均分作为考核成绩 + 调研报告，期末成绩占 60%。

平时成绩：按时完成实验报告 + 参加实验的态度 + 考勤，平时成绩占 40%。

本课程为考查科目，成绩评定采用百分制。

（二）成绩评定

序号	考核形式	考核方法	考核权重	备注
1	实验报告	完成实践项目的实验报告，要求内容完整，实训步骤清晰，实验体会详细	40%	
2	实验操作	按系统要求完成实验项目	40%	
3	实验课程考试	完成调研报告	20%	
总评成绩			100%	
说明：学生不提交或被认定为抄袭者，以 0 分计算				

六、参考书目及学习资料

1.《关于进出口预包装食品标签检验监督管理有关事宜的公告》（海关总署公告〔2019〕70 号）

2.《中华人民共和国食品安全法》

3.《食品安全国家标准 预包装食品标签通则》（GB 7718—2011）

4.《食品安全国家标准 预包装特殊膳食用食品标签》（GB 13432—2013）

5.《食品安全国家标准 预包装食品营养标签通则》（GB 28050—2011）

6.《食品安全国家标准 食品添加剂使用标准》（GB 2760—2024）

7.《食品安全国家标准 食品营养强化剂使用标准》（GB 14880—2012）

七、大纲说明

本课程突出实训过程考核，结合上课出勤、上机操作、实验报告、调研报告等内容，加强每一个实训环节的考核，注重学生平时实训操作的表现。学生学业成绩的考核方式主要由按时完成每次实验报告 + 参加实验的态度 + 考勤构成。这里平时成绩占 40%，期末考核（实验报告质量 + 调研报告）占 60%，本课程按百分制考评，60 分为合格。

附 录

附录 1 GB 7718—2011 食品安全国家标准 预包装食品标签通则

食品安全国家标准
预包装食品标签通则

1 范围

本标准适用于直接提供给消费者的预包装食品标签和非直接提供给消费者的预包装食品标签。

本标准不适用于为预包装食品在储藏运输过程中提供保护的食品储运包装标签、散装食品和现制现售食品的标识。

2 术语和定义

2.1 预包装食品

预先定量包装或者制作在包装材料和容器中的食品，包括预先定量包装以及预先定量制作在包装材料和容器中并且在一定量限范围内具有统一的质量或体积标识的食品。

2.2 食品标签

食品包装上的文字、图形、符号及一切说明物。

2.3 配料

在制造或加工食品时使用的，并存在（包括以改性的形式存在）于产品中的任何物质，包括食品添加剂。

2.4 生产日期（制造日期）

食品成为最终产品的日期，也包括包装或灌装日期，即将食品装入（灌入）包装物或容器中，形成最终销售单元的日期。

2.5 保质期

预包装食品在标签指明的贮存条件下，保持品质的期限。在此期限内，产品完全适于销售，并保持标签中不必说明或已经说明的特有品质。

2.6 规格

同一预包装内含有多件预包装食品时，对净含量和内含件数关系的表述。

2.7 主要展示版面

预包装食品包装物或包装容器上容易被观察到的版面。

3 基本要求

3.1 应符合法律、法规的规定，并符合相应食品安全标准的规定。

3.2 应清晰、醒目、持久，应使消费者购买时易于辨认和识读。

3.3 应通俗易懂、有科学依据，不得标示封建迷信、色情、贬低其他食品或违背营养科学常识的内容。

3.4 应真实、准确，不得以虚假、夸大、使消费者误解或欺骗性的文字、图形等方式介绍食品，也不得利用字号大小或色差误导消费者。

3.5 不应直接或以暗示性的语言、图形、符号，误导消费者将购买的食品或食品的某一性质与另一产品混淆。

3.6 不应标注或者暗示具有预防、治疗疾病作用的内容，非保健食品不得明示或者暗示具有保健作用。

3.7 不应与食品或者其包装物（容器）分离。

3.8 应使用规范的汉字（商标除外）。具有装饰作用的各种艺术字，应书写正确，易于辨认。

3.8.1 可以同时使用拼音或少数民族文字，拼音不得大于相应汉字。

3.8.2 可以同时使用外文，但应与中文有对应关系（商标、进口食品的制造者和地址、国外经销者的名称和地址、网址除外）。所有外文不得大于相应的汉字（商标除外）。

3.9 预包装食品包装物或包装容器最大表面面积大于 35 cm^2 时（最大表面面积计算方法见附录 A），强制标示内容的文字、符号、数字的高度不得小于 1.8 mm。

3.10 一个销售单元的包装中含有不同品种、多个独立包装可单独销售的食品，每件独立包装的食品标识应当分别标注。

3.11 若外包装易于开启识别或透过外包装物能清晰地识别内包装物（容器）上的所

有强制标示内容或部分强制标示内容，可不在外包装物上重复标示相应的内容；否则应在外包装物上按要求标示所有强制标示内容。

4 标示内容

4.1 直接向消费者提供的预包装食品标签标示内容

4.1.1 一般要求

直接向消费者提供的预包装食品标签标示应包括食品名称、配料表、净含量和规格、生产者和（或）经销者的名称、地址和联系方式、生产日期和保质期、贮存条件、食品生产许可证编号、产品标准代号及其他需要标示的内容。

4.1.2 食品名称

4.1.2.1 应在食品标签的醒目位置，清晰地标示反映食品真实属性的专用名称。

4.1.2.1.1 当国家标准、行业标准或地方标准中已规定了某食品的一个或几个名称时，应选用其中的一个，或等效的名称。

4.1.2.1.2 无国家标准、行业标准或地方标准规定的名称时，应使用不使消费者误解或混淆的常用名称或通俗名称。

4.1.2.2 标示"新创名称""奇特名称""音译名称""牌号名称""地区俚语名称"或"商标名称"时，应在所示名称的同一展示版面标示 4.1.2.1 规定的名称。

4.1.2.2.1 当"新创名称""奇特名称""音译名称""牌号名称""地区俚语名称"或"商标名称"含有易使人误解食品属性的文字或术语（词语）时，应在所示名称的同一展示版面邻近部位使用同一字号标示食品真实属性的专用名称。

4.1.2.2.2 当食品真实属性的专用名称因字号或字体颜色不同易使人误解食品属性时，也应使用同一字号及同一字体颜色标示食品真实属性的专用名称。

4.1.2.3 为不使消费者误解或混淆食品的真实属性、物理状态或制作方法，可以在食品名称前或食品名称后附加相应的词或短语。如干燥的、浓缩的、复原的、熏制的、油炸的、粉末的、粒状的等。

4.1.3 配料表

4.1.3.1 预包装食品的标签上应标示配料表，配料表中的各种配料应按 4.1.2 的要求标示具体名称，食品添加剂按照 4.1.3.1.4 的要求标示名称。

4.1.3.1.1 配料表应以"配料"或"配料表"为引导词。当加工过程中所用的原料已改变为其他成分（如酒、酱油、食醋等发酵产品）时，可用"原料"或"原料与辅料"代替"配料""配料表"，并按本标准相应条款的要求标示各种原料、辅料和食品添加剂。加工助剂不需要标示。

4.1.3.1.2 各种配料应按制造或加工食品时加入量的递减顺序一一排列；加入量不超过

2% 的配料可以不按递减顺序排列。

4.1.3.1.3 如果某种配料是由两种或两种以上的其他配料构成的复合配料（不包括复合食品添加剂），应在配料表中标示复合配料的名称，随后将复合配料的原始配料在括号内按加入量的递减顺序标示。当某种复合配料已有国家标准、行业标准或地方标准，且其加入量小于食品总量的 25%时，不需要标示复合配料的原始配料。

4.1.3.1.4 食品添加剂应当标示其在 GB 2760 中的食品添加剂通用名称。食品添加剂通用名称可以标示为食品添加剂的具体名称，也可标示为食品添加剂的功能类别名称并同时标示食品添加剂的具体名称或国际编码（INS 号）（标示形式见附录 B）。在同一预包装食品的标签上，应选择附录 B 中的一种形式标示食品添加剂。当采用同时标示食品添加剂的功能类别名称和国际编码的形式时，若某种食品添加剂尚不存在相应的国际编码，或因致敏物质标示需要，可以标示其具体名称。食品添加剂的名称不包括其制法。加入量小于食品总量 25%的复合配料中含有的食品添加剂，若符合 GB 2760 规定的带入原则且在最终产品中不起工艺作用的，不需要标示。

4.1.3.1.5 在食品制造或加工过程中，加入的水应在配料表中标示。在加工过程中已挥发的水或其他挥发性配料不需要标示。

4.1.3.1.6 可食用的包装物也应在配料表中标示原始配料，国家另有法律法规规定的除外。

4.1.3.2 下列食品配料，可以选择按表 1 的方式标示。

表 1　配料标示方式

配料类别	标示方式
各种植物油或精炼植物油，不包括橄榄油	“植物油”或“精炼植物油”；如经过氢化处理，应标示为“氢化”或“部分氢化”
各种淀粉，不包括化学改性淀粉	“淀粉”
加入量不超过 2% 的各种香辛料或香辛料浸出物（单一的或合计的）	“香辛料”“香辛料类”或“复合香辛料”
胶基糖果的各种胶基物质制剂	“胶姆糖基础剂”“胶基”
添加量不超过 10% 的各种果脯蜜饯水果	“蜜饯”“果脯”
食用香精、香料	“食用香精”“食用香料”“食用香精香料”

4.1.4 配料的定量标示

4.1.4.1 如果在食品标签或食品说明书上特别强调添加了或含有一种或多种有价值、有特性的配料或成分，应标示所强调配料或成分的添加量或在成品中的含量。

4.1.4.2 如果在食品的标签上特别强调一种或多种配料或成分的含量较低或无时，应标示所强调配料或成分在成品中的含量。

4.1.4.3 食品名称中提及的某种配料或成分而未在标签上特别强调，不需要标示该种配料或成分的添加量或在成品中的含量。

4.1.5 净含量和规格

4.1.5.1 净含量的标示应由净含量、数字和法定计量单位组成（标示形式参见附录 C）。

4.1.5.2 应依据法定计量单位，按以下形式标示包装物（容器）中食品的净含量：

a）液态食品，用体积升（L）（l）、毫升（mL）（ml），或用质量克（g）、千克（kg）；

b）固态食品，用质量克（g）、千克（kg）；

c）半固态或黏性食品，用质量克（g）、千克（kg）或体积升（L）（l）、毫升（mL）（ml）。

4.1.5.3 净含量的计量单位应按表 2 标示。

表 2　净含量计量单位的标示方式

计量方式	净含量（Q）的范围	计量单位
体积	Q ＜ 1 000 mL Q ≥ 1 000 mL	毫升（mL）（ml） 升（L）（l）
质量	Q ＜ 1 000 g Q ≥ 1 000 g	克（g） 千克（kg）

4.1.5.4 净含量字符的最小高度应符合表 3 的规定。

表 3　净含量字符的最小高度

净含量（Q）的范围	字符的最小高度 / mm
Q ≤ 50 mL; Q ≤ 50 g	2
50 mL ＜ Q ≤ 200 mL; 50 g ＜ Q ≤ 200 g	3
200 mL ＜ Q ≤ 1L; 200 g ＜ Q ≤ 1 kg	4
Q ＞ 1 kg; Q ＞ 1 L	6

4.1.5.5 净含量应与食品名称在包装物或容器的同一展示版面标示。

4.1.5.6 容器中含有固、液两相物质的食品，且固相物质为主要食品配料时，除标示净含量外，还应以质量或质量分数的形式标示沥干物（固形物）的含量（标示形式参见附录 C）。

4.1.5.7 同一预包装内含有多个单件预包装食品时，大包装在标示净含量的同时还应标示规格。

4.1.5.8 规格的标示应由单件预包装食品净含量和件数组成，或只标示件数，可不标示“规格”二字。单件预包装食品的规格即指净含量（标示形式参见附录C）。

4.1.6 生产者、经销者的名称、地址和联系方式

4.1.6.1 应当标注生产者的名称、地址和联系方式。生产者名称和地址应当是依法登记注册、能够承担产品安全质量责任的生产者的名称、地址。有下列情形之一的，应按下列要求予以标示。

4.1.6.1.1 依法独立承担法律责任的集团公司、集团公司的子公司，应标示各自的名称和地址。

4.1.6.1.2 不能依法独立承担法律责任的集团公司的分公司或集团公司的生产基地，应标示集团公司和分公司（生产基地）的名称、地址；或仅标示集团公司的名称、地址及产地，产地应当按照行政区划标注到地市级地域。

4.1.6.1.3 受其他单位委托加工预包装食品的，应标示委托单位和受委托单位的名称和地址；或仅标示委托单位的名称和地址及产地，产地应当按照行政区划标注到地市级地域。

4.1.6.2 依法承担法律责任的生产者或经销者的联系方式应标示以下至少一项内容：电话、传真、网络联系方式等，或与地址一并标示的邮政地址。

4.1.6.3 进口预包装食品应标示原产国国名或地区区名（如中国香港、中国澳门、中国台湾），以及在中国依法登记注册的代理商、进口商或经销者的名称、地址和联系方式，可不标示生产者的名称、地址和联系方式。

4.1.7 日期标示

4.1.7.1 应清晰标示预包装食品的生产日期和保质期。如日期标示采用“见包装物某部位”的形式，应标示所在包装物的具体部位。日期标示不得另外加贴、补印或篡改（标示形式参见附录C）。

4.1.7.2 当同一预包装内含有多个标示了生产日期及保质期的单件预包装食品时，外包装上标示的保质期应按最早到期的单件食品的保质期计算。外包装上标示的生产日期应为最早生产的单件食品的生产日期，或外包装形成销售单元的日期；也可在外包装上分别标示各单件装食品的生产日期和保质期。

4.1.7.3 应按年、月、日的顺序标示日期，如果不按此顺序标示，应注明日期标示顺序（标示形式参见附录C）。

4.1.8 贮存条件

预包装食品标签应标示贮存条件（标示形式参见附录C）。

4.1.9 食品生产许可证编号

预包装食品标签应标示食品生产许可证编号的，标示形式按照相关规定执行。

4.1.10 产品标准代号

在国内生产并在国内销售的预包装食品（不包括进口预包装食品）应标示产品所执行的标准代号和顺序号。

4.1.11 其他标示内容

4.1.11.1 辐照食品

4.1.11.1.1 经电离辐射线或电离能量处理过的食品，应在食品名称附近标示“辐照食品”。

4.1.11.1.2 经电离辐射线或电离能量处理过的任何配料，应在配料表中标明。

4.1.11.2 转基因食品

转基因食品的标示应符合相关法律、法规的规定。

4.1.11.3 营养标签

4.1.11.3.1 特殊膳食类食品和专供婴幼儿的主辅类食品，应当标示主要营养成分及其含量，标示方式按照 GB 13432 执行。

4.1.11.3.2 其他预包装食品如需标示营养标签，标示方式参照相关法规标准执行。

4.1.11.4 质量（品质）等级

食品所执行的相应产品标准已明确规定质量（品质）等级的，应标示质量（品质）等级。

4.2 非直接提供给消费者的预包装食品标签标示内容

非直接提供给消费者的预包装食品标签应按照 4.1 项下的相应要求标示食品名称、规格、净含量、生产日期、保质期和贮存条件，其他内容如未在标签上标注，则应在说明书或合同中注明。

4.3 标示内容的豁免

4.3.1 下列预包装食品可以免除标示保质期：酒精度大于等于 10% 的饮料酒；食醋；食用盐；固态食糖类；味精。

4.3.2 当预包装食品包装物或包装容器的最大表面面积小于 10 cm^2 时（最大表面面积计算方法见附录 A），可以只标示产品名称、净含量、生产者（或经销商）的名称和地址。

4.4 推荐标示内容

4.4.1 批号

根据产品需要，可以标示产品的批号。

4.4.2 食用方法

根据产品需要，可以标示容器的开启方法、食用方法、烹调方法、复水再制方法等对消费者有帮助的说明。

4.4.3 致敏物质

4.4.3.1 以下食品及其制品可能导致过敏反应，如果用作配料，宜在配料表中使用易辨识的名称，或在配料表邻近位置加以提示：

a）含有麸质的谷物及其制品（如小麦、黑麦、大麦、燕麦、斯佩耳特小麦或它们的杂交品系）；

b）甲壳纲类动物及其制品（如虾、龙虾、蟹等）；

c）鱼类及其制品；

d）蛋类及其制品；

e）花生及其制品；

f）大豆及其制品；

g）乳及乳制品（包括乳糖）；

h）坚果及其果仁类制品。

4.4.3.2 如加工过程中可能带入上述食品或其制品，宜在配料表临近位置加以提示。

5 其他

按国家相关规定需要特殊审批的食品，其标签标识按照相关规定执行。

附录 A

包装物或包装容器最大表面面积计算方法

A.1 长方体形包装物或长方体形包装容器计算方法

长方体形包装物或长方体形包装容器的最大一个侧面的高度（cm）乘以宽度（cm）。

A.2 圆柱形包装物、圆柱形包装容器或近似圆柱形包装物、近似圆柱形包装容器计算方法

包装物或包装容器的高度（cm）乘以圆周长（cm）的 40%。

A.3 其他形状的包装物或包装容器计算方法

包装物或包装容器的总表面积的 40%。

如果包装物或包装容器有明显的主要展示版面，应以主要展示版面的面积为最大表面面积。

包装袋等计算表面面积时应除去封边所占尺寸。瓶形或罐形包装计算表面面积时不包括肩部、颈部、顶部和底部的凸缘。

附录 B

食品添加剂在配料表中的标示形式

B.1 按照加入量的递减顺序全部标示食品添加剂的具体名称

配料：水，全脂奶粉，稀奶油，植物油，巧克力（可可液块，白砂糖，可可脂，磷脂，聚甘油蓖麻醇酯，食用香精，柠檬黄），葡萄糖浆，丙二醇脂肪酸酯，卡拉胶，瓜尔胶，胭脂树橙，麦芽糊精，食用香料。

B.2 按照加入量的递减顺序全部标示食品添加剂的功能类别名称及国际编码

配料：水，全脂奶粉，稀奶油，植物油，巧克力（可可液块，白砂糖，可可脂，乳化剂（322，476），食用香精，着色剂（102）），葡萄糖浆，乳化剂（477），增稠剂（407，412），着色剂（160b），麦芽糊精，食用香料。

B.3 按照加入量的递减顺序全部标示食品添加剂的功能类别名称及具体名称

配料：水，全脂奶粉，稀奶油，植物油，巧克力（可可液块，白砂糖，可可脂，乳化剂（ 磷脂，聚甘油蓖麻醇酯），食用香精，着色剂（柠檬黄）），葡萄糖浆，乳化剂（丙二醇脂肪酸酯），增稠剂（卡拉胶，瓜尔胶），着色剂（胭脂树橙），麦芽糊精，食用香料。

B.4 建立食品添加剂项一并标示的形式

B.4.1 一般原则

直接使用的食品添加剂应在食品添加剂项中标注。营养强化剂、食用香精香料、胶基糖果中基础剂物质可在配料表的食品添加剂项外标注。非直接使用的食品添加剂不在食品添加剂项中标注。食品添加剂项在配料表中的标注顺序由需纳入该项的各种食品添加剂的总重量决定。

B.4.2 全部标示食品添加剂的具体名称

配料：水，全脂奶粉，稀奶油，植物油，巧克力（可可液块，白砂糖，可可脂，磷脂，聚甘油蓖麻醇酯，食用香精，柠檬黄），葡萄糖浆，食品添加剂（丙二醇脂肪酸酯，卡拉胶，瓜尔胶，胭脂树橙），麦芽糊精，食用香料。

B.4.3 全部标示食品添加剂的功能类别名称及国际编码

配料：水，全脂奶粉，稀奶油，植物油，巧克力（可可液块，白砂糖，可可脂，乳化剂（322，476），食用香精，着色剂（102）），葡萄糖浆，食品添加剂（乳化剂（477），增稠剂（407，412），着色剂（160b）），麦芽糊精，食用香料。

B.4.4 全部标示食品添加剂的功能类别名称及具体名称

配料：水，全脂奶粉，稀奶油，植物油，巧克力（可可液块，白砂糖，可可脂，乳化剂（磷脂，聚甘油蓖麻醇酯），食用香精，着色剂（柠檬黄）），葡萄糖浆，食品添加剂（乳化剂（丙二醇脂肪酸酯），增稠剂（卡拉胶，瓜尔胶），着色剂（胭脂树橙）），麦芽糊精，食用香料。

附录 C
部分标签项目的推荐标示形式

C.1 概述

本附录以示例形式提供了预包装食品部分标签项目的推荐标示形式，标示相应项目时可选用但不限于这些形式。如需要根据食品特性或包装特点等对推荐形式调整使用的，应与推荐形式基本含义保持一致。

C.2 净含量和规格的标示

为方便表述，净含量的示例统一使用质量为计量方式，使用冒号为分隔符。标签上应使用实际产品适用的计量单位，并可根据实际情况选择空格或其他符号作为分隔符，便于识读。

C.2.1 单件预包装食品的净含量（规格）可以有如下标示形式：

净含量（或净含量 / 规格）：450 克；

净含量（或净含量 / 规格）：225 克（200 克 + 送 25 克）；

净含量（或净含量 / 规格）：200 克 + 赠 25 克；

净含量（或净含量 / 规格）：（200+25）克。

C.2.2 净含量和沥干物（固形物）可以有如下标示形式（以“糖水梨罐头”为例）：

净含量（或净含量 / 规格）：425 克沥干物（或固形物或梨块）：不低于 255 克（或不低于 60%）。

C.2.3 同一预包装内含有多件同种类的预包装食品时，净含量和规格均可以有如下标示形式：

净含量（或净含量 / 规格）：40 克 ×5；

净含量（或净含量 / 规格）：5×40 克；

净含量（或净含量 / 规格）：200 克（5×40 克）；

净含量（或净含量 / 规格）：200 克（40 克 ×5）；

净含量（或净含量 / 规格）：200 克（5 件）；

净含量：200 克　　规格：5×40 克；

净含量：200 克　　规格：40 克 ×5；

净含量：200 克　　规格：5 件；

净含量（或净含量 / 规格）：200 克（100 克 + 50 克 ×2）；

净含量（或净含量 / 规格）：200 克（80 克 ×2 + 40 克）；

净含量：200 克　　规格：100 克 + 50 克 ×2；

净含量：200 克　　规格：80 克 ×2 + 40 克。

C.2.4 同一预包装内含有多件不同种类的预包装食品时，净含量和规格可以有如下标示形式：

净含量（或净含量 / 规格）：200 克（A 产品 40 克 ×3，B 产品 40 克 ×2）；

净含量（或净含量 / 规格）：200 克（40 克 ×3，40 克 ×2）；

净含量（或净含量 / 规格）：100 克 A 产品，50 克 ×2 B 产品，50 克 C 产品；

净含量（或净含量 / 规格）：A 产品：100 克，B 产品：50 克 ×2，C 产品：50 克；

净含量 / 规格：100 克（A 产品），50 克 ×2（B 产品），50 克（C 产品）；

净含量 / 规格：A 产品 100 克，B 产品 50 克 ×2，C 产品 50 克。

C.3 日期的标示

日期中年、月、日可用空格、斜线、连字符、句点等符号分隔，或不用分隔符。年代号一般应标示 4 位数字，小包装食品也可以标示 2 位数字。月、日应标示 2 位数字。

日期的标示可以有如下形式：

2010 年 3 月 20 日；

2010 03 20；2010/03/20；20100320；

20 日 3 月 2010 年；3 月 20 日 2010 年；

（月 / 日 / 年）：03 20 2010；03/20/2010；03202010。

C.4 保质期的标示

保质期可以有如下标示形式：

最好在……之前食（饮）用；……之前食（饮）用最佳；……之前最佳；

此日期前最佳……；此日期前食（饮）用最佳……；

保质期（至）……；保质期 ×× 个月（或 ×× 日，或 ×× 天，或 ×× 周，或 × 年）。

C.5 贮存条件的标示

贮存条件可以标示“贮存条件”“储藏条件”“储藏方法”等标题，或不标示标题。

贮存条件可以有如下标示形式：

常温（或冷冻，或冷藏，或避光，或阴凉干燥处）保存；

××~×× ℃保存；

请置于阴凉干燥处；

常温保存，开封后需冷藏；

温度：≤ ××℃，湿度：≤ ××%。

附录 2　GB 28050—2011 食品安全国家标准 预包装食品营养标签通则

食品安全国家标准
预包装食品营养标签通则

1 范围

本标准适用于预包装食品营养标签上营养信息的描述和说明。

本标准不适用于保健食品及预包装特殊膳食用食品的营养标签标示。

2 术语和定义

2.1 营养标签

预包装食品标签上向消费者提供食品营养信息和特性的说明，包括营养成分表、营养声称和营养成分功能声称。营养标签是预包装食品标签的一部分。

2.2 营养素

食物中具有特定生理作用，能维持机体生长、发育、活动、繁殖以及正常代谢所需的物质，包括蛋白质、脂肪、碳水化合物、矿物质及维生素等。

2.3 营养成分

食品中的营养素和除营养素以外的具有营养和（或）生理功能的其他食物成分。各营养成分的定义可参照 GB/Z 21922—2008《食品营养成分基本术语》。

2.4 核心营养素

营养标签中的核心营养素包括蛋白质、脂肪、碳水化合物和钠。

2.5 营养成分表

标有食品营养成分名称、含量和占营养素参考值（NRV）百分比的规范性表格。

2.6 营养素参考值（NRV）

专用于食品营养标签，用于比较食品营养成分含量的参考值。

2.7 营养声称

对食品营养特性的描述和声明，如能量水平、蛋白质含量水平。营养声称包括含量声称和比较声称。

2.7.1 含量声称

描述食品中能量或营养成分含量水平的声称。声称用语包括“含有”“高”“低”或“无”等。

2.7.2 比较声称

与消费者熟知的同类食品的营养成分含量或能量值进行比较以后的声称。声称用语包括“增加”或“减少”等。

2.8 营养成分功能声称

某营养成分可以维持人体正常生长、发育和正常生理功能等作用的声称。

2.9 修约间隔

修约值的最小数值单位。

2.10 可食部

预包装食品净含量去除其中不可食用的部分后的剩余部分。

3 基本要求

3.1 预包装食品营养标签标示的任何营养信息，应真实、客观，不得标示虚假信息，不得夸大产品的营养作用或其他作用。

3.2 预包装食品营养标签应使用中文。如同时使用外文标示的，其内容应当与中文相对应，外文字号不得大于中文字号。

3.3 营养成分表应以一个“方框表”的形式表示（特殊情况除外），方框可为任意尺寸，并与包装的基线垂直，表题为“营养成分表”。

3.4 食品营养成分含量应以具体数值标示，数值可通过原料计算或产品检测获得。各营养成分的营养素参考值（NRV）见附录 A。

3.5 营养标签的格式见附录 B，食品企业可根据食品的营养特性、包装面积的大小和形状等因素选择使用其中的一种格式。

3.6 营养标签应标在向消费者提供的最小销售单元的包装上。

4 强制标示内容

4.1 所有预包装食品营养标签强制标示的内容包括能量、核心营养素的含量值及其占营养素参考值（NRV）的百分比。当标示其他成分时，应采取适当形式使能量和核心营养素的标示更加醒目。

4.2 对除能量和核心营养素外的其他营养成分进行营养声称或营养成分功能声称时，在营养成分表中还应标示出该营养成分的含量及其占营养素参考值（NRV）的百分比。

4.3 使用了营养强化剂的预包装食品，除 4.1 的要求外，在营养成分表中还应标示强化后食品中该营养成分的含量值及其占营养素参考值（NRV）的百分比。

4.4 食品配料含有或生产过程中使用了氢化和（或）部分氢化油脂时，在营养成分表中还应标示出反式脂肪（酸）的含量。

4.5 上述未规定营养素参考值（NRV）的营养成分仅需标示含量。

5 可选择标示内容

5.1 除上述强制标示内容外，营养成分表中还可选择标示表 1 中的其他成分。

5.2 当某营养成分含量标示值符合表 C.1 的含量要求和限制性条件时，可对该成分进行含量声称，声称方式见表 C.1。当某营养成分含量满足表 C.3 的要求和条件时，可对该成分进行比较声称，声称方式见表 C.3。当某营养成分同时符合含量声称和比较声称的要求时，可以同时使用两种声称方式，或仅使用含量声称。含量声称和比较声称的同义语见表 C.2 和表 C.4。

5.3 当某营养成分的含量标示值符合含量声称或比较声称的要求和条件时，可使用附录 D 中相应的一条或多条营养成分功能声称标准用语。不应对功能声称用语进行任何形式的删改、添加和合并。

6 营养成分的表达方式

6.1 预包装食品中能量和营养成分的含量应以每 100 克（g）和（或）每 100 毫升（mL）和（或）每份食品可食部中的具体数值来标示。当用份标示时，应标明每份食品的量。份的大小可根据食品的特点或推荐量规定。

6.2 营养成分表中强制标示和可选择性标示的营养成分的名称和顺序、标示单位、修约间隔、“0”界限值应符合表 1 的规定。当不标示某一营养成分时，依序上移。

6.3 当标示 GB 14880 和原卫生部公告中允许强化的除表 1 外的其他营养成分时，其排列顺序应位于表 1 所列营养素之后。

表 1　能量和营养成分名称、顺序、表达单位、修约间隔和“0”界限值

能量和营养成分的名称和顺序	表达单位[a]	修约间隔	“0”界限值（每 100 g 或 100 mL）[b]
能量	千焦（kJ）	1	≤ 17 kJ
蛋白质	克（g）	0.1	≤ 0.5 g
脂肪	克（g）	0.1	≤ 0.5 g
饱和脂肪（酸）	克（g）	0.1	≤ 0.1 g
反式脂肪（酸）	克（g）	0.1	≤ 0.3 g
单不饱和脂肪（酸）	克（g）	0.1	≤ 0.1 g
多不饱和脂肪（酸）	克（g）	0.1	≤ 0.1 g

续表

能量和营养成分的名称和顺序	表达单位[a]	修约间隔	“0”界限值（每 100 g 或 100 mL）[b]
胆固醇	毫克（mg）	1	≤ 5 mg
碳水化合物	克（g）	0.1	≤ 0.5 g
糖（乳糖[c]）	克（g）	0.1	≤ 0.5 g
膳食纤维（或单体成分，或可溶性、不可溶性膳食纤维）	克（g）	0.1	≤ 0.5 g
钠	毫克（mg）	1	≤ 5 mg
维生素 A	微克视黄醇当量（μg RE）	1	≤ 8 μg RE
维生素 D	微克（μg）	0.1	≤ 0.1 μg
维生素 E	毫克 α－生育酚当量（mg α－TE）	0.01	≤ 0.28 mg α－TE
维生素 K	微克（μg）	0.1	≤ 1.6 μg
维生素 B_1（硫胺素）	毫克（mg）	0.01	≤ 0.03 mg
维生素 B_2（核黄素）	毫克（mg）	0.01	≤ 0.03 mg
维生素 B_6	毫克（mg）	0.01	≤ 0.03 mg
维生素 B_{12}	微克（μg）	0.01	≤ 0.05 μg
维生素 C（抗坏血酸）	毫克（mg）	0.1	≤ 2.0 mg
烟酸（烟酰胺）	毫克（mg）	0.01	≤ 0.28 mg
叶酸	微克（μg）或微克叶酸当量（μg DFE）	1	≤ 8 μg
泛酸	毫克（mg）	0.01	≤ 0.10 mg
生物素	微克（μg）	0.1	≤ 0.6 μg
胆碱	毫克（mg）	0.1	≤ 9.0 mg
磷	毫克（mg）	1	≤ 14 mg
钾	毫克（mg）	1	≤ 20 mg
镁	毫克（mg）	1	≤ 6 mg
钙	毫克（mg）	1	≤ 8 mg
铁	毫克（mg）	0.1	≤ 0.3 mg
锌	毫克（mg）	0.01	≤ 0.30 mg
碘	微克（μg）	0.1	≤ 3.0 μg
硒	微克（μg）	0.1	≤ 1.0 μg

续表

能量和营养成分的名称和顺序	表达单位[a]	修约间隔	"0" 界限值（每 100 g 或 100 mL）[b]
铜	毫克（mg）	0.01	≤ 0.03 mg
氟	毫克（mg）	0.01	≤ 0.02 mg
锰	毫克（mg）	0.01	≤ 0.06 mg

[a] 营养成分的表达单位可选择表格中的中文或英文，也可以两者都使用。

[b] 当某营养成分含量数值≤ "0" 界限值时，其含量应标示为 "0"；使用 "份" 的计量单位时，也要同时符合每 100 g 或 100 mL 的 "0" 界限值的规定。

[c] 在乳及乳制品的营养标签中可直接标示乳糖。

6.4 在产品保质期内，能量和营养成分含量的允许误差范围应符合表 2 的规定。

表 2　能量和营养成分含量的允许误差范围

能量和营养成分	允许误差范围
食品的蛋白质，多不饱和及单不饱和脂肪（酸），碳水化合物、糖（仅限乳糖），总的、可溶性或不溶性膳食纤维及其单体，维生素（不包括维生素 D、维生素 A），矿物质（不包括钠），强化的其他营养成分	≥ 80 % 标示值
食品中的能量以及脂肪、饱和脂肪（酸）、反式脂肪（酸），胆固醇，钠，糖（乳糖除外）	≤ 120 % 标示值
食品中的维生素 A 和维生素 D	80 % ~ 180 % 标示值

7. 豁免强制标示营养标签的预包装食品

下列预包装食品豁免强制标示营养标签：

——生鲜食品，如包装的生肉、生鱼、生蔬菜和水果、禽蛋等；

——乙醇含量≥ 0.5% 的饮料酒类；

——包装总表面积≤ 100 cm^2 或最大表面面积≤ 20 cm^2 的食品；

——现制现售的食品；

——包装的饮用水；

——每日食用量≤ 10 g 或 10 mL 的预包装食品；

——其他法律法规标准规定可以不标示营养标签的预包装食品。

豁免强制标示营养标签的预包装食品，如果在其包装上出现任何营养信息时，应按照本标准执行。

附录 A

食品标签营养素参考值（NRV）及其使用方法

A. 1 食品标签营养素参考值（NRV）

规定的能量和 32 种营养成分参考数值如表 A .1 所示。

表 A.1 营养素参考值（NRV）

营养成分	NRV	营养成分	NRV
能量[a]	8400 kJ	叶酸	400 μg DFE
蛋白质	60 g	泛酸	5 mg
脂肪	≤ 60 g	生物素	30 μg
饱和脂肪酸	≤ 20 g	胆碱	450 mg
胆固醇	≤ 300 mg	钙	800 mg
碳水化合物	300 g	磷	700 mg
膳食纤维	25 g	钾	2000 mg
维生素 A	800 μg RE	钠	2000 mg
维生素 D	5 μg	镁	300 mg
维生素 E	14 mg α –TE	铁	15 mg
维生素 K	80 μg	锌	15 mg
维生素 B_1	1.4 mg	碘	150 μg
维生素 B_2	1.4 mg	硒	50 μg
维生素 B_6	1.4 mg	铜	1.5 mg
维生素 B_{12}	2.4 μg	氟	1 mg
维生素 C	100 mg	锰	3 mg
烟酸	14 mg		

[a] 能量相当于 2 000 kcal；蛋白质、脂肪、碳水化合物供能分别占总能量的 13 %、27 % 与 60 %。

A. 2 使用目的和方式

用于比较和描述能量或营养成分含量的多少，使用营养声称和零数值的标示时，用作标准参考值。

使用方式为营养成分含量占营养素参考值（NRV）的百分数；指定 NRV% 的修约间

隔为 1，如 1%、5%、16% 等。

A.3 计算

营养成分含量占营养素参考值（NRV）的百分数计算公式见式（A.1）：

$$NRV\ \% = \frac{X}{NRV} \times 100\ \% \quad \cdots\cdots\cdots\cdots（A.1）$$

式中：

X——食品中某营养素的含量；

NRV——该营养素的营养素参考值。

附录 B

营养标签格式

B.1 本附录规定了预包装食品营养标签的格式。

B.2 应选择以下 6 种格式中的一种进行营养标签的标示。

B.2.1 仅标示能量和核心营养素的格式

仅标示能量和核心营养素的营养标签见示例 1。

示例 1：

营养成分表

项目	每 100 克（g）或 100 毫升（mL）或每份	营养素参考值 % 或 NRV %
能量	千焦（kJ）	%
蛋白质	克（g）	%
脂肪	克（g）	%
碳水化合物	克（g）	%
钠	毫克（mg）	%

B.2.2 标注更多营养成分

标注更多营养成分的营养标签见示例 2。

示例 2：

营养成分表

项目	每 100 克（g）或 100 毫升（mL）或每份	营养素参考值 % 或 NRV %
能量	千焦（kJ）	%
蛋白质	克（g）	%
脂肪	克（g）	%
——饱和脂肪	克（g）	%
胆固醇	毫克（mg）	%
碳水化合物	克（g）	%
——糖	克（g）	
膳食纤维	克（g）	%
钠	毫克（mg）	%
维生素 A	微克视黄醇当量（μg RE）	%
钙	毫克（mg）	%

注：核心营养素应采取适当形式使其醒目。

B.2.3 附有外文的格式

附有外文的营养标签见示例 3。

示例 3：

营养成分表　nutrition information

项目 / Items	每 100 克（g）或 100 毫升（mL）或每份 per 100 g/100 mL or per serving	营养素参考值 %/ NRV %
能量 / energy	千焦（kJ）	%
蛋白质 / protein	克（g）	%
脂肪 / fat	克（g）	%
碳水化合物 /carbohydrate	克（g）	%
钠 / sodium	毫克（mg）	%

B.2.4 横排格式

横排格式的营养标签见示例 4。

示例 4：

营养成分表

项目	每 100 克（g）/ 毫升（mL）或每份	营养素参考值 % 或 NRV %	项目	每 100 克（g）/ 毫升（mL）或每份	营养素参考值 % 或 NRV %
能量	千焦（kJ）	%	碳水化合物	克（g）	%
蛋白质	克（g）	%	钠	毫克（mg）	%
脂肪	克（g）	%	—	—	%

注：根据包装特点，可将营养成分从左到右横向排开，分为两列或两列以上进行标示。

B.2.5 文字格式

包装的总面积小于 100 cm^2 的食品，如进行营养成分标示，允许用非表格的形式，并可省略营养素参考值（NRV）的标示。根据包装特点，营养成分从左到右横向排开，或者自上而下排开，如示例 5。

示例 5：

营养成分 /100g：能量 ××kJ，蛋白质 ××g，脂肪 ××g，碳水化合物 ××g，钠 ××mg。

B.2.6 附有营养声称和（或）营养成分功能声称的格式

附有营养声称和（或）营养成分功能声称的营养标签见示例 6。

示例 6：

营养成分表

项目	每 100 克（g）或 100 毫升（mL）或每份	营养素参考值 % 或 NRV %
能量	千焦（kJ）	%
蛋白质	克（g）	%
脂肪	克（g）	%
碳水化合物	克（g）	%
钠	毫克（mg）	%

营养声称如：低脂肪 ××。

营养成分功能声称如：每日膳食中脂肪提供的能量比例不宜超过总能量的 30%。

营养声称、营养成分功能声称可以在标签的任意位置。但其字号不得大于食品名称和商标。

附录 C

能量和营养成分含量声称和比较声称的要求、条件和同义语

C.1 表 C.1 规定了预包装食品能量和营养成分含量声称的要求和条件。

C.2 表 C.2 规定了预包装食品能量和营养成分含量声称的同义语。

C.3 表 C.3 规定了预包装食品能量和营养成分比较声称的要求和条件。

C.4 表 C.4 规定了预包装食品能量和营养成分比较声称的同义语。

表 C.1　能量和营养成分含量声称的要求和条件

项目	含量声称方式	含量要求[a]	限制性条件
能量	无能量	≤ 17 kJ/100 g（固体）或 100 mL（液体）	其中脂肪提供的能量≤总能量的 50%。
	低能量	≤ 170 kJ/100 g 固体 ≤ 80 kJ/100 mL 液体	
蛋白质	低蛋白质	来自蛋白质的能量 ≤总能量的 5 %	总能量指每 100 g/mL 或每份
	蛋白质来源，或含有蛋白质	每 100 g 的含量≥ 10 % NRV 每 100 mL 的含量 ≥ 5 % NRV 或者 每 420 kJ 的含量 ≥ 5 % NRV	
	高，或富含蛋白质	每 100 g 的含量≥ 20 % NRV 每 100 mL 的含量 ≥ 10 % NRV 或者 每 420 kJ 的含量 ≥ 10 % NRV	
脂肪	无或不含脂肪	≤ 0.5 g/100 g（固体）或 100 mL（液体）	
	低脂肪	≤ 3 g/100 g 固体；≤ 1.5 g/100 mL 液体	
	瘦	脂肪含量 ≤ 10 %	仅指畜肉类和禽肉类
	脱脂	液态奶和酸奶：脂肪含量≤ 0.5 %； 乳 粉：脂肪含量≤ 1.5 %。	仅指乳品类
	无或不含饱和脂肪	≤ 0.1 g/ 100 g（固体）或 100 mL（液体）	指饱和脂肪及反式脂肪的总和
	低饱和脂肪	≤ 1.5 g/100 g 固体 ≤ 0.75 g /100 mL 液体	1. 指饱和脂肪及反式脂肪的总和 2. 其提供的能量占食品总能量的 10% 以下
	无或不含反式脂肪酸	≤ 0.3 g/100 g（固体）或 100 mL（液体）	

续表

项目	含量声称方式	含量要求[a]	限制性条件
胆固醇	无或不含胆固醇	≤ 5 mg/100 g（固体）或 100 mL（液体）	应同时符合低饱和脂肪的声称含量要求和限制性条件
	低胆固醇	≤ 20 mg /100 g 固体 ≤ 10 mg /100 mL 液体	
碳水化合物（糖）	无或不含糖	≤ 0.5 g /100 g（固体）或 100 mL（液体）	
	低糖	≤ 5 g /100 g（固体）或 100 mL（液体）	
	低乳糖	乳糖含量 ≤ 2 g/100 g（mL）	仅指乳品类
	无乳糖	乳糖含量 ≤ 0.5 g/100 g（mL）	
膳食纤维	膳食纤维来源或含有膳食纤维	≥ 3 g/ 100 g（固体） ≥ 1.5 g/ 100 mL（液体）或 ≥ 1.5 g/ 420 kJ	膳食纤维总量符合其含量要求；或者可溶性膳食纤维、不溶性膳食纤维或单体成分任一项符合含量要求
	高或富含膳食纤维或良好来源	≥ 6 g/ 100 g（固体） ≥ 3 g/ 100 mL（液体）或 ≥ 3 g/ 420 kJ	
钠	无或不含钠	≤ 5 mg /100 g 或 100 mL	符合“钠”含量的声称时，也可用“盐”字代替“钠”字，如“低盐”“减少盐”等、
	极低钠	≤ 40 mg /100 g 或 100 mL	
	低钠	≤ 120 mg /100 g 或 100 mL	
维生素	维生素 × 来源或含有维生素 ×	每 100 g 中 ≥ 15 % NRV 每 100 mL 中 ≥ 7.5 % NRV 或 每 420 kJ 中 ≥ 5 % NRV	含有“多种维生素”指 3 种和（或）3 种以上维生素含量符合“含有”的声称要求
	高或富含维生素 ×	每 100 g 中 ≥ 30 % NRV 每 100 mL 中 ≥ 15 % NRV 或每 420 kJ 中 ≥ 10 % NRV	富含“多种维生素”指 3 种和（或）3 种以上维生素含量符合“富含”的声称要求
矿物质（不包括钠）	× 来源，或含有 ×	每 100 g 中 ≥ 15 % NRV 每 100 mL 中 ≥ 7.5 % NRV 或 每 420 kJ 中 ≥ 5 % NRV	含有“多种矿物质”指 3 种和（或）3 种以上矿物质含量符合“含有”的声称要求
	高，或富含 ×	每 100 g 中 ≥ 30 % NRV 每 100 mL 中 ≥ 15 % NRV 或 每 420 kJ 中 ≥ 10 % NRV	富含“多种矿物质”指 3 种和（或）3 种以上矿物质含量符合“富含”的声称要求
[a] 用“份”作为食品计量单位时，也应符合 100 g（mL）的含量要求才可以进行声称。			

表 C.2　含量声称的同义语

标准语	同义语	标准语	同义语
不含，无	零（0），没有，100 % 不含，无，0 %	含有，来源	提供，含，有
极低	极少	富含，高	良好来源，含丰富 ××、丰富（的）××，提供高（含量）××
低	少、少油[a]		
[a]“少油”仅用于低脂肪的声称。			

表 C.3　能量和营养成分比较声称的要求和条件

比较声称方式	要求	条件
减少能量	与参考食品比较，能量值减少 25% 以上	参考食品（基准食品）应为消费者熟知、容易理解的同类或同一属类食品
增加或减少蛋白质	与参考食品比较，蛋白质含量增加或减少 25% 以上	
减少脂肪	与参考食品比较，脂肪含量减少 25% 以上	
减少胆固醇	与参考食品比较，胆固醇含量减少 25% 以上	
增加或减少碳水化合物	与参考食品比较，碳水化合物含量增加或减少 25% 以上	
减少糖	与参考食品比较，糖含量减少 25% 以上	
增加或减少膳食纤维	与参考食品比较，膳食纤维含量增加或减少 25% 以上	
减少钠	与参考食品比较，钠含量减少 25% 以上	
增加或减少矿物质（不包括钠）	与参考食品比较，矿物质含量增加或减少 25% 以上	
增加或减少维生素	与参考食品比较，维生素含量增加或减少 25% 以上	

表 C.4　比较声称的同义语

标准语	同义语	标准语	同义语
增加	增加 × %（× 倍）	减少	减少 × %（× 倍）
	增、增 × %（× 倍）		减、减 ×%（× 倍）
	加、加 × %（× 倍）		少、少 × %（× 倍）
	增高、增高（了）× %（× 倍）		减低、减低 × %（× 倍）
	添加（了）× %（× 倍）		降 × %（× 倍）
	多 × %，提高 × 倍等		降低 × %（× 倍）等

附录 D

能量和营养成分功能声称标准用语

D.1 本附录规定了能量和营养成分功能声称标准用语。

D.2 能量

人体需要能量来维持生命活动。

机体的生长发育和一切活动都需要能量。

适当的能量可以保持良好的健康状况。

能量摄入过高、缺少运动与超重和肥胖有关。

D.3 蛋白质

蛋白质是人体的主要构成物质并提供多种氨基酸。

蛋白质是人体生命活动中必需的重要物质，有助于组织的形成和生长。

蛋白质有助于构成或修复人体组织。

蛋白质有助于组织的形成和生长。

蛋白质是组织形成和生长的主要营养素。

D.4 脂肪

脂肪提供高能量。

每日膳食中脂肪提供的能量比例不宜超过总能量的 30 %。

脂肪是人体的重要组成成分。

脂肪可辅助脂溶性维生素的吸收。

脂肪提供人体必需脂肪酸。

D.4.1 饱和脂肪

饱和脂肪可促进食品中胆固醇的吸收。

饱和脂肪摄入过多有害健康。

过多摄入饱和脂肪可使胆固醇增高，摄入量应少于每日总能量的 10 %。

D.4.2 反式脂肪酸

每天摄入反式脂肪酸不应超过 2.2 g，过多摄入有害健康。

反式脂肪酸摄入量应少于每日总能量的 1 %，过多摄入有害健康。

过多摄入反式脂肪酸可使血液胆固醇增高，从而增加心血管疾病发生的风险。

D.5 胆固醇

成人一日膳食中胆固醇摄入总量不宜超过 300 mg。

D.6 碳水化合物

碳水化合物是人类生存的基本物质和能量主要来源。

碳水化合物是人类能量的主要来源。

碳水化合物是血糖生成的主要来源。

膳食中碳水化合物应占能量的 60 % 左右。

D.7 膳食纤维

膳食纤维有助于维持正常的肠道功能。

膳食纤维是低能量物质。

D.8 钠

钠能调节机体水分，维持酸碱平衡。

成人每日食盐的摄入量不超过 6 g。

钠摄入过高有害健康。

D.9 维生素 A

维生素 A 有助于维持暗视力。

维生素 A 有助于维持皮肤和黏膜健康。

D.10 维生素 D

维生素 D 可促进钙的吸收。

维生素 D 有助于骨骼和牙齿的健康。

维生素 D 有助于骨骼形成。

D.11 维生素 E

维生素 E 有抗氧化作用。

D.12 维生素 B_1

维生素 B_1 是能量代谢中不可缺少的成分。

维生素 B_1 有助于维持神经系统的正常生理功能。

D.13 维生素 B_2

维生素 B_2 有助于维持皮肤和黏膜健康。

维生素 B_2 是能量代谢中不可缺少的成分。

D.14 维生素 B_6

维生素 B_6 有助于蛋白质的代谢和利用。

D.15 维生素 B_{12}

维生素 B_{12} 有助于红细胞形成。

D.16 维生素 C

维生素 C 有助于维持皮肤和黏膜健康。

维生素 C 有助于维持骨骼、牙龈的健康。

维生素 C 可以促进铁的吸收。

维生素 C 有抗氧化作用。

D.17 烟酸

烟酸有助于维持皮肤和黏膜健康。

烟酸是能量代谢中不可缺少的成分。

烟酸有助于维持神经系统的健康。

D.18 叶酸

叶酸有助于胎儿大脑和神经系统的正常发育。

叶酸有助于红细胞形成。

叶酸有助于胎儿正常发育。

D.19 泛酸

泛酸是能量代谢和组织形成的重要成分。

D.20 钙

钙是人体骨骼和牙齿的主要组成成分，许多生理功能也需要钙的参与。

钙是骨骼和牙齿的主要成分，并维持骨密度。

钙有助于骨骼和牙齿的发育。

钙有助于骨骼和牙齿更坚固。

D.21 镁

镁是能量代谢、组织形成和骨骼发育的重要成分。

D.22 铁

铁是血红细胞形成的重要成分。

铁是血红细胞形成的必需元素。

铁对血红蛋白的产生是必需的。

D.23 锌

锌是儿童生长发育的必需元素。

锌有助于改善食欲。

锌有助于皮肤健康。

D.24 碘

碘是甲状腺发挥正常功能的元素。

附录 3 中华人民共和国进出口食品安全管理办法

中华人民共和国海关总署令

第 249 号

《中华人民共和国进出口食品安全管理办法》已于 2021 年 3 月 12 日经海关总署署务会议审议通过，现予公布，自 2022 年 1 月 1 日起实施。2011 年 9 月 13 日原国家质量监督检验检疫总局令第 144 号公布并根据 2016 年 10 月 18 日原国家质量监督检验检疫总局令第 184 号以及 2018 年 11 月 23 日海关总署令第 243 号修改的《中华人民共和国进出口食品安全管理办法》、2000 年 2 月 22 日原国家检验检疫局令第 20 号公布并根据 2018 年 4 月 28 日海关总署令第 238 号修改的《出口蜂蜜检验检疫管理办法》、2011 年 1 月 4 日原国家质量监督检验检疫总局令第 135 号公布并根据 2018 年 11 月 23 日海关总署令第 243 号修改的《进出口水产品检验检疫监督管理办法》、2011 年 1 月 4 日原国家质量监督检验检疫总局令第 136 号公布并根据 2018 年 11 月 23 日海关总署令第 243 号修改的《进出口肉类产品检验检疫监督管理办法》、2013 年 1 月 24 日原国家质量监督检验检疫总局令第 152 号公布并根据 2018 年 11 月 23 日海关总署令第 243 号修改的《进出口乳品检验检疫监督管理办法》、2017 年 11 月 14 日原国家质量监督检验检疫总局令第 192 号公布并根据 2018 年 11 月 23 日海关总署令第 243 号修改的《出口食品生产企业备案管理规定》同时废止。

署长　倪岳峰

2021 年 4 月 14 日

中华人民共和国进出口食品安全管理办法

第一章 总则

第一条 为了保障进出口食品安全，保护人类、动植物生命和健康，根据《中华人民共和国食品安全法》(以下简称《食品安全法》)及其实施条例、《中华人民共和国海关法》《中华人民共和国进出口商品检验法》及其实施条例、《中华人民共和国进出境动植物检疫法》及其实施条例、《中华人民共和国国境卫生检疫法》及其实施细则、《中华人民共和国农产品质量安全法》和《国务院关于加强食品等产品安全监督管理的特别规定》等法律、行政法规的规定，制定本办法。

第二条 从事下列活动，应当遵守本办法：

（一）进出口食品生产经营活动；

（二）海关对进出口食品生产经营者及其进出口食品安全实施监督管理。

进出口食品添加剂、食品相关产品的生产经营活动按照海关总署相关规定执行。

第三条 进出口食品安全工作坚持安全第一、预防为主、风险管理、全程控制、国际共治的原则。

第四条 进出口食品生产经营者对其生产经营的进出口食品安全负责。

进出口食品生产经营者应当依照中国缔结或者参加的国际条约、协定，中国法律法规和食品安全国家标准从事进出口食品生产经营活动，依法接受监督管理，保证进出口食品安全，对社会和公众负责，承担社会责任。

第五条 海关总署主管全国进出口食品安全监督管理工作。

各级海关负责所辖区域进出口食品安全监督管理工作。

第六条 海关运用信息化手段提升进出口食品安全监督管理水平。

第七条 海关加强进出口食品安全的宣传教育，开展食品安全法律、行政法规以及食品安全国家标准和知识的普及工作。

海关加强与食品安全国际组织、境外政府机构、境外食品行业协会、境外消费者协会等交流与合作，营造进出口食品安全国际共治格局。

第八条 海关从事进出口食品安全监督管理的人员应当具备相关专业知识。

第二章 食品进口

第九条 进口食品应当符合中国法律法规和食品安全国家标准，中国缔结或者参加的国际条约、协定有特殊要求的，还应当符合国际条约、协定的要求。

进口尚无食品安全国家标准的食品，应当符合国务院卫生行政部门公布的暂予适用的相关标准要求。

利用新的食品原料生产的食品，应当依照《食品安全法》第三十七条的规定，取得国务院卫生行政部门新食品原料卫生行政许可。

第十条 海关依据进出口商品检验相关法律、行政法规的规定对进口食品实施合格评定。

进口食品合格评定活动包括：向中国境内出口食品的境外国家（地区）〔以下简称境外国家（地区）〕食品安全管理体系评估和审查、境外生产企业注册、进出口商备案和合格保证、进境动植物检疫审批、随附合格证明检查、单证审核、现场查验、监督抽检、进口和销售记录检查以及各项的组合。

第十一条 海关总署可以对境外国家（地区）的食品安全管理体系和食品安全状况开展评估和审查，并根据评估和审查结果，确定相应的检验检疫要求。

第十二条 有下列情形之一的，海关总署可以对境外国家（地区）启动评估和审查：

（一）境外国家（地区）申请向中国首次输出某类（种）食品的；

（二）境外国家（地区）食品安全、动植物检疫法律法规、组织机构等发生重大调整的；

（三）境外国家（地区）主管部门申请对其输往中国某类（种）食品的检验检疫要求发生重大调整的；

（四）境外国家（地区）发生重大动植物疫情或者食品安全事件的；

（五）海关在输华食品中发现严重问题，认为存在动植物疫情或者食品安全隐患的；

（六）其他需要开展评估和审查的情形。

第十三条 境外国家（地区）食品安全管理体系评估和审查主要包括对以下内容的评估、确认：

（一）食品安全、动植物检疫相关法律法规；

（二）食品安全监督管理组织机构；

（三）动植物疫情流行情况及防控措施；

（四）致病微生物、农兽药和污染物等管理和控制；

（五）食品生产加工、运输仓储环节安全卫生控制；

（六）出口食品安全监督管理；

（七）食品安全防护、追溯和召回体系；

（八）预警和应急机制；

（九）技术支撑能力；

（十）其他涉及动植物疫情、食品安全的情况。

第十四条 海关总署可以组织专家通过资料审查、视频检查、现场检查等形式及其组合，实施评估和审查。

第十五条 海关总署组织专家对接受评估和审查的国家（地区）递交的申请资料、书面评估问卷等资料实施审查，审查内容包括资料的真实性、完整性和有效性。根据资料审查情况，海关总署可以要求相关国家（地区）的主管部门补充缺少的信息或者资料。

对已通过资料审查的国家（地区），海关总署可以组织专家对其食品安全管理体系实施视频检查或者现场检查。对发现的问题可以要求相关国家（地区）主管部门及相关企业实施整改。

相关国家（地区）应当为评估和审查提供必要的协助。

第十六条 接受评估和审查的国家（地区）有下列情形之一，海关总署可以终止评估和审查，并通知相关国家（地区）主管部门：

（一）收到书面评估问卷 12 个月内未反馈的；

（二）收到海关总署补充信息和材料的通知 3 个月内未按要求提供的；

（三）突发重大动植物疫情或者重大食品安全事件的；

（四）未能配合中方完成视频检查或者现场检查、未能有效完成整改的；

（五）主动申请终止评估和审查的。

前款第一、二项情形，相关国家（地区）主管部门因特殊原因可以申请延期，经海关总署同意，按照海关总署重新确定的期限递交相关材料。

第十七条 评估和审查完成后，海关总署向接受评估和审查的国家（地区）主管部门通报评估和审查结果。

第十八条 海关总署对向中国境内出口食品的境外生产企业实施注册管理，并公布获得注册的企业名单。

第十九条 向中国境内出口食品的境外出口商或者代理商（以下简称“境外出口商或者代理商”）应当向海关总署备案。

食品进口商应当向其住所地海关备案。

境外出口商或者代理商、食品进口商办理备案时，应当对其提供资料的真实性、有效性负责。

境外出口商或者代理商、食品进口商备案名单由海关总署公布。

第二十条 境外出口商或者代理商、食品进口商备案内容发生变更的，应当在变更发生之日起 60 日内，向备案机关办理变更手续。

海关发现境外出口商或者代理商、食品进口商备案信息错误或者备案内容未及时变更的，可以责令其在规定期限内更正。

第二十一条 食品进口商应当建立食品进口和销售记录制度，如实记录食品名称、净含量/规格、数量、生产日期、生产或者进口批号、保质期、境外出口商和购货者名称、地址及联系方式、交货日期等内容，并保存相关凭证。记录和凭证保存期限不得少于食品保质期满后6个月；没有明确保质期的，保存期限为销售后2年以上。

第二十二条 食品进口商应当建立境外出口商、境外生产企业审核制度，重点审核下列内容：

（一）制定和执行食品安全风险控制措施情况；

（二）保证食品符合中国法律法规和食品安全国家标准的情况。

第二十三条 海关依法对食品进口商实施审核活动的情况进行监督检查。食品进口商应当积极配合，如实提供相关情况和材料。

第二十四条 海关可以根据风险管理需要，对进口食品实施指定口岸进口，指定监管场地检查。指定口岸、指定监管场地名单由海关总署公布。

第二十五条 食品进口商或者其代理人进口食品时应当依法向海关如实申报。

第二十六条 海关依法对应当实施入境检疫的进口食品实施检疫。

第二十七条 海关依法对需要进境动植物检疫审批的进口食品实施检疫审批管理。食品进口商应当在签订贸易合同或者协议前取得进境动植物检疫许可。

第二十八条 海关根据监督管理需要，对进口食品实施现场查验，现场查验包括但不限于以下内容：

（一）运输工具、存放场所是否符合安全卫生要求；

（二）集装箱号、封识号、内外包装上的标识内容、货物的实际状况是否与申报信息及随附单证相符；

（三）动植物源性食品、包装物及铺垫材料是否存在《进出境动植物检疫法实施条例》第二十二条规定的情况；

（四）内外包装是否符合食品安全国家标准，是否存在污染、破损、湿浸、渗透；

（五）内外包装的标签、标识及说明书是否符合法律、行政法规、食品安全国家标准以及海关总署规定的要求；

（六）食品感官性状是否符合该食品应有性状；

（七）冷冻冷藏食品的新鲜程度、中心温度是否符合要求、是否有病变、冷冻冷藏环境温度是否符合相关标准要求、冷链控温设备设施运作是否正常、温度记录是否符合要求，必要时可以进行蒸煮试验。

第二十九条 海关制定年度国家进口食品安全监督抽检计划和专项进口食品安全监督

抽检计划，并组织实施。

第三十条 进口食品的包装和标签、标识应当符合中国法律法规和食品安全国家标准；依法应当有说明书的，还应当有中文说明书。

对于进口鲜冻肉类产品，内外包装上应当有牢固、清晰、易辨的中英文或者中文和出口国家（地区）文字标识，标明以下内容：产地国家（地区）、品名、生产企业注册编号、生产批号；外包装上应当以中文标明规格、产地（具体到州 / 省 / 市）、目的地、生产日期、保质期限、储存温度等内容，必须标注目的地为中华人民共和国，加施出口国家（地区）官方检验检疫标识。

对于进口水产品，内外包装上应当有牢固、清晰、易辨的中英文或者中文和出口国家（地区）文字标识，标明以下内容：商品名和学名、规格、生产日期、批号、保质期限和保存条件、生产方式（海水捕捞、淡水捕捞、养殖）、生产地区（海洋捕捞海域、淡水捕捞国家或者地区、养殖产品所在国家或者地区）、涉及的所有生产加工企业（含捕捞船、加工船、运输船、独立冷库）名称、注册编号及地址（具体到州 / 省 / 市）、必须标注目的地为中华人民共和国。

进口保健食品、特殊膳食用食品的中文标签必须印制在最小销售包装上，不得加贴。

进口食品内外包装有特殊标识规定的，按照相关规定执行。

第三十一条 进口食品运达口岸后，应当存放在海关指定或者认可的场所；需要移动的，必须经海关允许，并按照海关要求采取必要的安全防护措施。

指定或者认可的场所应当符合法律、行政法规和食品安全国家标准规定的要求。

第三十二条 大宗散装进口食品应当按照海关要求在卸货口岸进行检验。

第三十三条 进口食品经海关合格评定合格的，准予进口。

进口食品经海关合格评定不合格的，由海关出具不合格证明；涉及安全、健康、环境保护项目不合格的，由海关书面通知食品进口商，责令其销毁或者退运；其他项目不合格的，经技术处理符合合格评定要求的，方准进口。相关进口食品不能在规定时间内完成技术处理或者经技术处理仍不合格的，由海关责令食品进口商销毁或者退运。

第三十四条 境外发生食品安全事件可能导致中国境内食品安全隐患，或者海关实施进口食品监督管理过程中发现不合格进口食品，或者发现其他食品安全问题的，海关总署和经授权的直属海关可以依据风险评估结果对相关进口食品实施提高监督抽检比例等控制措施。

海关依照前款规定对进口食品采取提高监督抽检比例等控制措施后，再次发现不合格进口食品，或者有证据显示进口食品存在重大安全隐患的，海关总署和经授权的直属海关可以要求食品进口商逐批向海关提交有资质的检验机构出具的检验报告。海关应当对食品进口商提供的检验报告进行验核。

第三十五条 有下列情形之一的，海关总署依据风险评估结果，可以对相关食品采取暂停或者禁止进口的控制措施：

（一）出口国家（地区）发生重大动植物疫情，或者食品安全体系发生重大变化，无法有效保证输华食品安全的；

（二）进口食品被检疫传染病病原体污染，或者有证据表明能够成为检疫传染病传播媒介，且无法实施有效卫生处理的；

（三）海关实施本办法第三十四条第二款规定控制措施的进口食品，再次发现相关安全、健康、环境保护项目不合格的；

（四）境外生产企业违反中国相关法律法规，情节严重的；

（五）其他信息显示相关食品存在重大安全隐患的。

第三十六条 进口食品安全风险已降低到可控水平时，海关总署和经授权的直属海关可以按照以下方式解除相应控制措施：

（一）实施本办法第三十四条第一款控制措施的食品，在规定的时间、批次内未被发现不合格的，在风险评估基础上可以解除该控制措施；

（二）实施本办法第三十四条第二款控制措施的食品，出口国家（地区）已采取预防措施，经海关总署风险评估能够保障食品安全、控制动植物疫情风险，或者从实施该控制措施之日起在规定时间、批次内未发现不合格食品的，海关在风险评估基础上可以解除该控制措施；

（三）实施暂停或者禁止进口控制措施的食品，出口国家（地区）主管部门已采取风险控制措施，且经海关总署评估符合要求的，可以解除暂停或者禁止进口措施。恢复进口的食品，海关总署视评估情况可以采取本办法第三十四条规定的控制措施。

第三十七条 食品进口商发现进口食品不符合法律、行政法规和食品安全国家标准，或者有证据证明可能危害人体健康，应当按照《食品安全法》第六十三条和第九十四条第三款规定，立即停止进口、销售和使用，实施召回，通知相关生产经营者和消费者，记录召回和通知情况，并将食品召回、通知和处理情况向所在地海关报告。

第三章　食品出口

第三十八条 出口食品生产企业应当保证其出口食品符合进口国家（地区）的标准或者合同要求；中国缔结或者参加的国际条约、协定有特殊要求的，还应当符合国际条约、协定的要求。

进口国家（地区）暂无标准，合同也未作要求，且中国缔结或者参加的国际条约、协定无相关要求的，出口食品生产企业应当保证其出口食品符合中国食品安全国家标准。

第三十九条 海关依法对出口食品实施监督管理。出口食品监督管理措施包括：出口食品原料种植养殖场备案、出口食品生产企业备案、企业核查、单证审核、现场查验、监督抽检、口岸抽查、境外通报核查以及各项的组合。

第四十条 出口食品原料种植、养殖场应当向所在地海关备案。

海关总署统一公布原料种植、养殖场备案名单，备案程序和要求由海关总署制定。

第四十一条 海关依法采取资料审查、现场检查、企业核查等方式，对备案原料种植、养殖场进行监督。

第四十二条 出口食品生产企业应当向住所地海关备案，备案程序和要求由海关总署制定。

第四十三条 境外国家（地区）对中国输往该国家（地区）的出口食品生产企业实施注册管理且要求海关总署推荐的，出口食品生产企业须向住所地海关提出申请，住所地海关进行初核后报海关总署。

海关总署结合企业信用、监督管理以及住所地海关初核情况组织开展对外推荐注册工作，对外推荐注册程序和要求由海关总署制定。

第四十四条 出口食品生产企业应当建立完善可追溯的食品安全卫生控制体系，保证食品安全卫生控制体系有效运行，确保出口食品生产、加工、贮存过程持续符合中国相关法律法规、出口食品生产企业安全卫生要求；进口国家（地区）相关法律法规和相关国际条约、协定有特殊要求的，还应当符合相关要求。

出口食品生产企业应当建立供应商评估制度、进货查验记录制度、生产记录档案制度、出厂检验记录制度、出口食品追溯制度和不合格食品处置制度。相关记录应当真实有效，保存期限不得少于食品保质期期满后 6 个月；没有明确保质期的，保存期限不得少于 2 年。

第四十五条 出口食品生产企业应当保证出口食品包装和运输方式符合食品安全要求。

第四十六条 出口食品生产企业应当在运输包装上标注生产企业备案号、产品品名、生产批号和生产日期。

进口国家（地区）或者合同有特殊要求的，在保证产品可追溯的前提下，经直属海关同意，出口食品生产企业可以调整前款规定的标注项目。

第四十七条 海关应当对辖区内出口食品生产企业的食品安全卫生控制体系运行情况

进行监督检查。监督检查包括日常监督检查和年度监督检查。

监督检查可以采取资料审查、现场检查、企业核查等方式，并可以与出口食品境外通报核查、监督抽检、现场查验等工作结合开展。

第四十八条 出口食品应当依法由产地海关实施检验检疫。

海关总署根据便利对外贸易和出口食品检验检疫工作需要，可以指定其他地点实施检验检疫。

第四十九条 出口食品生产企业、出口商应当按照法律、行政法规和海关总署规定，向产地或者组货地海关提出出口申报前监管申请。

产地或者组货地海关受理食品出口申报前监管申请后，依法对需要实施检验检疫的出口食品实施现场检查和监督抽检。

第五十条 海关制定年度国家出口食品安全监督抽检计划并组织实施。

第五十一条 出口食品经海关现场检查和监督抽检符合要求的，由海关出具证书，准予出口。进口国家（地区）对证书形式和内容要求有变化的，经海关总署同意可以对证书形式和内容进行变更。

出口食品经海关现场检查和监督抽检不符合要求的，由海关书面通知出口商或者其代理人。相关出口食品可以进行技术处理的，经技术处理合格后方准出口；不能进行技术处理或者经技术处理仍不合格的，不准出口。

第五十二条 食品出口商或者其代理人出口食品时应当依法向海关如实申报。

第五十三条 海关对出口食品在口岸实施查验，查验不合格的，不准出口。

第五十四条 出口食品因安全问题被国际组织、境外政府机构通报的，海关总署应当组织开展核查，并根据需要实施调整监督抽检比例、要求食品出口商逐批向海关提交有资质的检验机构出具的检验报告、撤回向境外官方主管机构的注册推荐等控制措施。

第五十五条 出口食品存在安全问题，已经或者可能对人体健康和生命安全造成损害的，出口食品生产经营者应当立即采取相应措施，避免和减少损害发生，并向所在地海关报告。

第五十六条 海关在实施出口食品监督管理时发现安全问题的，应当向同级政府和上一级政府食品安全主管部门通报。

第四章 监督管理

第五十七条 海关总署依照《食品安全法》第一百条规定，收集、汇总进出口食品安全信息，建立进出口食品安全信息管理制度。

各级海关负责本辖区内以及上级海关指定的进出口食品安全信息的收集和整理工作，并按照有关规定通报本辖区地方政府、相关部门、机构和企业。通报信息涉及其他地区的，应当同时通报相关地区海关。

海关收集、汇总的进出口食品安全信息，除《食品安全法》第一百条规定内容外，还包括境外食品技术性贸易措施信息。

第五十八条 海关应当对收集到的进出口食品安全信息开展风险研判，依据风险研判结果，确定相应的控制措施。

第五十九条 境内外发生食品安全事件或者疫情疫病可能影响到进出口食品安全的，或者在进出口食品中发现严重食品安全问题的，直属海关应当及时上报海关总署；海关总署根据情况进行风险预警，在海关系统内发布风险警示通报，并向国务院食品安全监督管理、卫生行政、农业行政部门通报，必要时向消费者发布风险警示通告。

海关总署发布风险警示通报的，应当根据风险警示通报要求对进出口食品采取本办法第三十四条、第三十五条、第三十六条和第五十四条规定的控制措施。

第六十条 海关制定年度国家进出口食品安全风险监测计划，系统和持续收集进出口食品中食源性疾病、食品污染和有害因素的监测数据及相关信息。

第六十一条 境外发生的食品安全事件可能对中国境内造成影响，或者评估后认为存在不可控风险的，海关总署可以参照国际通行做法，直接在海关系统内发布风险预警通报或者向消费者发布风险预警通告，并采取本办法第三十四条、第三十五条和第三十六条规定的控制措施。

第六十二条 海关制定并组织实施进出口食品安全突发事件应急处置预案。

第六十三条 海关在依法履行进出口食品安全监督管理职责时，有权采取下列措施：

（一）进入生产经营场所实施现场检查；

（二）对生产经营的食品进行抽样检验；

（三）查阅、复制有关合同、票据、账簿以及其他有关资料；

（四）查封、扣押有证据证明不符合食品安全国家标准或者有证据证明存在安全隐患以及违法生产经营的食品。

第六十四条 海关依法对进出口企业实施信用管理。

第六十五条 海关依法对进出口食品生产经营者以及备案原料种植、养殖场开展稽查、核查。

第六十六条 过境食品应当符合海关总署对过境货物的监管要求。过境食品过境期间，未经海关批准，不得开拆包装或者卸离运输工具，并应当在规定期限内运输出境。

第六十七条 进出口食品生产经营者对海关的检验结果有异议的，可以按照进出口商品复验相关规定申请复验。

有下列情形之一的，海关不受理复验：

（一）检验结果显示微生物指标超标的；

（二）复验备份样品超过保质期的；

（三）其他原因导致备份样品无法实现复验目的的。

第五章　法律责任

第六十八条　食品进口商备案内容发生变更，未按照规定向海关办理变更手续，情节严重的，海关处以警告。

食品进口商在备案中提供虚假备案信息的，海关处 1 万元以下罚款。

第六十九条　境内进出口食品生产经营者不配合海关进出口食品安全核查工作，拒绝接受询问、提供材料，或者答复内容和提供材料与实际情况不符的，海关处以警告或者 1 万元以下罚款。

第七十条　海关在进口预包装食品监管中，发现进口预包装食品未加贴中文标签或者中文标签不符合法律法规和食品安全国家标准，食品进口商拒不按照海关要求实施销毁、退运或者技术处理的，海关处以警告或者 1 万元以下罚款。

第七十一条　未经海关允许，将进口食品提离海关指定或者认可的场所的，海关责令改正，并处 1 万元以下罚款。

第七十二条　下列违法行为属于《食品安全法》第一百二十九条第一款第三项规定的“未遵守本法的规定出口食品”的，由海关依照《食品安全法》第一百二十四条的规定给予处罚：

（一）擅自调换经海关监督抽检并已出具证单的出口食品的；

（二）出口掺杂掺假、以假充真、以次充好的食品或者以不合格出口食品冒充合格出口食品的；

（三）出口未获得备案出口食品生产企业生产的食品的；

（四）向有注册要求的国家（地区）出口未获得注册出口食品生产企业生产食品的或者出口已获得注册出口食品生产企业生产的注册范围外食品的；

（五）出口食品生产企业生产的出口食品未按照规定使用备案种植、养殖场原料的；

（六）出口食品生产经营者有《食品安全法》第一百二十三条、第一百二十四条、第一百二十五条、第一百二十六条规定情形，且出口食品不符合进口国家（地区）要求的。

第七十三条　违反本办法规定，构成犯罪的，依法追究刑事责任。

第六章 附则

第七十四条 海关特殊监管区域、保税监管场所、市场采购、边境小额贸易和边民互市贸易进出口食品安全监督管理，按照海关总署有关规定执行。

第七十五条 邮寄、快件、跨境电子商务零售和旅客携带方式进出口食品安全监督管理，按照海关总署有关规定办理。

第七十六条 样品、礼品、赠品、展示品、援助等非贸易性的食品，免税经营的食品，外国驻中国使领馆及其人员进出境公用、自用的食品，驻外使领馆及其人员公用、自用的食品，中国企业驻外人员自用的食品的监督管理，按照海关总署有关规定办理。

第七十七条 本办法所称进出口食品生产经营者包括：向中国境内出口食品的境外生产企业、境外出口商或者代理商、食品进口商、出口食品生产企业、出口商以及相关人员等。

本办法所称进口食品的境外生产企业包括向中国出口食品的境外生产、加工、贮存企业等。

本办法所称进口食品的进出口商包括向中国出口食品的境外出口商或者代理商、食品进口商。

第七十八条 本办法由海关总署负责解释。

第七十九条 本办法自 2022 年 1 月 1 日起施行。2011 年 9 月 13 日原国家质量监督检验检疫总局令第 144 号公布并根据 2016 年 10 月 18 日原国家质量监督检验检疫总局令第 184 号以及 2018 年 11 月 23 日海关总署令第 243 号修改的《进出口食品安全管理办法》、2000 年 2 月 22 日原国家检验检疫局令第 20 号公布并根据 2018 年 4 月 28 日海关总署令第 238 号修改的《出口蜂蜜检验检疫管理办法》、2011 年 1 月 4 日原国家质量监督检验检疫总局令第 135 号公布并根据 2018 年 11 月 23 日海关总署令第 243 号修改的《进出口水产品检验检疫监督管理办法》、2011 年 1 月 4 日原国家质量监督检验检疫总局令第 136 号公布并根据 2018 年 11 月 23 日海关总署令第 243 号修改的《进出口肉类产品检验检疫监督管理办法》、2013 年 1 月 24 日原国家质量监督检验检疫总局令第 152 号公布并根据 2018 年 11 月 23 日海关总署令第 243 号修改的《进出口乳品检验检疫监督管理办法》、2017 年 11 月 14 日原国家质量监督检验检疫总局令第 192 号公布并根据 2018 年 11 月 23 日海关总署令第 243 号修改的《出口食品生产企业备案管理规定》同时废止。

参考文献

［1］庚莉萍．各国有关食品标签规定的变化及我国出口应采取的措施［J］．中国包装，2009，29（5）：70-73，69.

［2］王进喜．国家〈食品标签通用标准〉与进口包装食品标签的审查［J］．中国国境卫生检疫杂志，1996（2）：108-112.

［3］林尤娟．国外标签法规对我国食品出口的影响分析［J］．食事评论，2019（20）：21-22.

［4］张明，唐兆萍．国外食品标签法规呈现三大趋势［N］．中国国门时报，2014-08-04（4）.

［5］楚琳．国外食品标签要求概况［J］．世界标准化与质量管理，2008（11）：25-28.

［6］刘然．预包装食品标签的问题及原因分析［J］．品牌与标准化，2014（4）：36-38.

［7］吴立平，曾辉，孙咏梅，等．预包装食品标签强制标示内容常见问题及原因［J］．食品安全导刊，2017（12）：10-12.

［8］刘建芳，刘芳，王浪，等．国外标签法规对我国食品出口的影响分析［J］．食品安全质量检测学报，2017，8（9）：3650-3653.

［9］薛丽，何啸峰．预包装食品标签常见问题及应对措施浅析［J］．山东化工，2017，46（9）：101-102，105.